新一代基因组测序技术

陈浩峰　主编

科学出版社

北京

内 容 简 介

新一代基因组测序技术是目前生命科学领域中发展非常快的新技术,它的出现极大地推动了生物学、农学和医学诊断等学科各方面的发展,其应用非常广泛。本书以新一代基因组测序技术 Illumina 平台和 PacBio RS 平台为代表,详细阐述了从实验样品处理到数据分析的整个过程,重点介绍了新一代测序技术实践过程中的文库构建与质检、测序仪器操作和测序数据的初步处理及分析。本书是国内第一本详细阐述新一代基因组、转录组等测序技术的中文书,包含了目前最新的技术资料,极具实用性和可操作性。

本书是高等院校师生和科技工作者学习新一代测序技术的最佳参考书。

图书在版编目（CIP）数据

新一代基因组测序技术/陈浩峰主编. —北京：科学出版社, 2016
ISBN 978-7-03-048791-9

Ⅰ.①新… Ⅱ.①陈… Ⅲ. ①基因组–序列–测试–研究
Ⅳ.①Q343.1

中国版本图书馆 CIP 数据核字(2016)第 131838 号

责任编辑：罗 静 田明霞 / 责任校对：王 瑞
责任印制：赵 博 / 封面设计：北京铭轩堂广告设计有限公司

科 学 出 版 社 出版
北京东黄城根北街 16 号
邮政编码：100717
http://www.sciencep.com

北京华宇信诺印刷有限公司印刷
科学出版社发行 各地新华书店经销
*
2016 年 6 月第 一 版 开本：720×1000 1/16
2020 年 11 月第六次印刷 印张：22 1/2
字数：450 000
定价：**128.00 元**

(如有印装质量问题, 我社负责调换)

《新一代基因组测序技术》编者名单

主编 陈浩峰

编者（按姓氏拼音排序）

曹英豪　陈　旭　陈浩峰　高　强　韩　瑶

雷　猛　李　妍　李　珍　孟　菲　齐　洺

王　静　王剑峰　杨　鑫　于　莹　张　兵

前　言

自从 2005 年新一代基因组测序技术诞生以来，短短十余年间，其发展日新月异。今天，新一代测序技术已经被广泛应用到生命科学研究的各个方面，可以说，该技术的迅速发展标志着生命科学组学研究时代的到来。目前，学习、掌握和应用新一代测序技术已经成为广大生命科学工作者的迫切需求，对于国内开展新一代测序研究的实验室来说，手头有一本详细介绍新一代测序各方面技术的中文书籍非常必要。鉴于此，我们编写了本书，供生命科学有关专业的高等院校师生、科研院所的研究人员及其他生命科学从业人员参考。

本书以新一代基因组测序技术 Illumina 平台和 PacBio RS 平台为代表，详细阐述了从实验样品处理到数据分析的整个过程，重点介绍了测序过程中的文库构建与质检、测序仪器操作和测序数据的初步处理及分析。全书共分为五章：第一章为绪论，概述了测序技术发展简史，以及各个主要的新一代测序平台的技术特点；第二章到第四章详细介绍了目前新一代测序技术的主流平台——Illumina 测序技术的各个方面，第二章介绍了 Illumina 建库技术，第三章介绍了 Illumina 测序操作，第四章介绍了 Illumina 测序数据的初步分析；第五章则是针对单分子测序技术 PacBio RS 的建库、测序和数据分析过程的介绍。本书的编写人员都是工作在科研第一线，有着多年第一代和新一代测序实践经验和数据分析经验的中青年科研工作者，希望我们从科研工作中得来的经验和体会对广大读者学习新一代测序技术起到借鉴和参考作用。

我们编写本书的目的是，希望具有一定分子生物学与遗传学背景的读者，通过阅读本书了解新一代测序技术的概念及其发展历史，以及各种新一代测序技术平台所独有的特点；并且能够参照书中所述的建库流程指导，在自己的实验室成功完成测序文库的构建和质量检测。此外，我们还希望在有条件进行新一代测序工作的实验室，读者可以参照本书了解 Illumina 和 PacBio RS 测序仪的基本工作流程和测序数据的初步分析过程。这样一来，读者在进行此类科研项目时，就可以做到对研究规划心中有数，在实验设计上有的放矢；而不是把测序建库、测序操作和数据分析过程完全交给测序服务公司，把这一部分工作作为"黑箱"来对待。对于其他各种生物学、医学等实验室的研究人员和工作人员来说，即使没有机会上机操作，至少也可以通过阅读本书获得一些新一代测序的知识，了解各种新一代测序方法的优点与局限性，并且有能力进行测序项目实验的追踪纠错。

　　感谢中国科学院遗传与发育生物学研究所和北京基因组研究所提供的良好科研工作条件；特别感谢遗传发育所基因组生物学研究中心与植物基因组学国家重点实验室对编写工作的支持；感谢 Illumina 中国公司、New England Biolabs(NEB)中国公司和凯杰(Qiagen)中国公司的大力赞助；感谢本书责任编辑罗静女士的出色工作；最后还要感谢我海内外的亲朋好友与同行，他们在本书的写作过程中提出了宝贵的修改意见。没有上述机构和人员的共同努力，本书不可能很快面世。

　　限于编者的知识水平，本书所列举的测序研究案例主要集中于植物学、农学与育种学等方面。目前，新一代测序在生命科学的各个领域，尤其是医学研究和疾病的临床诊断中的应用越来越广泛，由于我们缺少这方面的研究和诊断实例，本书对测序诊断方面的应用涉及不多，这是我个人感到遗憾的地方，希望将来有机会增添这部分的内容。

　　衷心希望广大读者对本书内容提出宝贵意见，以便于我们将来修订和提高。

陈浩峰

2016 年 1 月 5 日于北京

目　录

第一章　测序技术发展概述 ……………………………………………… 1

第一节　第一代基因测序方法简介 ………………………………… 1

第二节　新一代测序技术概述 ……………………………………… 4

参考文献 …………………………………………………………… 21

第二章　Illumina 测序建库 …………………………………………… 25

第一节　DNA 测序建库 …………………………………………… 25

第二节　转录组测序（RNA-seq）建库 …………………………… 80

第三节　小 RNA 测序建库 ……………………………………… 163

第四节　简化基因组测序建库 …………………………………… 184

第五节　目标序列捕获测序建库 ………………………………… 204

第六节　单细胞测序建库 ………………………………………… 227

参考文献 ………………………………………………………… 244

第三章　Illumina 仪器操作 ………………………………………… 246

第一节　簇生成操作流程 ………………………………………… 246

第二节　测序仪 HiSeq 操作流程 ………………………………… 254

第三节　测序仪 MiSeq 操作流程 ………………………………… 268

第四节　测序仪 NextSeq500 操作流程 ………………………… 276

参考文献 ………………………………………………………… 283

第四章　Illumina 测序数据分析方法简介 ………………………… 284

第一节　下机数据的初步处理 …………………………………… 284

第二节　DNA 测序数据分析简介 ………………………………… 291

第三节　转录组测序标准信息分析 ……………………………… 304

第四节　建造中等高性能计算机群系统 ………………………… 316

参考文献 ………………………………………………………… 323

第五章　PacBio RS 测序技术 ……………………………………… 326

第一节　PacBio RS 测序原理 …………………………………… 326

第二节　PacBio RS 测序 DNA 样品准备及文库构建流程 ································ 328

第三节　SMRT Potal 二级分析软件的安装 ·· 333

第四节　SMRT Portal 数据分析流程 ··· 334

第五节　PacBio RS 测序应用简介 ··· 348

第六节　PacBio 测序案例 ··· 349

参考文献 ··· 350

常用英文简写列表 ··· 351

第一章　测序技术发展概述

随着现代科学技术的发展，生命科学的研究已经进入了组学时代。基因和基因组测序技术已经成为现代生命科学研究，特别是基因组学研究中不可或缺的手段。近年来新一代基因组测序技术突飞猛进的发展带来了基因组学研究的空前繁荣。

自从 1977 年 Fredrick Sanger 等建立了双脱氧链终止法（dideoxy chain-termination method）测序技术以来，基因测序技术经历了几十年的快速发展，在此期间出现了两次技术上的飞跃：第一次飞跃是 Sanger 测序技术实现了大规模测序的自动化，科学家利用该技术完成了"人类基因组计划（Human Genome Project，HGP）"等重大科学研究项目；第二次飞跃是自 2005 年以来，以 Roche 454、Illumina GA/HiSeq、Life SOLiD/Ion Torrent、PacBio RS 为代表的新一代测序技术（next-generation sequencing，NGS）的出现，使得基因组测序通量快速增加，测序成本极大降低。近 10 年来，测序技术的发展速度已经远远超越了半导体信息技术进步的速度（摩尔定律，Moore's Law），它将生命科学研究带入了基因组学时代。新一代测序技术已经在生命科学各个领域及农学、医学、环境保护、法医学等领域中得到了广泛的应用。

那么，新一代测序是怎样在实验室中实现的？测序实验成败的关键是什么？测序数据的产生过程是怎样的？拿到海量的测序数据之后该怎样处理？这些都是正在使用和将要学习使用新一代测序技术的广大科研人员及生命科学相关专业的高等院校师生所关心的问题。目前，对于国内绝大多数生物学和医学实验室来说，新一代测序仪和与测序相关的实验技术仍然是比较昂贵和陌生的，因此，我们编写这本书，向读者介绍一些新一代基因组测序技术的原理、测序实验操作和初步的数据分析方法，就显得十分必要了。

在本书的各个章节中，我们将针对测序技术的发展历史、测序建库、测序仪器操作、数据的初步分析等各个方面逐一为读者详细介绍。

第一节　第一代基因测序方法简介

第一代基因测序方法，即双脱氧链终止法，是由 Fredrick Sanger 等在 1977 年创立的（Sanger et al.，1977），因此，也被称为"Sanger 测序法"。该方法是一种基于 DNA 聚合酶合成反应的测序技术。其测序原理可以简述如下（图 1.1）：在 4 个

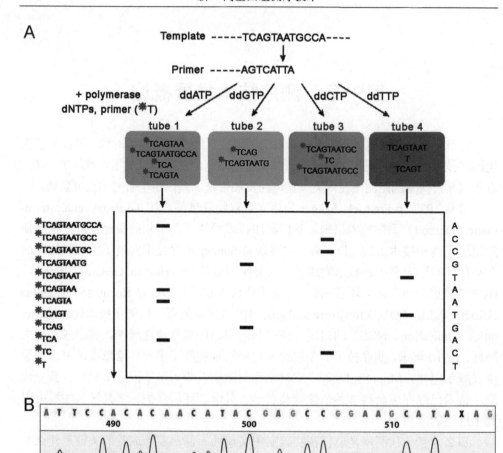

图 1.1　双脱氧链终止（Sanger）测序原理图（选自 Sequencing forensic analysis and genetic analysis 和 Genes and genomics：a short course（3e），略有改动）

A. 454 测序流程图：在 4 个测序反应系统（tube 1、2、3 和 4）中加入待测 DNA 模板、DNA 合成酶、dNTP、反应引物及带有放射性同位素的 ddATP、ddCTP、ddGTP、ddTTP。经过 DNA 合成反应后，就形成了一组长度差为一个核苷酸的 DNA 片段。聚丙烯酰胺凝胶电泳放射自显影后，根据电泳所得到的 DNA 片段大小可反向依次读出被合成的碱基排列顺序，从而得到待测的 DNA 序列。B. 基于"Sanger 测序法"的荧光自动 DNA 测序仪直接将信号转化为 DNA 序列的显示图

测序反应系统中加入待测的 DNA 模板、DNA 合成酶及 DNA 合成反应所需的其他成分，如脱氧核苷三磷酸（dNTP）、反应引物和缓冲液等，并且将少量的 4 种带有放射性同位素的双脱氧核苷三磷酸（ddATP、ddCTP、ddGTP、ddTTP）按一

定比例分别加入相应的反应系统中，然后进行 DNA 合成反应。因为 ddNTP 中包含的是双脱氧核糖，其 3 位碳原子上连接的不是羟基（—OH），而是脱氧后的氢（—H），所以当 ddNTP 被加入到正在合成的 DNA 链中后，系统中后续的 dNTP 就不能再被结合到这条 DNA 链上了，这条 DNA 链的合成就会随机终止在任何碱基处。这样，经过几十个循环的合成反应后，就形成了一组由短到长的 DNA 片段，这些片段之间的长度差为一个核苷酸，并且 3′端碱基以带有放射性同位素标记的 A、C、G 或 T 作为结束。测序合成反应终止后，将合成的产物分为 4 个泳道进行聚丙烯酰胺凝胶电泳，电泳结果经过放射自显影处理后，根据电泳所得到的 DNA 片段大小来排列反应产物带有的末端双脱氧核苷酸类型，即可反向依次读出被合成的碱基排列顺序，从而得到待测的 DNA 序列。

此后，人们在上述最初的"Sanger 测序法"基础上发展出多种 DNA 测序技术，其中最重要的是荧光自动检测技术。该技术基于 Sanger 测序原理，用荧光标记代替同位素标记，并用成像系统自动检测，从而大大地提高了 DNA 测序的速度和准确性。代表性的测序仪器如 ABI 3730XL 测序仪拥有 96 条电泳毛细管，4 种双脱氧核苷酸的碱基分别用不同的荧光进行标记，在通过毛细管末端时由激光激发不同的 DNA 片段上的 4 种荧光基团，从而发出不同颜色的荧光，荧光信号被 CCD（charge coupled device）照相检测系统识别后直接将信号转换成为 DNA 序列。Sanger 测序法在出现之后的大约 30 年间，因其操作简便、测序读长长（为 800 bp～1 kb）、数据准确性高，一直是应用最为广泛的 DNA 测序方法，甚至至今仍是验证新一代测序结果的金标准，常用于验证由新一代测序方法发现的新变异位点。

第一代测序技术的产生，使人们拥有了"阅读"生物基因组秘密的有力工具，在 20 世纪末和 21 世纪初的几年间，科学家利用第一代测序技术完成了一系列物种的全基因组测序，如水稻（Goff et al.，2002）、拟南芥（The *Arabidopsis* Genome Initiative，2000）等模式植物和秀丽线虫（The *C. elegans* Sequencing Consortium，1998）、果蝇（Adams et al.，2000）等模式动物的基因组图谱。该技术最大的成就是保证了"人类基因组计划（Human Genome Project，HGP）"的顺利实施（Lander et al.，2001），这项跨国研究计划开始于 1990 年，2000 年美国国立卫生研究院（National Institutes of Health，NIH）和美国 Selera 公司共同宣布人类基因组草图绘制成功；2003 年由美、日、德、法、英、中六国科学家宣布人类基因组序列图谱绘制成功。人类基因组计划历时 13 年，花费约 30 亿美元，由全世界几千个实验室协力共同完成。美国著名的《时代》（*TIME*）杂志在 2000 年发表文章评论这项成就的意义时这样写道，"……无论怎样评价这项成就都不为过。以遗传密码作武器，科学家现在可以以很轻松的方式（teasing out）在分子水平上获得人类健康和疾病的秘密——至少可以在阿尔茨海默病、心脏病和癌症的诊断和治疗等方面引发一场革命……历史将记载下这一基因组时代开启的时刻"。

尽管 Sanger 测序法至今仍然被公认为测序的"金标准",但是它也存在着相当大的局限性。第一是"测序偏好(sequencing bias)",由于 Sanger 测序法是将待测 DNA 加入到载体(vector)上并在大肠杆菌(*Escherichia coli*)等细菌中进行克隆,因此被克隆的 DNA 不能对细菌有害,并且要与细菌 DNA 的复制机制兼容。测序实验证明,基因组的某些区域,如着丝点和端粒附近的区域很难被克隆,从而导致在基因组测序数据中出现缺失(gap)。第二是 Sanger 测序法处理和分析等位基因频率的能力有限,用这种测序方法在 PCR 扩增产物中发现并区分杂合的单核苷酸多态性(single nucleotide polymorphism,SNP)是很困难的。第三是 Sanger 测序法通量太低,从而导致基因组测序实验成本过高。据估算,用 Sanger 测序法完成一个人基因组(约为 3×10^9 个碱基)的重测序大约需要 1000 万美元,这样就使得一般的实验室无力单独承担大规模的测序实验研究项目。

第二节　新一代测序技术概述

人类基因组计划的顺利实施,是全世界科学家利用第一代测序技术所取得的辉煌成就,同时也标志着生命科学研究进入了后基因组时代,即功能基因组时代。传统的第一代测序技术因其通量低、成本高和时间长的局限性,已经不能满足生物物种的深度测序和重测序等大规模基因组测序的需要,这就促使了新一代基因组测序技术的诞生。依照其在测序市场上出现的时间顺序,新一代测序技术包括 Roche 454 公司的 Genome Sequencer FLX 测序平台,Illumina 公司的 Genome Analyzer、HiSeq 系列、MiSeq、NextSeq500 和 MiniSeq 等测序平台,Life 公司的 SOLiD 测序平台、Ion Torrent Personal Genome Machine(PGM)、Proton 等测序平台,Helicos Biosciences 公司的 Heliscope 测序平台,Pacific BioSciences 公司的 RS 测序平台,以及新近出现在测序市场上的 Oxford Nanopore 公司的 MinION、PromethION、GridION 等测序平台。新一代测序技术最显著的特点是通量高,单碱基测序成本低,一次测序运行可以对几十万至数亿条 DNA 模板进行测序。利用这些特点,人们可以方便地对各种生物物种进行全基因组深度测序、转录组测序、甲基化测序和 ChIP 测序等研究。

在第一代测序技术中,测序合成反应,即通过测序 PCR 产生长度不同(不同片段之间相差一个脱氧核苷酸)的扩增片段,与序列读取(通过电泳方法分离与检测片段长度)及产生序列数据的过程是分离的。与之相比,新一代测序技术通常又被称为大规模平行测序技术(massively parallel sequencing,MPS),它可以同时完成测序模板互补链的合成与序列数据的读取。一般来说,新一代测序包含下列连续的步骤：①向测序系统加入脱氧核苷酸；②检验和确定被加入的脱氧核苷酸类型；③去除测序反应的各种酶、荧光标记物或脱氧核苷酸的 3′阻断基团等的洗脱反应（Zhang et al.，2011）；这样就实现了"边合成边测序（sequencing by synthesis，SBS）"，如 454、Illumina、Ion Torrent 和 PacBio 等测序技术；或者"边连接边测序（sequencing by ligation，SBL）"，如 SOLiD 技术。

　　新一代测序技术的发展初期，得到的测序读长相比第一代测序数据（0.8～1 kb）来说都比较短，因此在当时新一代测序方法也被称为"短序列测序方法（short reads sequencing）"。例如，在 2009 年前后，454 测序读长是 400～500 bp，在同时期的新一代测序平台中是最长的。与之相比，Illumina GA 和 SOLiD 当时的读长是 35～50 bp，它们读长的主要受限因素是信噪比（signal-to-noise ratio）低。在这之后的数年间，Illumina 推出了 HiSeq 系列和 MiSeq 测序平台，逐渐把测序读长加长到双端 150 bp（HiSeq）和双端 300 bp（MiSeq），拉近了与第一代测序法读长的距离。最近 1～2 年，随着 PacBio RS 和 Oxford Nanopore 单分子测序平台的推出，新一代测序的读长也迅速提高，达到了几 kb 到数十 kb 的水平，远远超越了第一代测序法的读长。

　　目前有关新一代测序技术的名称有多种说法，有人把 PacBio RS 和 Oxford Nanopore 的测序平台称为第三代测序技术，以区别于 Illumina、SOLiD 等第二代测序技术，其根据是它们实现了单分子实时测序，省去了第二代测序技术中的模板扩增步骤。但作者认为，这两种测序技术虽然与第二代测序技术有所区别，但仍然存在通量偏小，测序初始数据准确率不高的问题，在测序方法上和第二代测序技术相比并没有可以称得上"代差"水平的改进。所以在本书中我们没有把 PacBio 和 Nanopore 称为第三代测序技术，而是和原有的第二代测序技术一起统称为"新一代测序技术"。

　　下面按照测序技术出现的时间顺序，简要介绍 6 种主要的新一代测序平台的测序原理和技术特点。

一、Roche 454 焦磷酸测序技术

　　2005 年，454 公司推出了第一款二代测序仪 Genome Sequencer 20。2007 年，又推出了改进型测序仪 Genome Sequencer FLX 和小型化测序仪 GS Junior。该测序平台利用了焦磷酸测序原理和边合成边测序技术，得到的序列平均长度为 400～500 bp，通量为每次测序运行产出 0.7 Gb 左右数据。相比同期的 Illumina Genome Analyzer 和 SOLiD 测序平台，454 GS 平台得出的序列读长较长（同期的 Illumina 和 SOLiD 读长只有 35～50 bp），有利于基因组数据的拼接，尤其适用于小型基因组如细菌基因组的从头测序（de novo sequencing），因而在一段时间内得

到了广泛的应用（Mardis，2008；Rothberg and Leamon，2008）。但在新一代测序平台中，454 的测序通量相对较小，单碱基测序成本高，很快被 Illumina 等后续出现的测序平台超越，最终罗氏公司于 2014 年宣布 454 退出测序技术竞争，遗憾离场。虽然如此，454 平台仍然在新一代测序技术的发展史上留下了浓重的一笔，科学家利用 454 测序技术作出过很多出色的工作，获得过一些重大的发现，如美国贝勒医学院人类基因组中心的 Wheeler 等（2008）利用 454 测序技术完成了 DNA 双螺旋结构发现者之一詹姆斯·沃森（James Watson）的个人基因组测序等。所以读者仍然有必要对 454 测序技术的原理有所了解。

454 测序技术原理（以基因组 DNA 测序为例，图 1.2）（Margulies et al.，2005）如下。

测序文库制备：将符合测序要求的基因组 DNA 用物理剪切的方法（例如，Covaris、nebulizer 或 Bioruptor 等方法）打断为 400～800 bp 的片段，经一系列建库操作，在单链 DNA 的 3′端和 5′端加上 454 建库的接头，形成测序文库。

乳化 PCR 扩增（emulsion PCR，emPCR）：按照一定比例将单链测序文库与 454 测序特有的微球（bead）混合，该微球直径为 28 μm，表面带有和文库一端接头的 DNA 互补的寡核苷酸，文库与微球连接固定后，在理想的状态下，一个微球只与一条单链文库 DNA 结合。然后将带有文库 DNA 的微球置于油相与水相的混合系统中，其中水相部分带有 PCR 扩增所需的所有成分（DNA 酶、dNTP 和扩增引物等），经机械振荡形成乳化混合物（俗称"油包水"混合物），即微小的水滴散落在油相中。由于微球具有亲水性，它们存在于"油包水"混合物的"水相"中。在绝大多数情况下，一个水滴中只含有一个微球。这样每一个水滴就形成了一个独特的 PCR 扩增微反应器，每个文库片段在各自的微反应器中进行 PCR 扩增（50 个循环），最终产生数百万个相同的拷贝。接着利用一系列特定的方法打破"油包水"混合物，选择出带有扩增文库的微球用于测序。

测序：454 系统使用 PTP 板（pico titer plate）作为测序的承载体，PTP 板是经蚀刻技术处理的玻璃板，其中一面约有 4×10^6 个直径为 45 μm 的小孔（well）。将带有扩增文库的微球放入 PTP 测序板上，经离心处理后使微球进入小孔中，每个小孔的直径大小（45 μm）使其只能容纳一个微球（直径 28 μm）。同时，测序反应和荧光发生所需要的各种酶和发光反应底物等也以更加微小的微珠承载，被置入小孔中，围绕在测序微球周围。这样，每个小孔就成为一个微型测序单元。454 测序系统按照 T、A、C 和 G 的固定顺序依次将测序所需的 dNTP 加入到 PTP 板上，每次只加入一种碱基，在 DNA 合成酶的催化作用下发生 DNA 合成反应。如果在某个测序单元内发生与测序模板碱基配对的合成反应，该反应就会释放一个焦磷酸。焦磷酸在 ATP 磷酸化酶的作用下与相应底物合成 ATP，而 ATP 在荧光

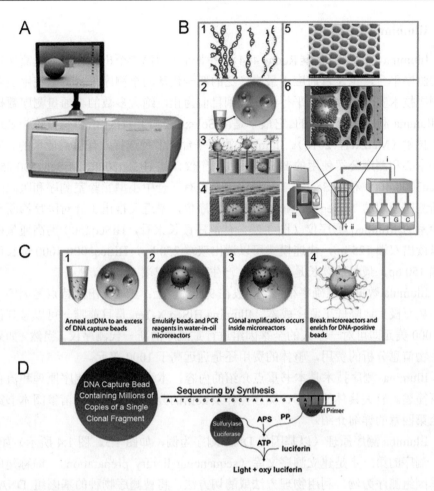

图 1.2　454 GS FLX 测序仪及测序原理图（选自 Rothberg and Leamon，2008 和 Mardis，2008，
略有改动）

A. 454 GS FLX 测序仪。B. 454 测序流程图：基因组 DNA 片段化后两端加测序接头（1）；结合一条 DNA 文库单
链的微球乳化 PCR 扩增（2）；携带相同 DNA 拷贝的微球进入测序 PTP 板表面微孔（3）；更小的测序反应试剂微
球进入微孔（4）；测序载体表面微孔图像（5）；开始进行测序反应和荧光信号采集（6）。C. 454 乳化 PCR 扩增原
理图：变性后的 DNA 文库单链与过量微球混合，每个微球结合一条 DNA 单链（1）；微球乳化形成"油包水"反
应器结构（2）；反应器内进行 DNA 扩增（3）；打破油包水结构，富集携带扩增产物的微球（4）。D. 454 边合成
边测序原理图：微球表面 DNA 克隆变性后退火与测序引物互补结合，当碱基发生配对合成反应时，释放一个焦
磷酸，焦磷酸在 ATP 磷酸化酶的作用下与相应底物合成 ATP，然后 ATP 在荧光素酶的作用下释放能量，氧化荧光
素放出荧光

素酶的作用下释放能量，氧化荧光素放出荧光。荧光信号被 454 系统配置的高灵敏
度 CCD 照相机捕获，这样就得到了该反应循环中被合成的核苷酸信息。如此多次循
环之后，测序系统就获得了待测 DNA 模板的序列信息（Rothberg and Leamon，2008）。

二、Illumina 测序技术

Illumina 测序平台是继 Roche 454 测序平台之后第二个出现在高通量测序市场上的测序平台，也是目前应用最为广泛的新一代基因组测序平台，它使用边合成边测序技术实现了大规模平行测序。到目前为止，绝大多数的高通量测序数据是由 Illumina 测序平台产生的。它最早是由 Solexa 公司开发的，所以也被称为 Solexa 测序技术（Metzker，2010）。Illumina 测序平台有多种选择，有超大通量的、适合测序中心和测序公司使用的 HiSeq 系列测序仪，如 HiSeq2000、HiSeq1500/2500、HiSeq3000/4000 和 HiSeq X-Ten 测序仪，也有适合中小型实验室测序和医院医疗诊断测序使用的 MiSeq 和 NextSeq500 测序仪，最近又推出了针对医疗诊断测序实验室的 MiniSeq 测序仪（图 1.2）。从测序读长来看，HiSeq2500 的高通量模式可以读出双端 125 bp，快速模式可以读出双端 250 bp，HiSeq3000/4000 读长可达双端 150 bp，最长的读长是由 MiSeq 产生的，为双端 300 bp。

Illumina 数据的准确率很高，一般在 99.5% 以上；其最突出的特点是测序通量高，从而极大地降低了测序成本。Illumina HiSeq X-Ten 是目前唯一可以做到仅花费 1000 美元即可对一个人的全基因组进行重测序的新一代测序仪。当然，如果加上生物信息分析的费用，整体的费用还是远远高于 1000 美元。

Illumina 测序技术是本书重点介绍的内容，本章将只对其测序原理和流程作如下简述。有关具体的建库、测序操作及数据的分析处理过程，请参阅本书第二章至第四章的详细介绍。

Illumina 测序原理（以基因组 DNA 测序为例，如图 1.3、图 1.4 所示）如下。

测序的第一步是建立测序文库（sequencing library preparation），简称建库。以基因组测序为例，利用物理方法或酶切方法，将被测序物种的基因组 DNA 打断成一定长度的片段（200～800 bp），经过片段选择、末端补平及加 A 尾后，用连接酶在 DNA 片段的两端加上 Illumina 测序专用的接头（adapter），连接的产物经过扩增、片段选择和纯化，就形成了可以用来上机测序的文库。在这里必须强调的是，**建库步骤是测序成功与否的关键**！Illumina 测序的建库技术将在本书第二章中作为重点内容加以详细介绍。

测序的第二步是文库的扩增成簇过程（cluster generation），成簇是在 Illumina 特定的仪器 cBot 上实现的（MiSeq 与 HiSeq 的快速模式不需要 cBot，成簇过程与测序过程都在测序仪上完成）。测序文库在有 8 个泳道（lane）的芯片（flow cell）上，与固化在泳道玻片壁上的寡核苷酸特异性互补结合，经桥式扩增（bridge amplification）把带有待测 DNA 片段的文库扩增到 1000 个拷贝左右，每个拷贝都具有相同的 DNA 序列，这样就形成了簇（cluster）。测序文库的成簇过程实际上

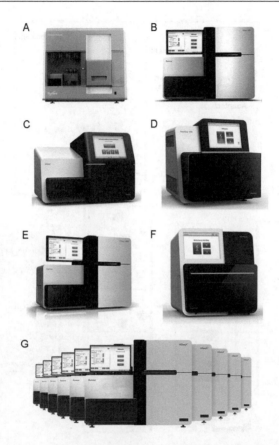

图 1.3 Illumina 测序仪图片（由 Illumina 公司提供）

A. Illumina GAII 测序仪；B. HiSeq2500 测序仪；C. MiSeq 测序仪；D. NextSeq500 测序仪；E. HiSeq4000 测序仪；
F. MiniSeq 测序仪；G. HiSeq X-Ten 测序仪

可以看作一个测序荧光信号的放大过程，它可以使测序仪的光学成像系统清楚地捕捉并记录每一步合成测序的荧光激发信号，从而得到高质量的序列数据。

成簇过程完成后，就可以从 cBot 仪器上取出测序芯片，放置到 Illumina 测序仪上进行测序（MiSeq 与 HiSeq 的快速模式不需要挪动测序芯片，可以在仪器上直接测序）。Illumina 测序平台使用 SBS 技术和 3′端可逆屏蔽终结子技术（3′-blocked reversible terminator）进行测序（Bentley et al.，2008）。简单地说，就是 4 种带有不同荧光标记的特殊核苷酸（A、C、G 和 T），与 DNA 合成酶同时加到测序芯片的各个泳道中。在 DNA 合成酶的催化作用下，从测序引物结合部位开始合成与测序模板互补的新 DNA 链。同时，用于测序反应的特殊核苷酸在 3′端的羟基位置被化学基团屏蔽，导致每次 DNA 链合成都只能加入一个核苷酸。一次合

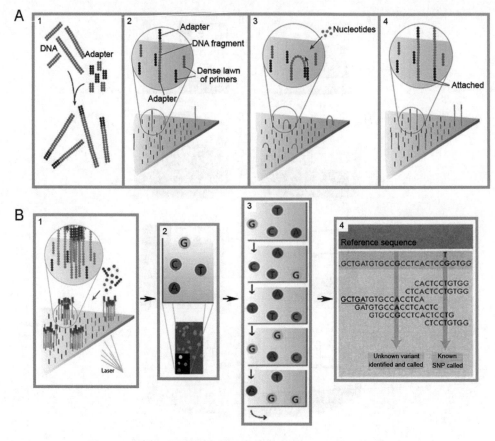

图 1.4 Illumina 测序技术原理（选自 Mardis，2008，略有改动）

A. Illumina 测序原理图：基因组 DNA 片段化并与接头连接，形成文库 DNA 模板，灰色代表由核苷酸碱基（灰色点表示）组成的 DNA 片段，紫色和粉色分别代表两端接头（1）；变性后的模板 DNA 两端接头分别与芯片表面对应的互补寡核苷酸结合（2）；测序引物与一端接头互补配对，开始桥式扩增（3）；桥式扩增完毕形成双链 DNA（4）。
B. 多个桥式扩增循环后形成 DNA 分子簇，加入测序试剂进行第一个测序反应（1）；反应结束进行荧光图像信息采集（2）；多个测序反应结束后，根据每个反应采集的荧光图像信息（3）；转换为碱基序列信息（4）

成反应结束后，紧随其后的是图像获取步骤，每一个簇（cluster）被激发后产生不同的激发荧光，由测序仪的光学系统拍照成为图像并记录下来。特定波长的荧光代表特定的核苷酸，这样就得到了本次合成反应的核苷酸类型，实现了第一个碱基的测序。第一个测序循环的图像记录完毕后，核苷酸 3′端的屏蔽基团通过酶切方法被切掉，3′端的羟基被活化，从而可以进行下一个循环的合成测序，合成的下一个核苷酸产生的荧光再次被拍照成为图像；这样周而复始，经过 100 或 150 个循环，就完成了每个簇上 DNA 模板的 100 bp 或 150 bp 的正向单向测序（single read sequencing）。如果要进行双端测序（paired-end sequencing），在单向测序完成后，系统输入缓冲液，洗掉测序过程中合成的 DNA 链，然后系统合成原有模板的互补链作为反向测序的模板链，以与正向测序同样的方式进行反向测序，得到的序列就是与正向序列成对的反向序列。从同一个测序模板得到的一对正向和反向序列，合称为双端序列（Mardis，2008；Metzker，2010）。

一个簇的图像数据就是一个 DNA 序列（read）。在 HiSeq 的芯片上有 8 条泳道（lane），每一个泳道上簇的密度可以多达 750～850 K/mm^2，这样，在一张芯片上簇的数量就可以多达数亿到数十亿个。以 HiSeq2500 的高通量模式为例，一张测序芯片可以得到 600 Gb 左右的数据。

三、SOLiD 测序技术

SOLiD 的全称是 Supported Oligo Ligation Detection，是由 ABI 公司（后与 Invitrogen 公司合并为 Life Technologies 公司，现被 Thermo 公司收购为子公司）于 2007 年推出的。与 454 和 Illumina 采用边合成边测序的测序方法不同，SOLiD 是通过连接反应进行测序的。其基本原理是采用四色荧光标记的寡核苷酸连续连接合成的方法进行测序。SOLiD 系统采用双碱基编码技术，在测序过程中对每个碱基读取两次，因而减少了原始数据的错误率（Mardis，2008）（测序仪和测序原理如图 1.5 所示）。其具体测序原理如下。

测序文库制备：基于 SOLiD 系统的文库构建共有两种方法，一种是片段文库（fragment library），DNA 通过超声波处理后被打碎为 60～90 bp 的片段，两端再加上 SOLiD 特有的接头构成测序文库。另一种是配对末端文库（mate-pair library），将 DNA 打断成为 6～10 kb 的大片段，与中间接头连接、环化，再用 *Eco*P15I 酶切，使中间接头的两端各具有 27 bp 的碱基，两端加上接头后构成文库。

扩增：与 454 测序法类似，测序文库、PCR 所需各种成分和带有与文库一端互补的寡核苷酸的微球（bead）（直径为 1 μm）混合所形成的"水相"，在和"油相"经机械振荡乳化之后，形成细小的"微反应器"。每个"微反应器"在理想状态下只包含一个微球及一条 DNA 文库模板，经过乳化 PCR（emPCR）扩增将文库扩增至上百万个同样的拷贝。根据正态分布规律，这种理想状态的微反应器在体系中占大部分。经过纯化和富集步骤，只带有一条 DNA 文库扩增产物的微球被富集和分离出来进行测序。

微球的连接固定：带有测序文库模板的微球经过富集后，与测序载体上经化学修饰的载玻片表面共价结合连接。测序反应在载玻片表面进行，每个微球经测序后得到一条 DNA 或 RNA 序列。

SOLiD 测序过程：SOLiD 测序技术的独特之处是使用了 DNA 连接酶和荧光标记的寡核苷酸探针来实现测序反应。图 1.5 说明了 SOLiD 测序反应的基本原理。

以与 P1 接头序列互补的通用测序引物作为测序起始引物，开始测序连接反应。利用带有一个荧光标记的 8 碱基寡核苷酸探针组合来检测每个微球上带有的模板未知序列，该探针 3′端的第 1 个和第 2 个碱基是用于测序检测的碱基组合，这样的组合共有 16 个，分别由不同的荧光颜色所代表。探针的第 1、2 个核苷酸组合只有和模板上的碱基互补，才能有效地连接到通用测序引物的 5′端上。探针 3′端的第 3~5 碱基是通配碱基，可以和模板上的任意碱基互补，因而不具有检测功能。探针使用 4 种颜色的荧光染料之一作为标记，每种荧光都与探针的第 1、2 个核苷酸

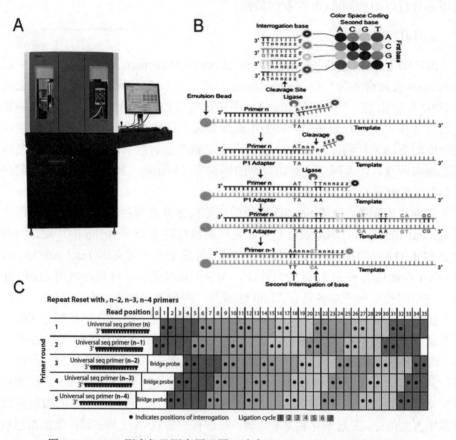

图 1.5　SOLiD 测序仪及测序原理图（选自 Mardis，2008，略有改动）

A. SOLiD 5500 测序仪。B. SOLiD 连接反应测序原理图：4 类荧光标记的 8 碱基寡核苷酸探针及第 1、2 位不同碱基组合显示的荧光颜色；测序引物 Primer n 与 DNA 模板 P1 Adapter 结合，连接酶启动连接反应，携带 AT 碱基的探针与待测 DNA 片段的第 1、2 位碱基互补结合，检测所带的荧光；连接反应结束后，探针末端的 3 个碱基和荧光标记被切除；连接酶催化第二个探针与待测 DNA 片段 6、7 位碱基结合；连续 7 个连接反应后，待测 DNA 片段与不同的探针互补结合完毕；洗脱 Primer n 的延伸产物，以比 Primer n 前移一个碱基的 Primer n–1 开始连接延伸反应。C. 每个碱基进行双重检测：通过检测 Primer n 及分别向前移 1、2、3、4 位的测序引物进行延伸反应时释放的荧光信息，确定 1~35 位碱基的序列信息，每个碱基被检测两次

组合相关联（图 1.5B）。连接反应结束后，光学系统记录由激光激发的荧光颜色，从而得到发生连接反应的核苷酸组合信息。在进行下一轮连接反应前，系统通过化学剪切，切断第 5 位和第 6 位核苷酸之间的磷酸二酯键，从而清除连接在探针第 8 位核苷酸上的荧光染料及 6～8 位上的核苷酸。

根据期望的测序序列长度（这里以 35 bp 为例），采用和第一次连接反应同样的方式，进行接下来的 6 次连接反应，这样就完成了第一个循环的连接反应。第一个循环反应结束时，系统就可以收集到测序模板上与测序探针相对应的第 1+2、6+7、11+12、16+17、21+22、26+27、31+32 个核苷酸的组合信息。在第二个循环反应开始之前，系统将第一次循环反应得到的连接延伸产物从测序模板上洗脱下来，然后，连接上比第一个循环的通用测序引物少一个碱基的测序引物，开始第二个循环连接反应，得到比第一个循环靠前一个碱基的 7 个核苷酸组合信息。如此反复，在第五个循环的连接反应结束后，系统就收集到所有 35 bp 的组合信息，并且每个位置有两次的重复检测。通过系统的算法解析，就可以得到这 35 个碱基对的测序结果（Valouev et al.，2008）。我们可以看到，在 SOLiD 的连接测序反应中，模板上的每个碱基被检测了两次，这两次的测序结果可以相互验证，如果一次连接出现检测错误时，下一循环的连接检测有可能修正这个错误。因此，SOLiD 系统当时声称是具有超高准确率的测序平台。

在 2010 年前后，SOLiD 系统得到的测序读长和 Illumina GAII 测序系统类似，也是以短序列为主（一般为 35～50 bp），它的测序通量曾经一度领先于 Illumina GAII 测序系统。但是，SOLiD 测序的实验操作过程远比 Illumina 复杂，测序产量很难稳定控制，而且它的"双碱基解码"造成与其他测序技术的分析软件难以兼容的弊端，加之在 Illumina 系统稳步增加测序读长时，SOLiD 的读长增加有限，其测序长度于 2010 年一度达到 75 bp，但在此之后发展颇为缓慢，在激烈的市场竞争中最终被 Illumina 超越。SOLiD 系统于 2012 年之后退出了测序市场的竞争。

四、Life/Ion Torrent 测序技术

Ion Torrent 科技公司（后被 Life Technologies 公司收购，现为 Thermo 公司的子公司）于 2010 年推出了一种与其他测序平台检测方法不同的测序技术，它也是采取边合成边测序的策略，独特之处在于它不需要光学系统来记录测序结果，而是利用半导体传感器记录反应体系内的 pH 变化来判定核苷酸类型，所以也被称为半导体测序技术（Rothberg et al.，2011）。Ion Torrent 有 PGM（Personal Genome Machine）和 Proton 两种测序仪面市，因为它省去了成本昂贵的光学检测系统，所以降低了测序仪本身的成本，目前常用于医疗诊断测序等方面。其测序原理简述如下（图 1.6）。

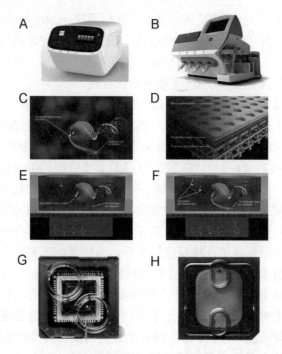

图 1.6　Ion Torrent 测序仪及测序原理图（选自 Rothberg et al.，2011，略有改动）

A. Ion Proton 测序仪。B. Ion PGM 测序仪。C. 以文库 DNA 单链为模板进行延伸合成反应时，每个互补核苷酸碱基发生聚合反应时释放一个氢离子。D. Ion Torrent 测序芯片结构：从上至下分别是测序反应微孔、半导体板和检测 pH 变化的感应器。E. 没有互补碱基发生聚合反应时，无氢离子释放，检测不到信号。F. 一次合成两个同样的核苷酸（T）时，释放两个氢离子，信号强度加倍。G. 316 芯片，用于 Ion PGM 测序仪。H. PI 芯片，用于 Ion Proton 测序仪

测序文库制备：测序文库的制备与其他测序平台如 Illumina、454 及 SOLiD 很相似，包括 DNA 片段化、末端补平、加 A 尾、连接 Ion Torrent 特有的接头，文库的扩增及纯化等步骤，因为各测序平台使用的接头序列不同，所以使用不同的技术制备的文库相互之间不能通用。

乳化 PCR 扩增：Ion Torrent 的扩增步骤与 454 非常相似，都是按照一定比例，将文库和带有与文库一端接头的 DNA 互补的寡核苷酸的微球混合，使模板 DNA 片段与微球连接固定，然后将带有 DNA 模板的微球置于油相和水相的混合系统中，其中水相含有 PCR 扩增所需成分，形成"油包水"混合物之后进行扩增（乳化 PCR 扩增）。扩增完成后，含有扩增 DNA 模板的微球被富集，进行下一步测序。在 Ion Torrent 技术应用初期，该过程是全手动完成的，操作烦琐，费时费力。2011 年后，Ion Torrent 公司推出了 Ion OneTouch 和 ES enrichment 仪器，可以自动化完成乳化 PCR 扩增和带有 DNA 模板的微球的富集过程。

测序原理：在自然条件下，当一个脱氧核苷酸在 DNA 合成酶的催化下被合成到一条 DNA 链上的同时，不仅会释放出一个焦磷酸，也会释放出一个 H^+（Rothberg et al.，2011）。该 H^+ 会对周围微小环境中的 pH 产生影响，Ion Torrent 测序技术利用这个 pH 的变化来探知被合成的核苷酸类型，进而得到被测 DNA 文库的序列。

Ion Torrent 使用一个表面密布微小的小孔阵列的芯片作为测序载体，所有的测序生化反应都在小坑状的小孔中进行。每一个小孔只能容纳一个带有模板 DNA 的微球。小孔阵列的下方有探测 H^+ 浓度变化的感应夹层，再下方是离子感应器（图 1.6）。不同规格芯片的小孔数目有所不同：用于 Ion PGM 的 314 芯片为 1.2×10^6 个，316 芯片为 6.3×10^6 个，318 芯片为 11.3×10^6 个；用于 Ion Proton 的 P1 芯片为 165×10^6 个，P2 芯片为 660×10^6 个。从理论上说，每个小孔都可以产生一条测序序列，但由于不可能在实际操作中把每个小孔都置入一个微球，实际运行产生的测序序列是芯片上小孔数目的 50%～80%。

测序时，4 种脱氧核苷三磷酸（dNTP）溶液依次流过密布小孔的芯片，如果一个核苷酸，如胞嘧啶核苷酸（cytosine，C）分子，被加入到系统中并参与某个微球上的 DNA 链合成，将会释放出一个氢离子，因为微球上有数十万个同一个 DNA 模板的拷贝，这样就可以释放出数十万个氢离子，可以瞬时改变小孔中微环境的 pH。小孔下方的每个感应器都可以被看作一个微小的 pH 计，它接受 pH 变化的信号，并将其转化为电脉冲信号。电压信号进一步转化为核苷酸信号，最终输出测序结果，生成测序数据文件，如 SFF 格式文件或 Fastq 格式文件。如果在接下来的反应中，下一个核苷酸，如腺嘌呤核苷酸（adenine，A），在这个小孔中与模板 DNA 不匹配，则不发生合成反应，没有氢离子的释放，也就没有电信号变化，不产生测序结果。如果在 DNA 合成链上有两个或两个以上相同的脱氧核苷酸被合成，则同时释放的氢离子数量也加倍，电脉冲信号变化也会成倍放大，系统就记录下两个或两个以上单碱基的重复（Merriman et al.，2012）。

五、Pacific BioSciences SMRT RS 测序技术（图 1.7）

Pacific BioSciences 公司推出的单分子实时（single molecular real time，SMRT）DNA 测序技术也是基于边合成边测序的原理。该技术主要特点是读长长，平均序列读长在 10 kb 以上，最长读长可达 40 kb。它以 SMRT Cell 为测序载体进行测序反应。SMRT Cell 是一张厚度为 100 nm 的金属片，一面带有 15 万个（2014 年数据）直径为几十纳米的小孔，称为零模波导（zero-mode waveguide，ZMW），也可以简称为纳米孔。测序时，系统将测序文库、DNA 聚合酶和带有不同荧光标记的 dNTP 放置到纳米孔的底部进行 DNA 合成反应。DNA 聚合酶分子通过共价结

合的方式固定在纳米孔底部，通常一个纳米孔固定一个 DNA 聚合酶分子和一条
DNA 模板。加入 DNA 聚合反应所需底物——4 种带有四色荧光标记基团的 dNTP
及缓冲液。根据模板链核苷酸顺序，相应的 dNTP 进入 DNA 模板链、引物和聚合
酶复合物中发生链延伸反应，同时通过检测 dNTP 荧光信号，获得荧光信号图像，
经计算分析获得 DNA 的碱基顺序。每个 SMRT Cell 大约可以同时进行 12 万个以
上的单分子测序反应。

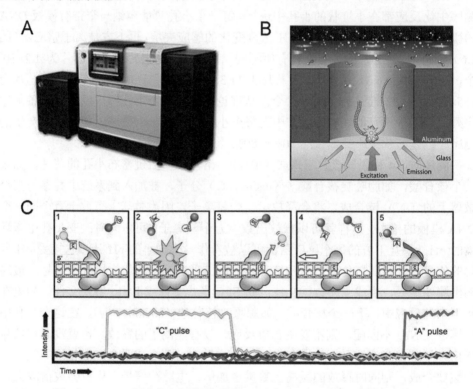

图 1.7　PacBio 测序仪及测序原理图（选自 Eid et al.，2009，略有改动）

A. PacBio RS 测序仪。B. 测序反应 ZMW 孔（零模波导孔）的特殊结构，保证孔底部仅能固定单分子 DNA 聚合
酶和单分子 DNA，检测单次聚合反应的荧光信号。C. PacBio 测序原理：DNA 聚合酶催化荧光标记的核苷酸碱基
互补结合于 DNA 模板上（1、2），结合于磷酸基团上的荧光信号释放（3），DNA 聚合酶前移至下一个碱基位置（4），
催化下一个聚合反应（5），光系统实时检测聚合反应碱基的荧光信号

　　SMRT 技术区别于其他第二代测序技术的显著特点如下：①测序文库不需要
扩增，真正实现了"单分子测序"，所以有时也被称为"第三代"测序技术；②用
于检测标记的荧光基团与脱氧核苷酸（dNTP）的结合位置不是在碱基上，而是在
5′端三磷酸基团的第 3 个磷酸基上，这样在 dNTP 与测序模板互补结合到测序引
物上时发生缩合反应后，荧光基团就随着焦磷酸一起被切掉了，省去了如 Illumina

SBS 测序方法中采用的去除碱基上荧光基团的步骤。当一个 dNTP 被加到 DNA 合成链的同时，它也进入了零模波导孔（ZMW）的荧光信号检测区，并在激发光的激发下发出荧光，光学系统记录所发出的荧光信号，将其转化为核苷酸种类，从而得到待测序列信息；③零模波导孔是一个直径只有几十纳米的小孔，具有独特的光学特性，能够阻止可见激发光完全透过，激发光在进入零模波导孔后迅速衰减。这样，只有在靠近零模波导孔底部 30 nm 的区域内，激发光才能进入并激发 dNTP 上的荧光基团发出荧光信号，这样就减少了测序的噪声荧光背景，从而提高了测序的准确度（Eid et al.，2009）。

六、Oxford 纳米孔测序技术（Oxford nanopore sequencing）

1996 年，Kasianowicz 等提出可以利用纳米孔（nanopore）作为生物感应器，用于 DNA 和 RNA 测序（Kasianowicz et al.，1996），但因为技术上的限制，基于纳米孔的测序技术在近一两年才出现在测序市场上。针对不同通量需求的用户（nanoporetech.com），Oxford Nanopore 公司于 2014 年推出了几款基于纳米孔测序技术的测序仪，分别是 MinION、PromethION 和 GridION（图 1.8A，B，C）。

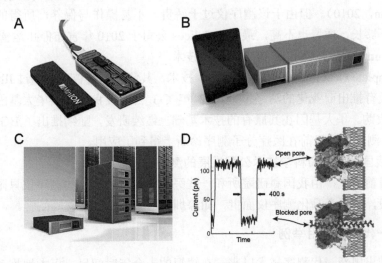

图 1.8　纳米孔测序仪和测序原理图（选自 Eid et al.，2009，略有改动）

A. MinION 测序仪；B. PromethION 测序仪；C. GridION 测序仪；D. 纳米孔测序仪测序原理：当只能容纳 1 个碱基通过的纳米孔畅通时电流恒定，当核苷酸单链上不同的碱基通过时，引起的电流强度变化不同，从而检测通过纳米孔的核苷酸种类

它的基本原理可以这样概述（图 1.8D）：在充满了电解液的纳米级小孔两端加上一定的电压（一般为 100～120 mV）时，可以很容易地测量通过此纳米孔的

电流强度。纳米孔的直径（约 2.6 nm）只能容纳一个核苷酸通过，在核苷酸通过时，纳米孔被核苷酸阻断，通过的电流强度随之变弱。由于 4 种核苷酸碱基的空间构象不同，它们在通过纳米孔时，被减弱的电流强度变化程度也就有所不同。这样，由多个核苷酸组成的长链 DNA 或者 RNA 在电场的作用下由负极向正极方向移动并通过纳米孔时，检测通过纳米孔的电流强度变化，即可判断通过纳米孔的核苷酸种类，这样就实现了实时测序。纳米孔测序的 DNA 模板无需像二代测序技术那样进行扩增即可测序，因而具有读长长、实时、单分子等特点，并且可以极大降低测序成本（Branton et al.，2008）。

七、其他新一代测序技术

除了上述的测序技术以外，新一代测序技术市场上还出现过一些其他的测序技术。由于种种原因，它们有的没有在竞争激烈的测序市场上生存下来，有的尚处于技术发展的初期，还没有得到大规模的应用，在这里仅做简要概述。

1. Helicos 测序技术

Helicos 公司在 2008 年发展了一种单分子测序仪 Heliscope，它是第一例商业化的单分子测序系统。有人利用该项技术作出了一些工作（Thompson and Steinmann，2010）。但由于该测序仪过于娇贵，不易操作与保养，所得的测序数据读长不够长，质量也不高，最终，Helicos 公司于 2010 年宣布停止运营。

2. Complete Genomics（CG）测序技术

Complete Genomics 采用纳米球扩增技术，其测序通量曾一度超过 Illumina，但一直没有推出商业化的测序仪。2012 年 CG 公司被我国深圳华大基因研究院（BGI）收购。华大基因在其原有的技术基础上继续研发，陆续推出了 BGI-100 和 BGI-500 测序仪，目前在医疗分子测序诊断上得到了应用。

3. 我国国内生命科学技术公司发展的测序技术

到目前为止，由我国科研院所和一些医药公司自主研制的测序仪只限于样机研制阶段，尚无商品化测序仪面世，如深圳华因康、长春紫鑫等品牌。

八、新一代测序应用举例

自从出现新一代测序技术以来，在短短的十余年时间里，极大地推动了分子生物学、遗传学、基因组学和生物信息学的发展，并且在生命科学的诸多领域，如农学与育种学、基础医学和临床医学、法医学和环境保护等领域中得到了广泛的应用。据不完全统计，截至 2015 年 10 月，已经有 101 种植物、170 种动物基因组序列及数百种微生物基因组序列发表，其中植物包括重要粮食作物水稻（Goff et al.，2002；Yu et al.，2002）、玉米（Messing et al.，2004；Schnable et al.，2009）、大豆（Schmutz et al.，2010）、高粱（Paterson et al.，2009）及马铃薯（Potato Genome Sequencing Consortium，2011）等的全基因组和小麦的部分基因组（Brenchley et al.，2012；International Wheat Genome Sequencing Consortium，2014；Jia et al.，2013；Ling et al.，2013），动物包括重要家畜猪（Groenen et al.，2012）、牛（Elsik et al.，2009）、马（Wade et al.，2009）等的全基因组，以及生物学研究的模式生物拟南芥（The *Arabidopsis* Genome Initiative，2000）、秀丽隐杆线虫（The *C. elegans* Sequencing Consortium，1998）、果蝇（Adams et al.，2000）和小鼠的全基因组（Waterston et al.，2002）等。大部分物种的基因组从头测序和几乎全部的重测序工作都是利用新一代测序技术完成的。在此我们仅举几个例子，简要阐述新一代测序技术的应用。

1. 人类个体基因组重测序

"人类基因组计划"完成后，人类拥有了第一个有关自身遗传信息组成的参考基因组（5 个白种人 DNA 的混合组装图谱）。从这时起，人类基因组重测序已经成为人类遗传学和转化医学的重要手段。

2007 年 9 月，美国 J. Craig Venter 研究所又利用 Sanger 测序技术绘制完成了 Craig Venter 个人的全基因组图谱，该图谱覆盖了人类基因组的 7.5 倍。通过与参考基因组进行比对，研究人员发现 Venter 基因组有 4.1 Mb 的独特变异，其中 78% 的变异是单核苷酸多态性（SNP），其余 22% 为插入缺失（InDel）、倒位（inversion）、片段复制（segmental duplication）和拷贝数变异（copy number variation，CNV）等（Levy et al.，2007），这项研究开启了对个人的全基因组重测序及其应用的先河。在此之后，随着新一代测序技术 Roche 454、Illumina GA 和 Life SOLiD 的出现，测序通量快速增加，测序成本极大降低，越来越多的个人基因组图谱被发表出来。2008 年 4 月，美国贝勒医学院的研究人员用 Roche 454 测序技术对 DNA 双螺旋结构发现者之一 James Watson 的基因组进行了重测序，测序结果覆盖了 7.4 倍人类基因组。通过比对发现，Watson 的基因组有 3.3Mb SNP，并含有一些小片段的插入缺失和染色体大片段的拷贝数变异（Wheeler et al.，2008）。同年 11 月陆续出现了利用 Illumina 测序技术完成的第一个中国人基因组（Wang et al.，2008）和第一个非洲人基因组测序（Bentley et al.，2008）。

迄今为止，共有超过 100 个个人的全基因组序列已经被测定。在国际上，个人基因组重测序、外显子组重测序的检验已经成为常规的医学检测项目，这标志着人类基因组学进入了个体化研究水平。大量人类个体基因组之间的差异被发现，尤其是遗传性疾病患者个体基因组差异的信息发掘，对进一步研究人类基因组多态性与疾病的关系，实现以人类个体为对象的"精准医疗"有着重要的意义。

2. 疾病诊断和预测

新一代基因测序技术的发展也推动了其在临床疾病诊断领域的广泛应用，同时也孕育着巨大的医疗市场空间。目前最为成熟的临床应用是无创产前检查（NIPT），即可从母体血浆中的游离 DNA 中获取胎儿的遗传信息，以检测胎儿是否患有三大染色体疾病（即位于第 13、18、21 号染色体上的疾病）。基因测序技术更将引领肿瘤的早期诊断、个性化治疗、预后监督、遗传病检测等方面技术的发展。在美国，众多的医药及健康产业借助基因测序技术的飞速进步正在蓬勃发展。例如，Foundation Medicine 是采用基因测序技术对癌症进行管理（诊断、预后和个体化治疗）的先驱；Myriad 也是成功利用基因测序技术实现对包括癌症在内的多种遗传疾病的检测和预后；23andMe 公司在基因测序的基础上发展出遗传携带检测、宗族认定、康健预报及个体化养生指南等众多服务项目，将这项技术在人们生活中的应用推向更为广阔的空间。正是看好基因测序的广阔市场前景，我国国内各上市公司也已开始布局基因测序行业。毋庸置疑，新一代基因测序技术将把我们对生命和健康的认识带入到一个崭新的层面，并对全球市场的繁荣起到举足轻重的作用。

3. 农作物的全基因组从头（*de novo*）测序和重测序

从第一代测序技术实现自动化之后，对动植物物种的全基因组从头测序就陆续开始了。迄今，全基因组测序已经涵盖了大部分重要的农作物种类，绝大多数测序是用新一代测序技术完成的。农作物全基因组从头测序的主要意义在于，为该作物的基因组、转录组、表观基因组学研究等提供了参考基因组序列。表 1.1 列出了近年来已经发表全基因组序列的主要农作物种类。

表 1.1　已经发表全基因组序列的主要农作物种类

物种（附文献）	发表年份	杂志	基因组大小，倍性	测序方法
水稻（Goff et al., 2002；Yu et al., 2002）	2002	*Science*	466 Mb, $2n=24$	Sanger
小麦 A（Ling et al., 2013）	2013	*Nature*	4.94 Gb, $2n=14$	Illumina HiSeq
小麦 B（International Wheat Genome Sequencing Consortium, 2014）	2014	*Science*	6.274 Gb, $2n=14$	Illumina HiSeq
小麦 D（Jia et al., 2013）	2013	*Nature*	4.36 Gb, $2n=14$	Illumina HiSeq, 454
玉米（Schnable et al., 2009）	2009	*Science*	2.3 Gb, $2n=20$	Sanger
大豆（Schmutz et al., 2010）	2010	*Nature*	1.1 Gb, $2n=40$	Sanger
大麦（International Barley Genome Sequencing Consortium, 2012）	2012	*Nature*	5.1 Gb, $2n=14$	Sanger, 454, Illumina
高粱（Paterson et al., 2009）	2009	*Nature*	730 Mb, $2n=20$	Sanger
马铃薯（Potato Genome Sequencing Consortium, 2011）	2011	*Nature*	844 Mb, $2n=48$	Illumina, 454

续表

物种（附文献）	发表年份	杂志	基因组大小，倍性	测序方法
谷子（Zhang et al., 2012）	2012	*Nature Biotechnology*	490 Mb，$2n=18$	Illumina HiSeq
棉花（Paterson et al., 2012）	2012	*Nature*	761 Mb，$2n=26$	Sanger，454，Illumina GAII
番茄（Tomato Genome Consortium, 2012）	2012	*Nature*	900 Mb，$2n=24$	Sanger，454
黄瓜（Huang et al., 2009）	2009	*Nature Genetics*	350 Mb，$2n=14$	Sanger，Illumina GAII
白菜（Wang et al., 2011）	2011	*Nature Genetics*	485 Mb，$2n=20$	Illumina GAII

农作物品种的全基因组重测序主要有以下应用。

在基因组水平上，对重要经济作物的各种野生型和主要栽培品种的单核苷酸多态性（SNP）、片段的插入与缺失（InDel）、基因结构变异（SV）、基因拷贝数变异（CNV）及转座子变异（TE）进行检测，能够建立该物种的遗传多样性数据库。这方面典型的研究工作有 Lai 等（2010）的玉米重测序工作、Zheng 等（2011）的高粱重测序工作。

利用全基因组重测序进行全基因组关联分析（genome-wide association study，GWAS）研究已经成为农业分子遗传设计育种的重要手段。目前已有许多研究报道，如 Huang 等进行的水稻花期和籽粒形状的 GWAS 研究（Huang et al., 2011）及 14 种农艺性状的研究（Huang et al., 2010）、Zhou 等（2015）对大豆 10 个含油量及种子和农业相关性状的定位，以及 Jiao 等（2012）对玉米脂肪酸代谢的遗传机制研究等。

九、未来新一代测序技术发展展望

基因组包含生物物种的全部遗传信息，转录组揭示了遗传信息的表达规律。基因组和转录组测序技术的发展会越来越迅速，新的更准确、更高通量、更低成本、使用更方便的技术会逐渐进入测序市场。到目前为止，各种新一代测序技术的竞争还远远没有结束，目前还不能确定哪一种技术可以最终胜出。但是可以确定的是，新一代测序技术一定是向着进一步降低测序成本、加快测序速度、提高测序准确性，以及将测序仪小型化便携化方向发展的。我们有理由相信，在不远的将来，测序技术的进步一定可以在各方面为生命科学的研究和发展带来革命性的变化。

（陈浩峰）

参 考 文 献

Adams M D, Celniker S E, Holt R A, et al. 2000. The genome sequence of *Drosophila melanogaster*.

Science, 287(5461): 2185-2195.

Bentley D R, Balasubramarian S, Swedlow H P, et al. 2008. Accurate whole human genome sequencing using reversible terminator chemistry. Nature, 456(7218): 53-59.

Branton D, Deamer D W, Marziali A, et al. 2008. The potential and challenges of nanopore sequencing. Nat Biotechnol, 26(10): 1146-1153.

Brenchley R, Spannagl M, Pfeifer M, et al. 2012. Analysis of the bread wheat genome using whole-genome shotgun sequencing. Nature, 491(7426): 705-710.

Eid J, Fehr A, Gray J, et al. 2009. Real-time DNA sequencing from single polymerase molecules. Science, 323(5910): 133-138.

Elsik C G, Tellam R L, Worley K C, et al. 2009. The genome sequence of taurine cattle: a window to ruminant biology and evolution. Science, 324(5926): 522-528.

Goff S A, Ricke D, Lan T H, et al. 2002. A draft sequence of the rice genome(*Oryza sativa* L. ssp. *japonica*). Science, 296(5565): 92-100.

Groenen M A, Archibald A L, Uenishi H, et al. 2012. Analyses of pig genomes provide insight into porcine demography and evolution. Nature, 491(7424): 393-398.

Huang S, Li R, Zhang Z, et al. 2009. The genome of the cucumber, *Cucumis sativus* L. Nat Genet, 41(12): 1275-1281.

Huang X, Wei X H, Sang T, et al. 2010. Genome-wide association studies of 14 agronomic traits in rice landraces. Nat Genet, 42(11): 961-967.

Huang X, Zhao Y, Wei X, et al. 2011. Genome-wide association study of flowering time and grain yield traits in a worldwide collection of rice germplasm. Nature Genetics, 44(1): 32-39.

International Barley Genome Sequencing Consortium. 2012. A physical, genetic and functional sequence assembly of the barley genome. Nature, 491(7426): 711-716.

International Wheat Genome Sequencing Consortium. 2014. A chromosome-based draft sequence of the hexaploid bread wheat(*Triticum aestivum*)genome. Science, 345(6194): 1251788.

Jia J, Zhao S, Kong X, et al. 2013. *Aegilops tauschii* draft genome sequence reveals a gene repertoire for wheat adaptation. Nature, 496(7443): 91-95.

Jiao Y, Zhao H, Ren L, et al. 2012. Genome-wide genetic changes during modern breeding of maize. Nat Genet, 44(7): 812-815.

Kasianowicz J J, Brandin E, Branton D, et al. 1996. Characterization of individual polynucleotide molecules using a membrane channel. Proc Natl Acad Sci USA, 93(24): 13770-13773.

Lai J, Li R, Xu X, et al. 2010. Genome-wide patterns of genetic variation among elite maize inbred lines. Nat Genet, 42(11): 1027-1030.

Lander E S, Linton L M, Birren B, et al. 2001. Initial sequencing and analysis of the human genome. Nature, 409(6822): 860-921.

Levy S, Sutton G, Nq P C, et al. 2007. The diploid genome sequence of an individual human. PLoS Biol, 5(10): e254.

Ling H Q, Zhao S, Liu D, et al. 2013. Draft genome of the wheat A-genome progenitor *Triticum urartu*. Nature, 496(7443): 87-90.

Mardis E R. 2008. Next-generation DNA sequencing methods. Annu Rev Genomics Hum Genet, 9: 387-402.

Margulies M, Egholm M, Altman W E, et al. 2005. Genome sequencing in microfabricated high-density picolitre reactors. Nature, 437(7057): 376-380.

Merriman B, Team I T R D, Rothberg J M, et al. 2012. Progress in ion torrent semiconductor chip based sequencing. Electrophoresis, 33(23): 3397-3417.

Messing J, Bharti A K, Karlowski W M, et al. 2004. Sequence composition and genome organization of maize. Proc Natl Acad Sci U S A, 101(40): 14349-14354.

Metzker M L. 2010. Sequencing technologies-the next generation. Nat Rev Genet, 11(1): 31-46.

Paterson A H, Bower J E, Bruggmann R, et al. 2009. The Sorghum bicolor genome and the diversification of grasses. Nature, 457(7229): 551-556.

Paterson A H, Wendel J F, Gundlach H, et al. 2012. Repeated polyploidization of *Gossypium* genomes and the evolution of spinnable cotton fibres. Nature, 492(7429): 423-427.

Potato Genome Sequencing Consortium. 2011. Genome sequence and analysis of the tuber crop potato. Nature, 475(7355): 189-195.

Rothberg J M, Hinz W, Rearick T M, et al. 2011. An integrated semiconductor device enabling non-optical genome sequencing. Nature, 475(7356): 348-352.

Rothberg J M, Leamon J H. 2008. The development and impact of 454 sequencing. Nat Biotechnol, 26(10): 1117-1124.

Sanger F, Nicklen S, Coulson A R. 1977. DNA sequencing with chain-terminating inhibitors. Proc Natl Acad Sci USA, 74(12): 5463-5467.

Schmutz J, Cannon S B, Schluter J, et al. 2010. Genome sequence of the palaeopolyploid soybean. Nature, 463(7278): 178-183.

Schnable P S, Ware D, Fulton R S, et al. 2009. The B73 maize genome: complexity, diversity, and dynamics. Science, 326(5956): 1112-1115.

The *Arabidopsis* Genome Initiative. 2000. Analysis of the genome sequence of the flowering plant *Arabidopsis thaliana*. Nature, 408(6814): 796-815.

The *C. elegans* Sequencing Consortium. 1998. Genome sequence of the nematode *C. elegans*: a platform for investigating biology. Science, 282(5396): 2012-2018.

Thompson J F, Steinmann K E. 2010. Single molecule sequencing with a HeliScope genetic analysis system. Curr Protoc Mol Biol Chapter, 7: Unit7. 10.

Tomato Genome Consortium. 2012. The tomato genome sequence provides insights into fleshy fruit evolution. Nature, 485(7400): 635-641.

Valouev A, Ichikawa J, Tonthat T, et al. 2008. A high-resolution, nucleosome position map of *C. elegans* reveals a lack of universal sequence-dictated positioning. Genome Res, 18(7): 1051-1063.

Wade C M, Giulotto E, Sigurdsson S, et al. 2009. Genome sequence, comparative analysis, and population genetics of the domestic horse. Science, 326(5954): 865-867.

Wang J, Wang W, Li R, et al. 2008. The diploid genome sequence of an Asian individual. Nature, 456(7218): 60-65.

Wang X, Wang H, Wang J, et al. 2011. The genome of the mesopolyploid crop species *Brassica rapa*. Nat Genet, 43(10): 1035-1039.

Waterston R H, Lindblad T K, Birney E, et al. 2002. Initial sequencing and comparative analysis of the mouse genome. Nature, 420(6915): 520-562.

Wheeler D A, Srinivasan M, Egholm M, et al. 2008. The complete genome of an individual by massively parallel DNA sequencing. Nature, 452(7189): 872-876.

Yu J, Songnian H, Jun W, et al. 2002. A draft sequence of the rice genome(*Oryza sativa* L. ssp. *indica*). Science, 296(5565): 79-92.

Zhang G, Liu X, Quan Z, et al. 2012. Genome sequence of foxtail millet(*Setaria italica*)provides insights into grass evolution and biofuel potential. Nat Biotechnol, 30(6): 549-554.

Zhang J, Chiodini R, Badr A, et al. 2011. The impact of next-generation sequencing on genomics. J Genet Genomics, 38(3): 95-109.

Zheng L Y, Guo X S, He B, et al. 2011. Genome-wide patterns of genetic variation in sweet and grain sorghum(*Sorghum bicolor*). Genome Biol, 12(11): R114.

Zhou Z, Jiang Y, Wang Z, et al. 2015. Resequencing 302 wild and cultivated accessions identifies genes related to domestication and improvement in soybean. Nature Biotechnology, 33(4): 408-414.

第二章　Illumina 测序建库

Illumina 测序技术是目前应用最为广泛的新一代测序技术,在分子生物学、遗传学、基因组学、农学与育种学、医学研究与医疗诊断、法医学、食品科学和环境保护等诸多领域中发挥了重大作用。本书从第二章开始,将详细介绍 Illumina 测序中各个技术环节的流程,包括测序文库制备(library preparation)(简称"建库")、测序仪器的使用,以及测序产生的数据的初步处理和分析过程。本章着重介绍测序建库技术部分。

第一节　DNA 测序建库

在新一代测序中,DNA 测序是应用最广泛的测序手段,包括物种的基因组从头测序(*de novo* sequencing)、具有已知参考基因组物种的个体或品种的重测序(re-sequencing)、甲基化测序(methylation sequencing)、染色质免疫共沉淀测序(ChIP-seq)等,DNA 测序文库的构建就是测序实验的第一步。

测序文库构建,简称建库,是测序实验成功与否的关键性第一步,它包括 DNA 片段化、片段的末端补平、3′端加 A 尾、连接 Illumina 专用接头、片段选择与文库扩增等步骤,其基本原理可以用图 2.1 表示。

本节将以构建 Illumina 测序平台的各种 DNA 文库为例,详细介绍文库构建的实验方法及操作注意事项。

一、Illumina DNA 建库试剂及仪器

1. 推荐使用的试剂盒

Illumina 建库试剂盒。

NEB(New England Biolabs)建库试剂盒。

Qiagen 建库试剂盒。

Qiagen 胶回收试剂盒。

Zymoclean™ Large Fragment DNA Recovery 试剂盒。

Kapa Illumina 文库定量试剂盒。

Qubit DNA 定量试剂盒。

Agilent DNA 1000 Reagents。

Agilent High sensitivity DNA Reagents。

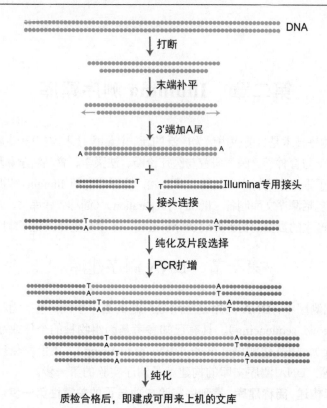

图 2.1　Illumina 测序文库构建基本原理（彩图请扫封底二维码）

2. 试剂盒之外应准备的试剂耗材及设备

类别	名称
耗材	低吸附枪头（2.5 μl、10 μl、200 μl、1000 μl）
	低吸附离心管（2.5 μl、10 μl、200 μl、1000 μl）
	切胶用手术刀片
	DNA 打断管
试剂	TAE 缓冲液
	DNA Marker
	琼脂糖
	DNA 胶染料
	DNA 纯化用磁珠
	蒸馏水
	乙醇

续表

类别	名称
仪器设备	Qubit DNA 定量仪器
	Thermo Scientific NanoDrop 2000/2000c 分光光度计
	Covaris DNA 片段化系统
	DNA 电泳仪
	PCR 仪
	安捷伦生物分析仪
	Real-Time PCR 仪
	Sage Science Pippin Prep DNA 片段回收仪
	样品混合仪（sample mixer）

二、DNA 质量检测

1. 跑胶检测 DNA 质量

用 1%琼脂糖凝胶检测样品 DNA 的完整性，确保 DNA 无降解，无 RNA 残留。

跑胶时应注意：做胶前用 1×TAE 溶液加热清洗配胶瓶；尽量用齿稍宽一些的梳子；加已知浓度的双链 DNA 标准样品作为对照。

2. 用 Thermo Scientific NanoDrop 2000/2000c 分光光度计对 DNA 样品进行定量并检测其纯度

OD260/280 值表示 DNA 的纯度，如果 OD260/280>1.8，OD260/230>2.0，说明蛋白质和小分子杂质的污染较少。如果 DNA 样品含有过多的蛋白质或糖类杂质，可用 DNA 纯化或提取试剂盒进行纯化后，再进行下一步实验。

Thermo Scientific NanoDrop 2000/2000c 分光光度计的使用方法如下。

基座检测空白循环：建议把空白对照当成样品来检测，这样可以确认仪器性能完好并且基座上没有样品残留，按下列操作来运行空白循环。

1）在软件中打开将进行的操作模式，将空白对照加入基座，放下样品臂。

2）点击"Blank"进行空白对照检测并保存参比图谱。

3）重新加空白对照到基座上，把它当成样品来检测，点击"Measure"进行检测，结果应该是近似为一条水平线，吸光值变化应不超过 0.04（10 mm 光程）。

4）用无尘纸擦拭基座，清除残留液体，重新进行上述操作，直到检测光谱图的变化不超过 0.04（10 mm 光程）。

注意：在检测多个样品时，根据软件状态栏中记录的空白校准时间，建议每隔 30 min 进行一次空白校准。最后一次做空白检测的时间将显示在软件下面的状态栏上。

基座基本使用：

1）抬起样品臂，用无尘纸擦拭基座，清除残留液体，将样品加入基座。

2）放下样品臂，使用电脑上的软件开始吸光值检测。在上下两个光纤之间会自动拉出一个样品柱，然后点击"Measure"对样品 DNA 进行检测。

3）当检测完成后，抬起样品臂，并用干净的无尘纸向一个方向把上下基座上的样品擦干净。这样可以避免样品在基座上的残留。

4）如果电脑连接了打印机，可以将所有样品的浓度及吸光值打印出来。

3. 用 Qubit 对 DNA 进行定量

使用注意事项如下。

1）Qubit 标准样品（4℃保存）需要在使用前提前取出，室温下放置 30 min。

2）温度变化会影响测量结果，检测时不要手握管壁。

Qubit 定量步骤如下。

1）准备 Qubit 检测工作液。

每个样品中需要加入 199 μl 缓冲液（buffer）和 1 μl 染料（dye）的混合液。此外，还需要做两个标准样品 standard 1 和 standard 2。因此，需要准备的工作液数量为：待测样品数+2 个标准样品数+1 管（假设为 n 管）。

成分	×1（μl）	×n（μl）
缓冲液（buffer）	199	199×n
染料（dye）	1	1×n

注：工作液总体积超过 1.5 ml 时，用 5～15 ml 管配制

2）配制样品及标样 standard（1 和 2）的检测体系。

成分	样品	标样
样品（μl）	1	N/A
标样（standard）（μl）	N/A	10
工作液（μl）	199	190
总体积（μl）	200	200

注：检测管为 Invitrogen 提供的 0.5 ml 专用管；检测前一定将检测液涡旋混匀

3）待检测样品室温放置 2 min。

4）打开 Qubit 2.0 Fluorometer。根据使用试剂的不同，选择 DNA→ DNA Broad Range 或 DNA High Sensitivity。

5）制作标准曲线。将 standard 1 放入样品孔，盖上盖子后按 Read 键读值。

同样放入 standard 2 读值，得到标准曲线。

6）放入待测样品，盖上盖子后按 Read 键，测出管内浓度。按 Calculator Stock Conc.键，选择加入的原始样品体积和所需浓度单位，得出原始样品浓度。

如果 DNA 浓度超出标准曲线范围，可将样品稀释 10 倍（浓度过高）或加入更多体积的样品（浓度过低）再进行测量。

三、Illumina 常规建库

DNA 文库构建常规流程：打断 DNA→检测打断后 DNA 片段质量→DNA 片段末端补平→DNA 片段 3′端加 A 尾→DNA 片段加接头→选择 DNA 片段大小→PCR 扩增→检验 DNA 文库的质量。

（一）打断基因组 DNA（gDNA）（Covaris S220 DNA fragment system，最终 DNA 片段小于 1.5 kb）

根据不同的测序仪和不同的实验目的，可将基因组 DNA 随机打断为不同长度的 DNA 片段，Illumina 测序一般需要将 DNA 打断为 300～800 bp 的片段。随机打断 DNA 的方法有多种，比较常见的有两种：超声打断和酶打断。超声打断一般使用的仪器为 Covaris 系列，酶打断可用片段化酶（如 NEB 公司的 Fragmentase，货号：M0348），此外还有一种比较特殊的酶——转座子酶，后续会单独介绍。

下面将详细介绍超声打断实验过程。

1）超声打断所用设备。

Covaris™ DNA 片段化系统

Covaris DNA 打断管（货号 520045）

准备架（订购号 500142）

固定支架（部件订购号 500114）

2）连接冷却水装置。

冷却水装置必须用系统提供的软管与系统连接。冷却水入口连接在仪器背部标有"IN"的管口处，出口连接在标有"OUT"的管口处。

3）在仪器使用前要提前预热系统。

　　a）打开排气和循环冷却装置，确保冷却水箱里面有充足的双蒸水或去离子水。

　　b）向有机玻璃水槽中注入蒸馏水，确保传感器放下后，水位在"RUN"刻度 10～15。

　　c）打开控制软件，仪器排气及降温大概需要 30 min。软件界面全部显示为对号（√）时可使用仪器。

4）取 1 μg gDNA 样品，用重悬液（RSB）将总体积补至 135 μl 或 55 μl，混匀离心。取 132.5 μl 或 52.5 μl 样品至 Covaris microTube 中，注意在加样过程中要慢，一定不能产生气泡。打开样品盖，将样品置于固定支架中间，确保样品管对准传感器的聚焦处，关上样品盖。

5）点击软件 Run 界面的 Method，点击 New 新建或在列表中选择一个已有的操作方法后点击 Edit。按照下表视需要设置参数（一般 DNA 打断长度为 300～800 bp）。

130 μl 样品打断条件（150～1500 bp）

目的片段（峰值，bp）	150	200	300	400	500	800	1000	1500
Peak Incident Power（W）	175	175	140	140	105	105	105	140
Duty Factor（%）	10	10	10	10	5	5	5	2
Cycles per Burst	200	200	200	200	200	200	200	200
Treatment Time（s）	430	180	80	55	80	50	40	15
Temperature（℃）	7	7	7	7	7	7	7	7
Water Lever-S220	12	12	12	12	12	12	12	12
Water Lever-E220	6	6	6	6	6	6	6	6
Sample volume（μl）	130	130	130	130	130	130	130	130
E220-Intensifier（pn500141）	Yes	Yes	Yes	Yes	Yes	Yes	Yes	Yes

注：引自 Quick Guide：DNA Shearing with S220/E220 Focused-ultrasonicator，2013，Covaris

50 μl 样品打断条件（150～1500 bp）

目的片段（峰值，bp）	150	200	300	400	500	1000	1500
Peak Incident Power（W）	175	175	175	175	175	175	175
Duty Factor（%）	10	10	10	5	5	2	1
Cycles per Burst	200	200	200	200	200	200	200
Treatment Time（s）	280	120	50	55	35	45	20
Temperature（℃）	7	7	7	7	7	7	7
Water Lever-S220	12	12	12	12	12	12	12
Water Lever-E220	6	6	6	6	6	6	6
Sample volume（μl）	50	50	50	50	50	50	50
E220-Intensifier（pn500141）	Yes	Yes	Yes	Yes	Yes	Yes	Yes

注：引自 Quick Guide：DNA Shearing with S220/E220 Focused-ultrasonicator，2013，Covaris

6）点击 Run 按钮，运行程序。完毕后取出完成打断的 130 μl 或 50 μl 样品至新的 1.5 ml 离心管中。

7）关闭软件和机器。

a）先关闭冷却系统。

　　b）将传感器移出水面，清空水槽中的水后，放回水槽和传感器，点击
　　　Degas Pump，10 s 后泵自动停止。取出水槽再次把水清干，并用无尘
　　　纸将水槽和传感器擦干。关闭软件，然后关闭仪器主机。

　　注意：一定要确保水槽内干燥。

8）DNA 打断后的检验。

　　打断后的 DNA 可用琼脂糖凝胶或安捷伦的生物检测仪（Agilent 2100 Bioa-
nalyzer）检验 DNA 片段的大小。安捷伦仪器的检测更为精准，具体检测步骤
如下。

准备 Gel-Dye Mix

　　a）将蓝盖染料（DNA dye concentrate）和红盖 DNA 胶（DNA gel matrix）室
温放置 30 min。

　　b）涡旋染料，将 25 µl 染料加入胶中。

　　c）涡旋混匀，移入滤膜管中（spin filter）。

　　d）2240 g±20%离心 15 min。将液体避光 4℃保存。

做胶

　　a）将配制好的 Gel-Dye Mix 室温避光放置 30 min。

　　b）确保制胶装置（priming station）上部的加压注射器的活塞在 1 ml 刻度以
上，用以控制活塞高度的控制杆在最下一档（在每次实验之前均需检查，确保控
制杆在正确的位置）。

　　c）取一块新的 DNA 1000 芯片，放在制胶装置上。在标有 G 的加样孔里加入
9 µl Gel-Dye Mix，压紧制胶装置直到听到"啪"的一响，说明注射器与芯片接口
已经密闭。下推注射器活塞至控制杆处，用控制杆压住针管活塞尾部。1 min 后松
开控制杆，让注射器活塞自由上升。停留 5 s 后，上拉针管活塞至 1 ml 刻度以上，
然后松开制胶装置。

　　d）在标有 G 标志的加样孔里各加入 9 µl Gel-Dye Mix。

　　e）在其他的各个加样孔里各加入 5 µl Marker（12 个样品孔和 1 个 ladder 孔，
每个孔都必须加入 Marker，否则会出错）。

　　f）在 ladder 孔里加入 1 µl DNA ladder。

　　g）在样品孔里依次加入 1 µl 待测样品。

　　h）在 IKA 涡旋器中以 2000 r/min 速度涡旋 1 min。

　　i）将 Chip 放入 Agilent 2100 仪器中进行检测。选择 DNA 1000 对应程序，编
辑样品名称。

　　j）点击"Start"开始运行，大约 7 min 后才可以在监视器屏幕上看到样品的
峰。最终检测到的结果如图 2.2 所示。

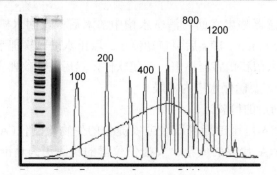

图 2.2　用 DNA 1000 Chip 在安捷伦生物分析仪 2100 上检测片段化的 DNA（选自 Illumina"Preparing Samples for Sequencing Genomic DNA"，从图中可看出 DNA 片段集中在 400～800 bp）

（二）不同试剂盒建库流程

DNA 打断并经检测合格后，有不同的建库试剂盒可供选择，目前比较常用的试剂盒有 NEB、Illumina 和 Qiagen 等公司的产品，它们采用的建库技术大体一致，个别步骤略有差别。下面我们对几种试剂盒分别加以介绍。

1. NEB 试剂盒（NEB Next® Ultra II DNA Library Prep Kit for Illumina NEB # E7645）

（1）DNA 片段末端修复（末端补平和 3'端加 A 尾）

1）将 NEBNext Ultra II End Prep Reaction Buffer（10×）和 NEBNext Ultra II End Prep Enzyme Mix 置于冰上解冻。

2）每个样品（以 50 μl 打断的 DNA 片段为例）中加入以下试剂。

试剂	体积（μl）
NEBNext Ultra II End Prep Enzyme Mix	3
NEBNext Ultra II End Prep Reaction Buffer	7
总体积	60

3）将 100 μl 或 200 μl 移液器调整到 50 μl 刻度，吸打上述混合液 10 次以上，混匀样品，然后短暂离心收集液体至管底。

注意：液体一定要混匀，如有少量气泡不影响实验结果。

4）将热循环仪（thermocycler）热盖温度设置≥75℃，按照下列循环操作：

20℃，30 min；

65℃，30 min；

4℃，保持。

注意：如果需要，此时样品可以储存在−20℃冰箱，但是最终的建库产量可能会降低 20% 左右。因此建议在加接头后再储存样品。

（2）加接头（adapter ligation）

1）将 NEBNext Adapter for Illumina 置于冰上解冻。

2）如果 DNA 的起始量≤100 ng，NEBNext 接头需要稀释，按照下表，用 10 mmol/L Tris-HCl 进行稀释。

DNA 起始量	接头稀释倍数（接头体积：总体积）	接头浓度（μmol/L）
101 ng～1 μg	不用稀释	15
5～100 ng	10 倍（1：10）	1.5
少于 5 ng	25 倍（1：25）	0.6

3）将下列试剂直接加入做完末端修复的混合液中，将 100 μl 或者 200 μl 移液器调整到 80 μl 刻度，吸打上述混合液 10 次以上，混匀样品，然后短暂离心收集液体至管底。

注意：①NEBNext Ultra II Ligation Master Mix 非常黏稠，一定要混匀，不然会影响连接效率，如有少量气泡不会影响实验结果。②试剂 Ligation Master Mix 和 Ligation Enhancer 可以预先混合，这两个试剂在 4℃ 至少可以稳定放置 8 h。但是不建议将 Ligation Master Mix、Ligation Enhancer 和 adapter 预混。

试剂	体积（μl）
NEBNext Ultra II Ligation Master Mix*	30
NEBNext Adapter for Illumina**	2.5
NEBNext Ligation Enhancer	1
总体积	93.5

* 在加入 NEBNext Ultra II Ligation Master Mix 前，枪头先吹打几次

** NEBNext 接头及引物试剂盒分为单样本（NEB #E7350）和多样本（NEB #E7335、#E7500、#E7600、#E7535 和#E6609）

4）在热循环仪（thermocycler）中，盖子不加热，20℃ 反应 15 min。

5）每个样品中加入 3 μl USER™ 酶混液，混匀，37℃ 反应 15 min。

注意：此时可暂停实验，样品置于–20℃ 保存。

（3）DNA 连接产物纯化（如果 DNA 起始量＜50 ng，直接进行纯化，不做片段筛选）

1）磁珠（AMPure XP beads）使用前室温放置 30 min 涡旋混匀，每个样品中加入 0.9 倍体积的磁珠（87 μl，加每个样品前都要再次混匀磁珠），混匀。样品在样品混合仪（sample mixer）上室温混合 5 min。

2）样品管放置在磁力架上，室温静置 5 min。

3）配制 80%乙醇（每次都要使用新配制的乙醇）。

4）用 200 μl 移液器移除样品中的液体，并立刻加入 200 μl 80%乙醇，吹打两次，磁力架上静置 30 s。

5）将乙醇吸出后，再次加入 200 μl 80%乙醇，吹打两次，在磁力架上静置 30 s。

6）吸干样品中的液体，在磁力架上晾干 5～10 min，至磁珠完全干燥即可。

（如下步用切胶法选择片段大小）

7）取下样管，加入 22 μl 超纯水，枪头吹打至磁珠全部混匀。

8）室温放 2 min 后，再次放置在磁力架上 5 min，吸出 20 μl 液体至新的 1.5 ml 管中。

（如下步用磁珠法选择片段大小）

9）取下样品管，加入 102 μl 超纯水，枪头吹打至磁珠全部混匀。

10）室温放置 2 min 后，再次放置在磁力架上 5 min，吸出 100 μl 液体至新的 1.5 ml 管中。

注意：此处可暂停实验，样品置于–20℃保存。

（4a）样品文库片段选择（2%琼脂糖凝胶，Qiagen 胶回收试剂盒）

1）做胶：300 bp 或 500 bp 文库配制 2%琼脂糖凝胶，800 bp 文库配制 0.8%琼脂糖凝胶。

2）加样：20 μl 样品中加入 4 μl 6×Loading Buffer。加 Marker 时每个点样孔加 10 μl，用重悬液补至 20 μl 后加入 4 μl 6×Loading Buffer。两头点样孔各加 10 μl 6×Loading Buffer。样品和样品之间及样品和 Marker 之间均要空出一个点样孔，以免交叉污染。

3）跑胶条件：300 bp 或 500 bp 文库用 100 V 电压跑胶 2 h，800 bp 文库可适当降低电压，增加跑胶时间，以减少小片段 DNA 对最终文库的干扰。

4）切胶：切胶时，目的片段大小为打断 DNA 长度加上接头长度（120 bp）之和，上下浮动 40 bp 左右。不要用紫外光，可选用蓝光照胶。也可以将 Marker 切下，在扫胶系统中标记出需要回收的胶块位置，再将 Marker 胶条拼回胶块，确定需要回收的样品位置。

5）根据所切的胶块的重量，加入 6 倍体积 QG 溶液（例如，0.1 g 胶加 600 μl QG 溶液）。室温放置，确保胶块完全溶解（注意：这一步不能加热，否则会影响最终建库效果）。

6）加入等体积异丙醇，混匀。

7）将样品加入滤膜管中，离心 1 min（每次最多加入 750 μl，可分多次离心），弃去收集管中的液体。

8）再次加入 500 μl QG 溶液至滤膜管中，离心 1 min，弃液体。

9）加入 750 μl 漂洗液（PE），静置 2～5 min，离心 1 min，弃液体。

10）再次离心 1 min 以除去残留 PE（注意：残留 PE 会对文库造成不良影响）。

11）将滤膜管放入新的 1.5 ml 离心管中，加入 17 μl EB 溶液，静置 2 min，离心 1 min。

12）再次将液体加回滤膜中，离心 1 min，弃滤膜。

注意：此处可暂停实验，样品置于–20℃保存。

（4b）样品文库片段选择（磁珠法）

1）磁珠（AMPure XP beads）使用前室温放置 30 min，涡旋混匀。

2）每个样品中加入第一步选择所需体积的磁珠（见表 2.1，以选择 200 bp 插入片段为例，应加磁珠体积 40 μl），混匀。样品在样品混匀器上室温混合 5 min。

3）放置在磁力架上，室温静置 5 min。

4）取上清液体至新的 1.5 ml 离心管中，并在管内加入第二步选择所需体积的磁珠（见表 2.1，以选择 200 bp 插入片段为例，应加磁珠体积 20 μl）混匀。样品在样品混匀器上室温混合 5 min。

表 2.1　选择不同大小 DNA 片段所使用的磁珠比例（选自 NEB protocol）

文库参数	插入片段大小	150 bp	200 bp	250 bp	300～400 bp	400～500 bp	500～700 bp
	文库大小（插入片段+接头+引物）	270 bp	320 bp	420 bp	520 bp	650 bp	700～800 bp
加样量（μl）	第一步磁珠选择	50	40	30	25	20	15
	第二步磁珠选择	25	20	15	10	10	10

5）放置在磁力架上，室温静置 5 min。

6）配制 80%乙醇（每次都要使用新鲜配制的乙醇）。

7）用 200 μl 移液器移除样品中的液体，并立刻加入 200 μl 80%乙醇，吹打两次，磁力架上静置 30 s。

8）将乙醇吸出后，再次加入 200 μl 80%乙醇，吹打两次，磁力架上静置 30 s。

9）吸干样品中的液体，在磁力架上晾干 5～10 min，至磁珠完全干燥即可。

10）取下样品管，加入 17 μl 超纯水，枪头吹打至磁珠全部混匀。

11）室温静置 2 min 后，再次放置在磁力架上 5 min，吸出 15 μl 液体至新的 PCR 管中。

注意：此处可暂停实验，样品置于–20℃保存。

（5）PCR 富集带有接头的 DNA（PCR enrichment）

注意：如使用以下引物接头试剂盒（NEB #E7335、#E7350、#E7500、#E7600），引物浓度为 10 μmol/L，那么请参照（5a）；如使用以下引物接头试剂盒（NEB

#E6609)，那么请参照（5b）。

（5a）PCR 扩增

1）将下列试剂加入到 PCR 管中。

试剂	体积（μl）
DNA	15
Universal PCR Primer/i5 Primer*, ***	5
Index Primer/i7 Primer*, **	5
NEBNext Ultra II Q5 Master Mix	25
总体积	50

*以下试剂盒提供引物：NEBNext Singleplex（NEB #E7350）或 Multiplex（NEB #E7335、#E7500、#E7600）Oligos for Illumina。有关双 barcode 引物 NEB #E7600，请参照说明书使用双 barcode 及 PCR

**如果使用 NEBNext Multiplex Oligos（NEB #E7335 或#E7500），每个 PCR 样品加一个 Index 引物；如果使用 Dual Index Primers（NEB #E7600），每个 PCR 样品只加入一种 i7 引物

***如果使用 Dual Index Primers（NEB #E7600）每个 PCR 样品只加入一种 i5 引物

2）将 100 μl 或者 200 μl 移液器调至 40 μl，吸打上述混合液 10 次以上，混匀样品，然后短暂离心收集液体至管底。

3）样品放入 PCR 仪中，程序如下：

98℃ 30 s；

3～15 个循环（参照表 2.2）

98℃，10 s，65℃，75 s；

65℃，5 min；

4℃，保持。

表 2.2　PCR 扩增循环数

末端修复时加入的 DNA 起始量	PCR 产物为 100 ng 和 1 μg 时，所需 PCR 循环数	
	100 ng	1 μg
1 μg	0*	3～4**
500 ng	0*	4～5**
100 ng	2～3	7～8**
50 ng	3～4	6～7
10 ng	6～7	9～10
5 ng	7～8	10～11
1 ng	9～10	12～13
0.5 ng	10～11	14～15

* NEBNext 接头设计独特，使用时需要至少 2～3 个 PCR 扩增循环，以便加入完整的接头序列，便于下一步骤使用

** 循环数取决于文库片段筛选

（5b）用 NEBNext Multiplex Oligos for Illumina（96 Index Primers，NEB #E6609）进行 PCR 扩增

1）将下列试剂加到 PCR 管中。

试剂	体积（μl）
DNA	15
Index Primer/ Universal Primer*	10
NEBNext Ultra II Q5 Master Mix	25
总体积	50

*接头、引物及 barcode 组合参照 NEBNext Multiplex Oligos for Illumina（NEB #E6609）说明书

2）把 100 μl 或者 200 μl 移液器调整到 40 μl，吸打上述混合液 10 次以上，混匀样品，然后短暂离心收集液体至管底。

3）样品放入 PCR 仪中，程序如下：

98℃　30 s；

3～15 个循环（参照表 2.2）

　　98℃，10 s；65℃，75 s；

65℃，5 min；

4℃，保持。

（6）PCR 产物纯化

1）加入等体积磁珠（45 μl，加每个样品前都要再次混匀磁珠）。用移液器吸打 10 次，混匀样品。样品室温在混匀器上混合 5 min。

2）样品管放在磁力架上，室温静置 5 min。

3）配制 80%乙醇（每次都要新鲜配制）。

4）用 200 μl 移液器移除样品中的液体，并立刻加入 200 μl 80%乙醇，吹打两次，磁力架上静置 30 s。

5）将乙醇吸出后，再次加入 200 μl 80%乙醇，吹打两次，磁力架上静置 30 s。

6）吸干样品中的液体，在磁力架上晾干 15 min，至磁珠完全干燥。

7）取下样品管，加入 33 μl 水或洗脱缓冲液（Elution Buffer，Tris-HCl pH 8.0 或 0.1× TE），枪头吹打至磁珠全部混匀。

8）室温放置 2 min 后，再次放置在磁力架上 5 min。

9）吸出 30 μl 液体至新的 1.5 ml 离心管中，即为建成的 DNA 文库，等待下一步质检。

注意：此处可暂停实验，样品置于–20℃保存。

2. Illumina 试剂盒（TruSeq DNA sample prep kit）

（1）补平 DNA 片段末端（perform end repair）

1）将纯化用磁珠（Ampare XP beads）室温放置 30 min。End Repair Mix 和重悬液（RSB）置于冰上解冻。热循环仪（thermalcycler）30℃预热。

2）每个样品（50 μl DNA）中加入 10 μl 重悬液，40 μl End Repair Mix。用 100 μl 移液器吸打 10 次，混匀样品。

3）样品放置在预热的热循环仪中，30℃反应 30 min。

4）磁珠涡旋混匀，每个样品中加入 1.6 倍体积的磁珠（160 μl，加每个样品前都要再次混匀磁珠）。用 200 μl 移液器吸打 10 次，混匀样品。样品室温混合 15 min。

5）样品放在磁力架上，室温 15 min。

6）配制 80%乙醇（每次都要新鲜配制）。

7）用 200 μl 移液器移除样品中的液体，并立刻加入 200 μl 80%乙醇，吹打两次，磁力架上静置 30 s。

8）将乙醇吸出后，再次加入 200 μl 80%乙醇，吹打两次，磁力架上静置 30 s。

9）吸干样品中的液体，在磁力架上晾干 15 min。

10）取下样品管，加入 17.5 μl 重悬液，枪头吹打至磁珠全部混匀。

11）室温静置 2 min 后，再次放置在磁力架上 5 min。

12）吸出 15 μl 液体至新的 PCR 管中。

注意：此处可暂停实验，样品置于–20℃保存。

（2）3′端加 A 尾（adenylate 3′ end）

1）取出样品、A-tailing Mix 和重悬液（RSB），冰上解冻。PCR 仪 37℃预热。

2）样品中加入 2.5 μl 重悬液，12.5 μl A-tailing Mix，用移液器上下吹打，混匀样品。

3）置于 PCR 仪上 37℃反应 30 min。

（3）加接头（ligate adapters）

1）将 DNA Adapter Index、Stop Ligation Buffer 和重悬液置于冰上解冻，瞬时离心。纯化用磁珠室温放置 30 min。

2）确定每个样品要加的 Adapter Index。

3）每个样中加入 2.5 μl 重悬液。从冰箱中拿出 Ligation Mix，每个样品加入 2.5 μl，用完立即将其放回–20℃冰箱。

4）每个样中加入 2.5 μl 对应的 Adapter Index。用移液器上下吹打 10 次，混匀样品。

5）样品放入 PCR 仪，30℃反应 10 min。

6）每个样品中加入 2.5 μl stop Ligation Buffer，用移液器上下吹打 10 次，混

匀样品。

7）将样品转移至 1.5 ml 管中，加入等体积磁珠（42.5 μl，加每个样品前都要再次混匀磁珠）。用移液器吸打 10 次，混匀样品。样品室温混合 15 min。

8）样品放在磁力架上，室温静置 5 min。

9）配制 80%乙醇（每次都要新鲜配制）。

10）用 200 μl 移液器移除样品中的液体，并立刻加入 200 μl 80%乙醇，吹打两次，磁力架上静置 30 s。

11）将乙醇吸出后，再次加入 200 μl 80%乙醇，吹打两次，磁力架上静置 30 s。

12）吸干样品中的液体，在磁力架上晾干 15 min。

13）取下样品管，加入 52.5 μl 重悬液，枪头吹打至磁珠全部混匀。

14）室温放置 2 min 后，再次放置在磁力架上 5 min。

15）吸出 50 μl 液体至新的 1.5 ml 离心管中，加入 50 μl 磁珠（每次加样前都要再次混匀磁珠）。室温混合 15 min。

16）样品放在磁力架上，室温 5 min。

17）配制 80%乙醇（每次都要新鲜配制）。

18）用 200 μl 移液器移除样品中的液体，并立刻加入 200 μl 80%乙醇，吹打两次，磁力架上静置 30 s。

19）将乙醇吸出后，再次加入 200 μl 80%乙醇，吹打两次，磁力架上静置 30 s。

20）吸干样品中的液体，在磁力架上晾干 15 min。

21）取下样品管，加入 22.5 μl 重悬液，枪头吹打至磁珠全部混匀。

22）室温静置 2 min 后，再次放置在磁力架上 5 min。

23）吸出 20 μl 液体至新的 1.5 ml 离心管中。

注意：此处可暂停实验，样品置于–20℃保存。

（4）DNA 片段选择（2%琼脂糖凝胶，Qiagen 胶回收试剂盒）

1）做胶：300 bp 或 500 bp 文库配制 2%琼脂糖凝胶，800 bp 文库配制 0.8%琼脂糖凝胶。

2）加样：20 μl 样品中加入 4 μl 6×Loading Buffer。Marker 每个点样孔加 10 μl，用重悬液补至 20 μl 后加入 4 μl 6×Loading Buffer。两头点样孔各加 10 μl 6×Loading Buffer。样品和样品间及样品和 Marker 间均要空出一个点样孔，以免交叉污染。

3）跑胶条件：300 bp 或 500 bp 文库用 100 V 电压跑胶 2 h，800 bp 文库可适当降低电压，增加跑胶时间，以减少小片段 DNA 对最终文库的干扰。切胶时，打断 DNA 长度+120 bp（接头长度）为目的片段大小，上下浮动 40 bp 左右。

4）切胶：不要用紫外光，可用蓝光照胶。或将 Marker 切下，在扫胶系统中标记需要回收的胶块位置, 再将 Marker 胶条拼回胶块, 确定需要回收的样品位置。

　　5）根据切下来胶的重量, 加入 6 倍体积 QG 溶液 (0.1 g 加 600 μl)。室温放置, 确保胶完全溶解。

　　6）加入等体积异丙醇, 混匀。

　　7）将样品加入滤膜管中, 离心 1 min (每次最多加入 750 μl, 可分多次离心), 弃液体。

　　8）再次加入 500 μl QG 溶液至滤膜管中, 离心 1 min, 弃液体。

　　9）加入 750 μl 漂洗液 (PE), 放置 2~5 min, 离心 1 min, 弃液体。

　　10）滤膜管再次离心 1 min。

　　11）将滤膜管放入新的离心管中, 加入 25 μl EB 溶液, 静置 2 min, 离心 1 min。

　　12）再次将液体加回滤膜中, 再次离心 1 min, 弃滤膜。

　　注意: 此处可暂停实验, 样品置于−20℃保存。

（5）PCR 方法增加 DNA 片段量 (Enrich DNA Fragments)

　　1）取出样品、PCR Master Mix、PCR Primer 和重悬液 (RSB), 冰上解冻。纯化用磁珠室温放置 30 min。

　　2）样品中加入 5 μl PCR Primer、25 μl PCR Master Mix, 枪头吹打, 混匀样品。

　　3）样品放入 PCR 仪中, 程序如下:

98℃　30 s;

10 个循环

　　　98℃, 10 s; 60℃, 30 s; 72℃, 30 s;

72℃, 5 min;

4℃, 保持。

　　4）加入等体积磁珠 (50 μl, 加每个样品前都要再次混匀磁珠)。用移液器吸打 10 次, 混匀样品。样品室温混合 15 min。

　　5）样品放在磁力架上, 室温静置 5 min。

　　6）配制 80%乙醇 (每次都要新鲜配制)。

　　7）用 200 μl 移液器移除样品中的液体, 并立刻加入 200 μl 80%乙醇, 吹打两次, 磁力架上静置 30 s。

　　8）将乙醇吸出后, 再次加入 200 μl 80%乙醇, 吹打两次, 磁力架上静置 30 s。

　　9）吸干样品中的液体, 在磁力架上晾干 15 min。

　　10）取下样品管, 加入 22.5 μl 重悬液, 枪头吹打至磁珠全部混匀。

　　11）室温静置 2 min 后, 再次放置在磁力架上 5 min。

　　12）吸出 20 μl 液体至新的 1.5 ml 离心管中, 即为 DNA 文库, 等待下一步质检。

　　注意: 此处可暂停实验, 样品置于−20℃保存。

3. Qiagen 试剂盒（Genaread DNA Library I Kit）

（1）末端修复

使用 1.5 ml 离心管，配制下表所列反应液。

成分	体积（μl）
DNA	20.5
End Repair Buffer，10×	2.5
End Repair Enzyme Mix	2
总反应体积	25

充分混匀。

设置 PCR 仪程序：25℃，30 min；75℃，20 min。

（2）3′端加 A 尾

使用 1.5 ml 离心管，配制下表所列反应液。

成分	体积（μl）
末端修复产物	25
A-addition Buffer，10×	3
Klenow fragment（3′-5′exo-）	3
总反应体积	31

充分混匀。

设置 PCR 仪程序：37℃，30 min；75℃，10 min。

（3）加接头

使用 1.5 ml 离心管，配制下表所列反应液。

成分	体积（μl）
加 A 产物	31
Ligation Buffer，2×	45
1∶10 稀释的 GeneRead 96plex Adapter	5
T4 DNA Ligase	4
去离子水	5
总体积	90

充分混匀。25℃，10 min。

注意：重要！必须关闭 PCR 仪热盖功能。

（4）文库纯化

1）在 90 μl 连接产物中加入 90 μl 去离子水，随即加入 144 μl AMPure XP

beads，吹打混匀。

2）在室温静置 5～15 min 使 DNA 与磁珠充分结合。

3）将离心管放置于磁力架上直到溶液澄清，去除上清。

4）将离心管放置在磁力架上，加入 400 μl 80%乙醇清洗磁珠。

5）室温孵育 30～60 s，小心去除乙醇。

6）重复 4（～5）的乙醇洗涤步骤。

7）在室温干燥磁珠，不超过 15 min。

8）从磁力架上取下样本，加入 25 μl Buffer EB。

9）重悬磁珠，室温孵育 2 min。

10）将离心管置于磁力架上，直到溶液澄清。

11）取 20 μl 文库用于 PCR 扩增。

（5）文库扩增

使用 PCR 管，配制下表所示反应液。

成分	体积（μl）
HiFi PCR Master Mix，2×	25
Primer Mix（10μmol/L each）	1.5
文库	20
去离子水	3.5
总反应体积	50

设置 PCR 程序。

温度	时间	循环数
98℃	2 min	1
98℃	20 s	
60℃	30 s	12
72℃	30 s	
72℃	1 min	1
4℃	保持	

（6）PCR 产物纯化

1）在 50 μl PCR 产物中加入 40 μl（0.8×原 PCR 产物体积）磁珠，吹打混匀。

2）室温孵育 5 min。

3）将离心管置于磁力架上直至溶液澄清。

4）取 86 μl 上清转移到新的离心管或 96 孔板，弃磁珠。

注意：请勿丢弃上清！

5）加入 10 μl 磁珠（0.2×原 PCR 产物体积）至文库中，充分混匀，室温孵育 5 min。

6）将离心管置于磁力架上至溶液澄清，弃上清。

注意：请勿丢弃磁珠！

7）加入 200 μl 新鲜配制的 80%乙醇，旋转离心管或者左右移动 96 孔板清洗磁珠。去除上清。

8）重复上一步骤。

9）室温静置 10 min 晾干。

10）用 30 μl 的去离子水洗脱文库，吹打混匀，将离心管置于磁力架上直至溶液澄清，转移 28 μl 上清至新的 1.5 ml 离心管。

11）文库可在–20℃储存。

注意：上机前需进行文库质控。

四、配对测序（mate pair sequencing）文库构建方法

一般来说，Illumina 测序中最为常用的方法是双端测序（paired-end sequencing），它的优点是建库简便，使用的起始 DNA 量也比较少。然而在做特定的研究项目，如一些真核生物的全基因组从头测序和重测序时，由于其基因组结构比较复杂，含有较多的重复区域和大片段结构变异，这时，双端测序产生的短序列片段就不能很好地比对到参考基因组上，从而导致后期分析时序列组装困难。配对测序就是解决这一问题的一项非常有用的测序方法。

配对测序文库是新一代测序中的一种特殊文库，它的建库方法是，把基因组 DNA 打断成为相对较大的片段（一般为 3～20 kb），通过环化反应使片段两端首尾连接，再通过一系列的建库手段，使最终的文库只包含大片段两端的部分序列。这样，通过 Illumina 进行常规双端测序之后，得到的两段 DNA 序列即为间隔距离已知的两段 DNA 序列，这两段序列的间隔距离约等于起始的 DNA 大片段的长度（3～20 kb）。 配对测序的优点在于，在重复片段较多或者有大片段结构变异的基因组区域内，如果一端的 DNA 序列可以比对到参考基因组某一位置，则可以明确与之配对的 DNA 序列在参考基因组上的准确位置。从而对基因组的组装和基因组结构变异的发掘起到一定的帮助作用。

此处以 Illumina Nextera Mate Pair Sample Preparation Kit 为例，介绍 mate pair 文库的构建方法。简单实验流程见图 2.3。

1. DNA 片段化（tagmentation）

在这一步中使用的是经过特殊改造的 mate pair 转座子，它能够在将 DNA 片段化的同时给片段化的 DNA 加上生物素标记的 mate pair 连接接头。在随后的步

骤中，生物素接头可以用来帮助完成 DNA 片段的纯化。

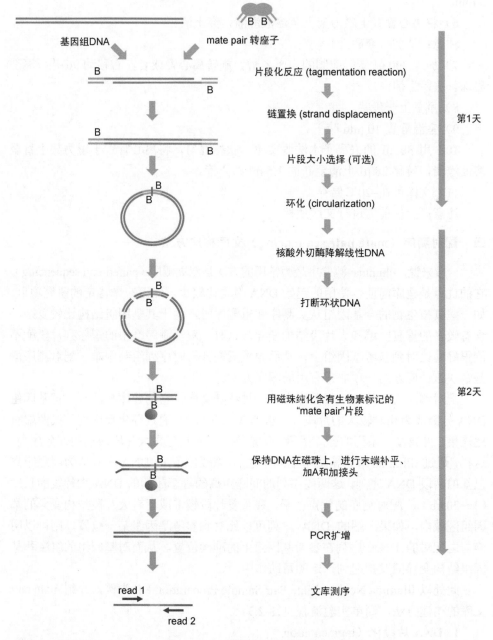

图 2.3　配对测序（mate pair sequencing）实验流程（选自 Illumina：Nextera Mate Pair Sample Preparation Guide，2013）（彩图请扫封底二维码）

1）在离心管中加入以下试剂。

试剂	体积（μl）
基因组 DNA	X（4 μg DNA 的体积数值）
去离子水	308–X
缓冲液 Tagment Buffer Mate Pair	80
转座酶 Mate Pair Tagment enzyme	12
总体积	400

2）混匀离心后，55℃反应 30 min。

3）用 Zymo Genomic DNA Clean & Concentrator™试剂盒纯化样品。

　　a）在样品中添加 2 倍体积（800 μl）的 Zymo ChIP DNA Binding Buffer，混匀。

　　b）将混合液加入含 Zymo-Spin™ IC-XL Column 的收集管中，每次最多加入 800 μl，可分多次加入，离心 30 s 后弃废液，再次加入 Mix 直至全部离心完成。

　　c）加入 200 μl Zymo DNA Wash Buffer，离心 1 min，弃废液。重复此步骤。

　　d）打开离心管盖子，离心 1 min，保证滤膜上的乙醇全部被移除，扔掉废液和收集管。

　　e）将 Column 移至干净的 1.5 ml 离心管中，加入 30 μl 重悬液（Resuspension Buffer），室温放置 1 min。

　　f）离心收集洗脱下来的 DNA 样品。

　　注意：此处可暂停实验，样品置于–20℃保存。

4）（可选）将 DNA 样品稀释 7 倍后取 1 μl，用安捷伦生物分析仪 12000 ChIP 检测。具体步骤如下。

准备 Gel-Dye Mix

a）将蓝盖染料（DNA dye concentrate）和红盖 DNA 胶（DNA gel matrix）室温放置 30 min。

b）涡旋染料，将 25 μl 染料加入胶中。

c）涡旋混匀，移入滤膜管（spin filter）中。

d）1500 g ± 20%离心 10 min。将液体避光 4℃保存。

做胶

a）将配制好的 Gel-Dye Mix 室温避光放置 30 min。

b）确保制胶装置（priming station）上部的加压注射器的活塞在 1 ml 刻度以

上，用以控制活塞高度的控制杆在最上一档（在每次实验之前均需检查，确保控制杆在正确的位置）。

c）取一块新的 DNA 12000 芯片，放在制胶装置上。在标有 G 的加样孔里加入 9 μl Gel-Dye Mix，压紧制胶装置直到听到"啪"的一响，说明注射器与芯片接口已经密闭。下推注射器至控制杆处，用控制杆压住针管。30 s 后松开控制杆，让注射器活塞自由上升。停留 5 s 后，上拉针管至 1 ml 刻度以上，然后松开制胶装置。

d）在标有 G 标志的加样孔里各加入 9 μl Gel-Dye Mix。

e）在其他的各个加样孔里各加入 5 μl Marker（12 个样品孔和 1 个 ladder 孔，每个孔都必须加入 Marker，否则会出错）。

f）在 ladder 孔里加入 1 μl DNA ladder。

g）在样品孔里依次加入 1 μl 待测样品。

h）在 IKA 涡旋器中以 2000 r/min 速度涡旋 1 min。

i）将 Chip 放入 Agilent 2100 仪器中检测。选择 DNA 12000 对应程序，编辑样品名称。

j）点击"Start"开始运行，大约 7 min 后才可以在监视器屏幕上看到样品的峰。

2. 链置换（strand displacement）

经过前一步转座酶切反应后，在片段化的 DNA 链上会留下一些单链的缺口（single stranded sequence gap）。链置换反应就是用聚合酶来填补这些缺口，保证片段化的 DNA 均为双链，从而可以进行下一步的环化反应。

1）在离心管中加入以下试剂。

试剂	不切胶反应体系（μl）	切胶反应体系（μl）
完成片段化的 DNA 样品	30	30
水	10.5	132
10×Strand Disp Buffer	5	20
dNTP	2	8
链置换聚合酶（Strand Displacement Polymerase）	2.5	10
总体积	50	200

混匀离心后，20℃反应 30 min。

2）纯化样品。

利用 AMPure XP beads 纯化完成链置换反应的 DNA 样品，同时可以除去样品中小于 1500 bp 的 DNA 片段。

　　a）磁珠室温放置 30 min 后涡旋混匀。

　　b）每个样品中加入一定体积的磁珠，具体加入体积见下表。

试剂	不切胶反应体系（μl）	切胶反应体系（μl）
DNA 样品	50	200
水	50*	0**
AMPure XP beads	40	100
总体积	140	300

注：此处对体积的要求非常严格

*不切胶反应体系中样品和水的体积和必须为 100 μl

**切胶反应体系中样品和水的体积和必须为 200 μl

　　c）混匀后室温放置 15 min。

　　d）样品放在磁力架上，室温静置 5 min。

　　e）配制 80%乙醇（每次都要新鲜配制）。

　　f）用 200 μl 移液器移除样品中的液体，并立刻加入 200 μl 80%乙醇，吹打两次，磁力架上静置 30 s。

　　g）将乙醇吸出后，再次加入 400 μl 70%乙醇，吹打两次，磁力架上静置 30 s。

　　h）吸干样品中的液体，在磁力架上晾干 15 min。

　　i）取下样品管，加入 30 μl 重悬液，枪头吹打至磁珠全部混匀。

　　j）室温放置 2 min 后，再次放置在磁力架上 5 min。

　　k）吸出上悬液体至新的 PCR 管中。

　　注意：此处可暂停实验，样品置于–20℃保存。

　　3）（可选）取 1 μl 样品用安捷伦生物分析仪 12000 ChiP 检测，或用 Qubit 高灵敏试剂定量。

　　3. DNA 片段选择

　　此处介绍两种用胶选择 DNA 片段的方法：①用 Pippin 仪器回收选择的 DNA 片段，②琼脂糖凝胶电泳，切胶用 Zymo Purification Kit 纯化 DNA 片段。当目的 DNA 片段达到 10 kb 或以上时，用琼脂糖凝胶法回收，当目的片段为 8 kb 左右时，用 Pippin Prep 方法回收。

　　（1）用 Pippin 回收（Sage Science Pippin Prep）

　　此方法要用到 Sage Science Pippin Prep 片段选择系统。如用这种方法，每个样品只需进行一次片段选择即可。

　　建议在做样品片段选择时，选择一个较宽的片段范围进行，如 3～6 kb，而且回收的 DNA 片段越大,设定的回收范围越宽(如 2～2.5 kb、4～8 kb 或 6～12 kb)。片段选择范围越宽,回收到的 DNA 片段越多,最终得到的 mate pair 文库的丰富度也会越好。建议用 Bioanalyzer DNA 12000 Chip 检测上一步片段大小,根据检测的峰大小来确定用 Pippin 回收时需要设定的回收 DNA 片段的范围。

1）按照 Sage Science Pippin Prep 说明书将完成上一步反应的样品加入 Pippin Prep 0.75% agarose cassette 的胶孔中。

2）按说明书设置 Pippin Prep 条件,设置回收 DNA 片段范围和跑胶时间。

3）跑完后将洗脱孔内的 DNA 全部回收至新的离心管中。

4）（可选）检测回收回来的 DNA 片段大小及 DNA 量:取 1 µl 回收产物稀释后跑 Agilent Bioanalyzer DNA 12000 LabChip 检测。

（2）琼脂糖凝胶回收（Zymoclean™ Large Fragment DNA Recovery Kit）

一般来说,不建议用琼脂糖凝胶回收 DNA 片段。但当需要用一个样品回收多个片段大小的 DNA 时,用琼脂糖凝胶回收相对更方便一些。当用此方法回收时,建议回收片段范围最好选在几 kb 长度范围内（如 4～6 kb、7～10 kb 或 9～12 kb）,这样可以提高 DNA 的回收量及最终文库的丰度。建议跑胶规格为 12 cm× 14 cm,胶孔大小为 9 mm×1 mm。

1）用 1×TAE 配制 100 ml 0.6%的琼脂糖凝胶。

2）加样:30 µl 样品中加入 6 µl 6×Loading Buffer 及 SYBR Green 染料混合物,混匀后加入两个相邻点样孔中。1 kb Plus Marker 加 10 µl,用重悬液补至 20 µl 并加入 SYBR Green 染料后加入与样品相邻的点样孔中。

3）跑胶条件:100 V 电压跑胶 2 h,可适当降低电压,增加跑胶时间,以减少小片段 DNA 对最终文库的干扰。

4）切胶:不要用紫外光,可用蓝光照胶。或将 Marker 切下,在扫胶系统中标记需要回收的胶块位置,再将 Marker 胶条拼回胶块,确定需要回收的样品位置。

5）用 Zymoclean™ Large Fragment DNA Recovery Kit 纯化胶回收的 DNA。

6）根据切下来胶的重量,加入 3 倍体积 Zymo ADB 溶液（0.1 g 加 300 µl）。50℃温浴,每 2 min 翻转一次,直至胶完全溶解。

7）将每个溶解的样品胶溶液加入两个 Zymo-Spin™ IC-XL Columns 管中,离心 1 min（每次最多加入 800 µl,可分多次离心）,弃液体。

8）每管中加入 200 µl Zymo DNA Wash Buffer,放置 2～5 min,离心 1 min,弃液体。

9）重复 8）步骤。

10）滤膜管开盖,再次离心 1 min,确保乙醇全部移除。

11）将滤膜管放入新的离心管中,加入 30 µl 重悬液,静置 2 min,离心 1 min。

12）再次将液体加回滤膜中，再次离心 1 min，弃滤膜。将两个管中的样品合为一管，样品体积为 60 μl。

注意：此处可暂停实验，样品置于–20℃保存。

完成片段选择的样品可取出 1 μl，用安捷伦 2100 生物分析仪的 DNA 12000 Chip 检测片段大小。

4. 环化（circularization）

进行环化实验前，对上一步的样品进行定量。如果用不切胶的方法，期望 DNA 量在 250～700 ng，如果切胶，期望 DNA 量在 150～400 ng。建议进行环化实验的最佳 DNA 量为 600 ng，反应体系为 300 μl。环化实验是对完成上一步实验的样品进行平末端连接，因此为了保证连接效率，需要进行过夜连接反应。

1）在离心管中加入以下试剂。

试剂	体积（μl）
完成上一步反应的 DNA	X（总量为 600 ng）
水	263–X
Circularization Buffer 10×	30
Circularization Ligase	7
总体积	300

2）混匀后 30℃过夜（12～16 h）。

5. 降解线性 DNA

1）在完成环化反应的样品中直接加入 9 μl 核酸外切酶。

2）混匀后 37℃反应 30 min。

3）70℃反应 30 min 灭活核酸外切酶。

4）样品中加入 12 μl 连接终止缓冲液，混匀。

6. 打断环化的 DNA

用 Covaris 打断环状 DNA。

1）超声打断所用设备。

Covaris™ DNA 片段化系统

Covaris DNA 打断管（货号 520045）

准备架（订购号 500142）

固定支架（部件订购号 500114）

2）连接冷却水装置。

冷却水装置必须用系统提供的软管与系统连接。冷却水入口连接在仪器背部标有"IN"的管口处，出口连接在标有"OUT"的管口处。

3）在仪器使用前要提前预热系统。

a）打开排气和循环冷却装置，确保冷却水箱里面有充足的双蒸水或去离子水。

b）向有机玻璃水槽中注入蒸馏水，确保传感器放下后，水位在 "RUN" 刻度 10～15。

c）打开控制软件，仪器排气及降温 30 min。软件界面全部为对号（√）时可使用仪器。

4）取 1 μg gDNA 样品，用重悬液（RSB）将总体积补至 135 μl 或 55 μl，混匀离心。取 132.5 μl 或 52.5 μl 样品至 Covaris microTube 中，注意在加样过程中要慢，一定不要有气泡产生。打开样品盖，将样品置于固定支架中间，确保样品管对准传感器的聚焦处，关上样品盖。

5）点击软件 Run 界面的 Method，点击 New 新建或在列表中选择一个已有的操作方法后点 Edit。按需要设置参数。具体如下（一般 DNA 打断长度为 300～800 bp）。

130 μl 样品打断条件（150～1500 bp）

目的片段（峰值, bp）	150	200	300	400	500	800	1000	1500
Peak Incident Power（W）	175	175	140	140	105	105	105	140
Duty Factor（%）	10	10	10	10	5	5	5	2
Cycles per Burst	200	200	200	200	200	200	200	200
Treatment Time（s）	430	180	80	55	80	50	40	15
Temperature（℃）	7	7	7	7	7	7	7	7
Water Lever-S220	12	12	12	12	12	12	12	12
Water Lever-E220	6	6	6	6	6	6	6	6
Sample volume（μl）	130	130	130	130	130	130	130	130
E220-Intensifier（pn500141）	Yes	Yes	Yes	Yes	Yes	Yes	Yes	Yes

注：引自 Quick Guide：DNA Shearing with S220/E220 Focused-ultrasonicator，2013，Covaris

50 μl 样品打断条件（150～1500 bp）

目的片段（峰值，bp）	150	200	300	400	500	1000	1500
Peak Incident Power（W）	175	175	175	175	175	175	175
Duty Factor（%）	10	10	10	5	5	2	1
Cycles per Burst	200	200	200	200	200	200	200
Treatment Time（s）	280	120	50	55	35	45	20
Temperature（℃）	7	7	7	7	7	7	7
Water Lever-S220	12	12	12	12	12	12	12
Water Lever-E220	6	6	6	6	6	6	6
Sample volume（μl）	50	50	50	50	50	50	50
E220-Intensifier（pn500141）	Yes	Yes	Yes	Yes	Yes	Yes	Yes

注：引自 Quick Guide：DNA Shearing with S220/E220 Focused-ultrasonicator，2013，Covaris

6）点击 Run 按钮，运行程序。完毕后取出完成打断的 130 μl 或 50 μl 样品至新的 1.5 ml 离心管中。

7）关闭软件和机器。

　　a）先关闭循环冷却系统。

　　b）将传感器移出水面。清空水槽中的水后，放回水槽和传感器，点 Degas Pump，10 s 后泵自动停止。取出水槽再次把水清干，并用无绒纸把水槽和传感器擦干。关闭软件，然后关闭仪器主机。

　　注意：一定要确保水槽内干燥。

8）DNA 打断后的检验。

打断后的 DNA 可用琼脂糖凝胶或安捷伦的生物检测仪（Agilent Bioanalyzer）检验 DNA 片段的大小。安捷伦仪器的检测更为精准。

7. 用含链霉亲和素（Streptavidin）的磁珠纯化样品

在这一步反应中，建库所需要的包含生物素的片段会被含链霉亲和素的磁珠保留下来，其他不需要的片段及杂质会被去掉。此步使用的是 Dynabeads M280 Streptavidin Magnetic Beads（简称 M280 Dynabeads）。

（1）准备磁珠

1）将 M280 Dynabeads 充分混匀，取出 20 μl 至一新的 1.5 ml 离心管中。

2）将离心管放置在磁力架上 1 min，除去上清。

3）用 50 μl Beads Bind Buffer 重悬磁珠。

4）将离心管再次放置在磁力架上 1 min，除去上清。

5）重复步骤 3）和 4）。

6）从磁力架上取下离心管，用 300 μl Beads Bind Buffer 重悬磁珠。

（2）用磁珠结合样品

1）将准备好的 300 μl 磁珠与上一步打断好的 300 μl DNA 样品混合均匀。

2）20℃反应 15 min。每 2 min 重悬一次磁珠样品。

3）轻甩样品，放置在磁力架上 1 min。

4）除去上清，加入 200 μl Bead Wash Buffer。

5）从磁力架上取下离心管，混匀磁珠，再次轻甩样品，放置在磁力架上 30 s。

6）重复步骤 4）和 5）3 次。一共用 Bead Wash Buffer 清洗磁珠 4 次。

7）除去上清，加入 200 μl 重悬液。

8）从磁力架上拿下离心管，混匀磁珠，再次轻甩样品，放置在磁力架上 30 s。

9）重复步骤 7）和 8）。一共用重悬液清洗磁珠 2 次。

10）将磁珠保存在最后一次的重悬液中，进行下一步反应。

8. 末端补平（end repair）

1）在新的 1.5 ml 离心管中加入 60 μl 水，40 μl End Repair Mix，配制成末端补平混合液。

2）将磁珠放置在磁力架上，彻底吸干重悬液，确保管内没有残留。

3）将 100 μl 末端补平混合液加入装有磁珠的离心管中。将离心管从磁力架上取下，用 100 μl 移液器吸打 10 次，混匀。

4）样品放置在预热的热循环仪（thermal cycler）中，30℃反应 30 min。

5）反应结束后离心，将离心管放置在磁力架上 1 min。

6）弃上清，加入 200 μl Bead Wash Buffer。

7）从磁力架上拿下离心管，混匀磁珠，再次轻甩样品，放置在磁力架上 30 s。

8）重复步骤 6）和 7）3 次，一共用 Bead Wash Buffer 清洗磁珠 4 次。

9）除去上清，加入 200 μl 重悬液。

10）从磁力架上拿下离心管，混匀磁珠，再次轻甩样品，放置在磁力架上 30 s。

11）重复步骤 9）和 10）。一共用重悬液清洗磁珠 2 次。

12）将磁珠保存在最后一次的重悬液中，进行下一步反应。

9. 3′端加 A 尾（adenylate 3′ end）

1）在新的离心管中加入 17.5 μl 水，12.5 μl A-tailing Mix，配制成加 A 反应液。

2）将磁珠放置在磁力架上，彻底吸干重悬液，确保管内没有残留。

3）将 30 μl 加 A 反应液加入装有磁珠的离心管中。将离心管从磁力架上拿下，用 100 μl 移液器吸打 10 次，混匀。

4）置于 PCR 仪上 37℃反应 30 min。

5）进行下一步连接反应，此处不用清洗磁珠。

10. 加接头（ligate adapters）

1）确定每个样品要加的 Adapter Index。

2）按下表配制连接反应液。

试剂	体积（μl）
完成加 A 的反应液（包含磁珠）	30
Ligation Mix	2.5
水	4
DNA Adapter Index	1
总计	37.5

3）混匀后 30℃反应 10 min。

4）加入 5 μl 连接终止缓冲液（Ligation Stop Buffer）。

5）反应完成后离心，将离心管放置在磁力架上 1 min。

6）弃上清，加入 200 μl Bead Wash Buffer。

7）从磁力架上取下离心管，混匀磁珠，再次轻甩样品，放置在磁力架上 30 s。

8）重复步骤 6）和 7），一共用 Bead Wash Buffer 清洗磁珠 4 次。

9）除去上清，加入 200 µl 重悬液。

10）从磁力架上取下离心管，混匀磁珠，再次轻甩样品，放置在磁力架上 30 s。

11）重复步骤 9）和 10）。一共用重悬液清洗磁珠 2 次。

12）将磁珠保存在最后一次的重悬液中，进行下一步反应。

11. PCR 扩增

1）按以下体系配制反应混合液。

试剂	体积（µl）
PCR Master Mix	25
PCR Primer Cocktail	5
水	20
总计	50

2）将磁珠放置在磁力架上，彻底吸干重悬液，确保管内没有残留。

3）加入 50 µl PCR 反应混合液。

4）混匀后放置在 PCR 仪上，按以下程序进行反应。

98℃反应 30 s。

PCR 反应 10 或 15 个循环（PCR 反应循环数目选择标准见下表）：

　　98℃，10 s；

　　60℃，30 s；

　　72℃，30 s。

72℃，5 min。

4℃保持。

处理	环化 DNA	PCR 扩增循环数
不切胶	200～600 ng	10
切胶	>200 ng 且<5 kb	10
切胶	<200 ng 且>5 kb	15

注：此处可停止实验，样品置于–20℃保存

5）取出 AMPure XP beads，室温放置 30 min。

6）PCR 完成后离心，将离心管放置在磁力架上 1 min。

7）小心取出 45 µl 上清至一新的 1.5 ml 离心管中，加入 30 µl AMPure XP beads。

8）室温放置 5 min。

9）磁力架上放置 5 min，移除上清。

10）加入 200 µl 新配制的 70%乙醇溶液，放置 30 s 后移除乙醇。

11）重复 10）一次。

12）晾干磁珠，需要 10～15 min。

13）用 20 μl 重悬液重悬磁珠，室温放置 5 min，将其上的 DNA 文库洗脱下来。

14）重新将离心管放置在磁力架上 5 min，小心将上清液移至新的离心管中，即为建成的文库。等待下一步质检。

五、用转座酶打断方法的 DNA 建库

（一）Illumina 转座酶制备 DNA 文库（Illumina Nextera XT DNA Prep Kit）

1. 用转座酶进行 DNA 片段化（30 min/8 样品）

实验准备：从–20℃冰箱中取出 TD（Tagment DNA Buffer）、TDE1（Tagment DNA Enzyme）和基因组 DNA 置于冰上，待融化后颠倒 3～5 次混匀，瞬间离心后待用。从–20℃冰箱取出 RB（Resuspension Buffer），室温至完全溶解，混匀待用。

1）按照 Qubit 定量结果，每个样品各取 50 ng 基因组 DNA，使用 RB 稀释至 20 μl。

2）在 0.2 ml PCR 管中依次加入：

成分	体积（μl）
DNA 样品	20
TD Buffer	25
TDE1	5
总体积	50

使用枪头吹吸 10 次以上，充分混匀，20℃ 280 g 离心 1 min，放置于热盖 PCR 仪中，55℃孵育 5 min，10℃保持（在温度降至 10℃后，立即取出进行下一步的 Zymo 纯化）。

2. 酶片段化 DNA 的纯化（30 min）

实验准备：取出 Zymo purification kit 中的 DNA Wash Buffer（6 ml），加入 24 ml 100%乙醇，混匀待用。

1）取 1.5 ml 离心管，每管加入 180 μl Zymo DNA Binding Buffer，并进行标记。将 Tagmention 产物（50 μl）转移至对应的离心管中，使用枪头吹吸 10 次以上，充分混匀。

2）将 Zymo-Spin™ Column 放置到收集管上，加入上一步的混合物，20℃ 1300 g 离心 30 s，弃废液。

3）每孔加入 300 μl Wash Buffer（加入乙醇），20℃ 1300 g 离心 30 s，弃废液。

4）重复步骤 3），再洗涤一次。

5）1300 *g* 离心 2 min，确保无 Wash Buffer 残留。

6）将 Zymo-Spin^{TM} Column 置于新的 1.5ml 离心管上，每孔加入 25 μl 的 RB，室温孵育 2 min，20℃，1300 *g* 离心 2 min，收集液体。

7）取 1 μl 用 Agilent 2100 Bioanalyzer High Sensitivity Chip 检验，查看 DNA 片段大小。

3. PCR 扩增（35 min）

实验准备：从–20℃冰箱中取出 NPM（Nextera PCR Master Mix）、PPC（PCR Primer Cocktail）和 Index Primers 置于室温，待溶解后颠倒 3~5 次混匀，瞬间离心待用。

实验准备：Index 1 Primer 和 Index 2 Primer 预混。

在新的 0.2 ml PCR 管中依次加入：

反应物	体积（μl）
Index 1 Primer	5
Index 2 Primer	5
NPM	15
PPC	5
DNA sample	20
总体积	50

使用枪头轻柔吸打 3~5 次，充分混匀，20℃ 280 *g* 离心 1 min，进行如下 PCR 反应。

步骤	温度（℃）	时间	循环数
末端补平	72	3 min	1
初始变性	98	30 s	1
变性	98	10 s	
退火	63	30 s	5
延伸	72	3 min	
最后延伸	72	3 min	1
	10	保持	

注：样品可放置在 PCR 仪中过夜或置于 4℃保存 2 天

4. PCR 产物纯化（PCR clean up，40 min）

实验准备：从 4℃取出 AMPure XP beads，室温平衡 30 min。配制新鲜的 80% 乙醇（400 μl/样品）。

1）将上一步的 PCR 管 20℃ 280 *g* 离心 1 min，转移 PCR 产物至 1.5 ml 离心

管中。

2）涡旋 AMPure XP 磁珠 30 s，使之充分重悬，每管 30 μl 加入到上一步的孔中，枪头轻柔吹吸混匀 10 次，室温孵育 5 min。如果要测 2×250 bp，则每个样品中只需加入 25 μl 磁珠。如果想要最大程度覆盖小片段 DNA，可按照下列条件进行纯化。

文库大小	AMPure XP 磁珠建议体积	AMPure XP 磁珠用量
<300 bp	1.8×AMPure XP	90 μl
300~500 bp	1.8×AMPure XP	90 μl
>500 bp	0.6×AMPure XP （如用于 2×250 bp 测序，则建议 0.5×AMPure XP）	30 μl （如用于 2×250 bp 测序，则需 25 μl）

注：Illumina 给出的条件不一定非常合适，具体磁珠用量还需要根据具体的实验进行摸索和调整

3）将离心管置于磁力架上 2 min，直至液体澄清，弃上清。

4）每管加入 200 μl 新鲜配制的 80% 乙醇，磁力架上静置 30 s，直至液体澄清，弃上清。

5）重复步骤 4），再清洗一次。

6）将磁珠在磁力架上静置约 15 min，空气干燥。

7）将离心管从磁力架上取下，每管加入 32.5 μl 的 RB，枪头轻柔吹吸 10 次混匀，室温孵育 2 min。

8）将离心管置于磁力架上 2 min，直至液体澄清。枪头小心吸出 30 μl 上清，置于已标记的新离心管中，即为构建完成的文库，等待下一步质检。

（二）Qiagen 酶打断 DNA 建库（QIAseq FX DNA Library Kit）

1. FX 单管片段破碎化、末端修复及加 A 尾步骤（60 min）

1）在冰上将所有试剂及接头进行解冻，按下述步骤进行 PCR 仪（需带有热盖）程序设定。

步骤	温度（℃）	孵育时间（min）
1	4	1
2	32	3~20
3	65	30
4	4	保持

注：对于 10 ng 以上的起始 DNA，步骤 2 中 15 min 孵育时间将会产生大小约为 250 bp 的片段

2）开始反应程序，至热模块降温到 4℃时，暂停程序。

3）在冰上配制 FX 反应体系，单个样本，起始 DNA 大于 10 ng。

组分	体积/反应（μl）
FX Buffer，10×	5
纯化后 DNA	可变
无核酸酶水	可变
总反应体积	40

4）使用移液器缓慢吹打将体系混匀，请勿涡旋。

5）在冰上向每个反应体系中加入 10 μl FX Enzyme Mix，并轻轻吹打 6～8 次将体系进一步混匀。

6）将含有反应体系的 PCR 板或离心管进行短暂离心后，立即转移到已经预冷到 4℃的 PCR 仪上，恢复上述反应程序，待反应程序结束后，将样本转移至冰上，并继续开始后续实验。

2. 接头连接步骤（45 min）

1）将含有接头的 PCR 板进行涡旋并离心，移去板盖，刺穿锡箔封膜，依次从各孔中吸取 5 μl 接头至各样本体系中，记录各样本所使用的接头编码，并将剩余的接头进行冻存。

2）在冰上配制接头连接反应的体系，吹打混匀。

组分	体积/反应（μl）
DNA Ligase Buffer，5×	20
DNA 连接酶	10
无核酸酶水	15
总反应体积	45

3）向每个样本中加入 45 μl 的上述连接反应体系，混匀并在 20℃孵育 15 min。

4）立即进入接头连接后纯化步骤。

5）向每个样本中加入 80 μl 重悬后的 Agencourt AMPure XP beads。

6）室温孵育 5 min。

7）使用磁力架来使磁珠沉淀聚集，并小心移去上清。

8）向每个磁珠沉淀加入 200 μl 的新鲜 80%乙醇，再次使用磁力架将磁珠沉淀聚集，并小心移去上清。

9）重复上一步的乙醇洗涤两次。

10）在磁力架上孵育 5～10 min 或至磁珠晾干。注意，磁珠过度干燥可能会导致 DNA 产量降低。

11）使用 52.5 µl 的 Buffer EB 来重悬磁珠，使用磁力架来使得磁珠沉淀聚集，小心吸取 50 µl 的上清至新的 PCR 板中。

12）向每个样本中加入 50 µl 重悬后的 Agencourt AMPure XP beads。

13）重复第 6～11 步。使用 26 µl 的 Buffer EB 来对磁珠进行重悬洗脱，使用磁力架来使得磁珠沉淀聚集，小心吸取 23.5 µl 的上清至新的 PCR 板中。

3. 文库扩增（45 min，推荐在起始 DNA 小于 500 ng 时使用）

1）按下述步骤进行 PCR 仪（需带有热盖功能）程序设定。

孵育时间	温度（℃）	循环数
2 min	98	1
20 s	98	
30 s	60	6～12（100 ng 起始 DNA 推荐 6 个循环）
30 s	72	
1 min	72	1
∞	4	保持

2）在冰上向每个反应体系中加入各试剂，并轻轻吹打 6～8 次，将体系进一步混匀。

组分	体积/反应（µl）
文库 DNA	23.5
HiFi PCR Master Mix，2×	25
Primer Mix	1.5
总反应体积	50

3）将 PCR 板放置到 PCR 仪中，开始程序。

4）PCR 结束后，向 50 µl 的样本中加入 50 µl 的重悬后 Agencourt AMPure XP beads。

5）室温孵育 5 min。

6）使用磁力架来使得磁珠沉淀聚集，并小心移去上清。

7）向每个磁珠沉淀加入 200 µl 的新鲜 80%乙醇，再次使用磁力架将磁珠沉淀聚集，并小心移去上清。

8）重复上一步的乙醇洗涤两次。

9）在磁力架上孵育 5～10 min 或至磁珠晾干，磁珠过度干燥可能会导致 DNA 产量降低。

10）使用 20 µl 的 Buffer EB 来对磁珠进行重悬洗脱，使用磁力架来使得磁珠沉淀聚集，小心吸取 17 µl 的上清至新的离心管中。

11）纯化后的文库可保存在–20℃。

六、PCR-Free 文库构建

DNA PCR-Free 文库的构建基本步骤与普通 DNA 文库相同，但不需要做 PCR 扩增。需要注意的是，为了得到足够上机量的有效文库浓度，用该方法建库时需要加大起始 DNA 的用量，并采用专门的 PCR-Free 建库试剂盒。本节以 Illumina 试剂盒（TruSeq® DNA PCR-Free Sample Preparation Kits）为例，介绍建库过程。

1. 打断基因组 DNA（Covaris S220 DNA fragment system，最终 DNA 片段小于 1.5 kb）

根据使用测序仪的不同及实验目的不同，基因组 DNA 会被随机打断为不同长度的 DNA 片段，Illumina 测序一般将 DNA 打断为 300～800 bp 的片段。随机打断 DNA 的方法有多种，比较常见的有超声打断和酶打断两种。超声打断一般使用仪器为 Covaris，酶打断可用片段化酶（如 NEB 公司的 Fragmentase，货号：M0348）。下面将详细介绍超声打断实验过程。

1）超声打断所用设备。

Covaris™ DNA 片段化系统

Covaris DNA 打断管（货号 520045）

准备架（订购号 500142）

固定支架（部件订购号 500114）

2）连接冷却水装置。

冷却水装置必须用系统提供的软管与系统连接。冷却水入口连接在仪器背部标有"IN"的管口处，出口连接在标有"OUT"的管口处。

3）在仪器使用前要提前预热系统。

　　a）打开排气和循环冷却装置，确保冷却水箱里面有充足的双蒸水或去离子水。

　　b）向有机玻璃水槽中注入蒸馏水，确保传感器放下后，水位在"RUN"刻度 10～15。

　　c）打开控制软件，仪器排气及降温 30 min。软件界面全部为对号（√）时可使用仪器。

4）取 1 μg gDNA 样品，用重悬液（RSB）将总体积补至 135 μl 或 55 μl，混匀离心。取 132.5 μl 或 52.5 μl 样品至 Covaris microTube 中，注意在加样过程中要慢，一定不要有气泡产生。打开样品盖，将样品置于固定支架中间，确保样品管对准传感器的聚焦处，关上样品盖。

5）点击软件 Run 界面的 Method，点击 New 新建或在列表中选择一个已有的操作方法后点 Edit。按需要设置参数。具体如下（一般 DNA 打断长度为 300～800 bp）。

130 µl 样品打断条件（150～1500 bp）

目的片段（峰值，bp）	150	200	300	400	500	800	1000	1500
Peak Incident Power（W）	175	175	140	140	105	105	105	140
Duty Factor（%）	10	10	10	10	5	5	5	2
Cycles per Burst	200	200	200	200	200	200	200	200
Treatment Time（s）	430	180	80	55	80	50	40	15
Temperature（℃）	7	7	7	7	7	7	7	7
Water Lever-S220	12	12	12	12	12	12	12	12
Water Lever-E220	6	6	6	6	6	6	6	6
Sample volume（µl）	130	130	130	130	130	130	130	130
E220-Intensifier（pn500141）	Yes	Yes	Yes	Yes	Yes	Yes	Yes	Yes

注：引自 Quick Guide：DNA Shearing with S220/E220 Focused-ultrasonicator，2013，Covaris

50 µl 样品打断条件（150～1500 bp）

目的片段（峰值，bp）	150	200	300	400	500	1000	1500
Peak Incident Power（W）	175	175	175	175	175	175	175
Duty Factor（%）	10	10	10	5	5	2	1
Cycles per Burst	200	200	200	200	200	200	200
Treatment Time（s）	280	120	50	55	35	45	20
Temperature（℃）	7	7	7	7	7	7	7
Water Lever-S220	12	12	12	12	12	12	12
Water Lever-E220	6	6	6	6	6	6	6
Sample volume（µl）	50	50	50	50	50	50	50
E220-Intensifier（pn500141）	Yes	Yes	Yes	Yes	Yes	Yes	Yes

注：引自 Quick Guide：DNA Shearing with S220/E220 Focused-ultrasonicator，2013，Covaris

6）点击 Run 按钮，运行程序。完毕后取出 130 µl 或 50 µl 样品至新的 1.5 ml 离心管中。

7）关闭软件和机器。

　　a）先关闭冷却系统。

　　b）将传感器移出水面。清空水槽中的水后，放回水槽和传感器，点 Degas Pump，10 s 后泵自动停止。取出水槽再次把水清干，并用无绒纸把水槽和传感器擦干。关闭软件，然后关闭仪器主机。

　　注意：一定要确保水槽内干燥。

8）DNA 打断后的检验。

打断后的 DNA 可用琼脂糖凝胶或安捷伦的生物检测仪（Agilent Bioanalyzer）

检验 DNA 片段的大小。安捷伦仪器的检测更为精准，具体检测步骤如下。

准备 Gel-Dye Mix

a）将蓝盖染料（DNA dye concentrate）和红盖 DNA 胶（DNA gel matrix）室温放置 30 min。

b）涡旋染料，将 25 μl 染料加入胶中。

c）涡旋混匀，移入滤膜管（spin filter）中。

d）2240 *g*±20%离心 15 min。将液体避光 4℃保存。

做胶

a）将配制好的 Gel-Dye Mix 室温避光放置 30 min。

b）确保制胶装置（priming station）上部的加压注射器的活塞在 1 ml 刻度以上，用以控制活塞高度的控制杆在最下一档（在每次实验之前均需检查，确保控制杆在正确的位置）。

c）取一块新的 DNA 1000 芯片，放在制胶装置上。在标有 **G** 的加样孔里加入 9 μl Gel-Dye Mix，压紧制胶装置直到听到"啪"的一响，说明注射器与芯片接口已经密闭。下推注射器至控制杆处，用控制杆压住针管。1 min 后松开控制杆，让注射器活塞自由上升。停留 5 s 后，上拉针管至 1 ml 刻度以上，然后松开制胶装置。

d）在标有 **G** 标志的加样孔里各加入 9 μl Gel-Dye Mix。

e）在其他的各个加样孔里各加入 5 μl Marker（12 个样品孔和 1 个 ladder 孔，每个孔都必须加入 Marker，否则会出错）。

f）在 ladder 孔里加入 1 μl DNA ladder。

g）在样品孔里依次加入 1 μl 待测样品。

h）在 IKA 涡旋器中以 2000 r/min 速度涡旋 1 min。

i）将 Chip 放入 Agilent 2100 仪器中检测。选择 DNA 1000 对应程序，编辑样品名称。

j）点击"Start"开始运行，大约 7 min 后才可以在监视器屏幕上看到样品的峰。最终检测到的结果如图 2.2 所示。

2. 补平 DNA 片段末端及片段大小选择（perform end repair and size selection）

1）将纯化用磁珠（bead）室温放置 30 min。End Repair Mix 2 和重悬液（RSB）置于冰上解冻。热循环仪（thermal cycler）30℃预热。

2）每个样品（50 μl DNA 片段）中加入 10 μl 重悬液和 40 μl End Repair Mix 2。用 100 μl 移液器吸打 10 次，混匀样品。

3）样品放置在预热的热循环仪（thermal cycler）中，30℃反应 30 min。

4）根据所需 DNA 插入片段的不同，按不同的条件稀释磁珠，具体稀释方法见下表。

选择 350 bp 插入片段时 beads 稀释条件

名称	公式	以 12 个样品需要量为例
纯化样品磁珠	样品数×109.25 μl	1311 μl
PCR 级水	样品数×74.75 μl	897 μl

选择 550 bp 插入片段时 beads 稀释条件

名称	公式	以 12 个样品需要量为例
纯化样品磁珠	样品数×92 μl	1104 μl
PCR 级水	样品数×92 μl	1104 μl

5）稀释好的磁珠涡旋混匀，每个样品中加入 1.6 倍体积的磁珠（160 μl，加每个样品前都要再次混匀磁珠）。用 200 μl 移液器吸打 10 次，混匀样品。样品室温混合 5 min。

6）样品放在磁力架上，室温静置 5 min。

7）取上清至新的 1.5 ml 离心管中，混匀磁珠并在每个样品管中加入 30 μl 没有稀释的磁珠。

8）样品室温混合 5 min 后放在磁力架上，室温静置 5 min。

9）配制 80%乙醇（每次都要新鲜配制）。

10）用 200 μl 移液器移除样品中的液体，并立刻加入 200 μl 80%乙醇，吹打两次，磁力架上静置 30 s。

11）将乙醇吸出后，再次加入 200 μl 80%乙醇，吹打两次，磁力架上静置 30 s。

12）吸干样品中的液体，在磁力架上晾干 15 min。

13）取下样品管，加入 17.5 μl 重悬液，枪头吹打至磁珠全部混匀。

14）室温静置 2 min 后，再次放置在磁力架上 5 min。

15）吸出 15 μl 液体至新的 PCR 管中。

注意：此处可暂停实验，样品置于–20℃保存。

3. 3′端加 A 尾（adenylate 3′ end）

1）取出样品、A-tailing Mix 和重悬液（RSB），冰上解冻。PCR 仪 37℃预热。

2）样品中加入 2.5 μl 重悬液，12.5 μl A-tailing Mix，用移液器上下吹打，混匀样品。

3）置于 PCR 仪上 37℃反应 30 min。

4. 加接头（ligate adapters）

1）将 DNA Adapter Index、Stop Ligation Buffer 和重悬液置于冰上解冻，瞬时

离心。纯化用磁珠室温放置 30 min。

2）确定每个样品要加的 Adapter Index。

3）每个样品中加入 2.5 µl 重悬液。从冰箱中取出 Ligation Mix 2，每个样品加入 2.5 µl，立即再将其放回−20℃冰箱。

4）每个样品加入 2.5 µl 对应的 Adapter Index。用移液器上下吹打 10 次，混匀样品。

5）样品放入 PCR 仪，30℃反应 10 min。

6）每个样品中加入 2.5 µl stop Ligation Buffer，用移液器上下吹打 10 次，混匀样品。

7）将样品移入 1.5 ml 管中，加入等体积磁珠（42.5 µl，加每个样品前都要再次混匀磁珠）。用移液器吸打 10 次，混匀样品。样品室温混合 15 min。

8）样品放在磁力架上，室温 5 min。

9）配制 80%乙醇（每次都要新鲜配制）。

10）用 200 µl 移液器移除样品中的液体，并立刻加入 200 µl 80%乙醇，吹打两次，磁力架上静置 30 s。

11）将乙醇吸出后，再次加入 200 µl 80%乙醇，吹打两次，磁力架上静置 30 s。

12）吸干样品中的液体，在磁力架上晾干 15 min。

13）取下样品管，加入 52.5 µl 重悬液，枪头吹打至磁珠全部混匀。

14）室温静置 2 min 后，再次放置在磁力架上 5 min。

15）吸出 50 µl 液体至新的 1.5 ml 离心管中，加入 50 µl 磁珠（每次加样前都要再次混匀磁珠）。室温混合 15 min。

16）样品放在磁力架上，室温 5 min。

17）配制 80%乙醇（每次都要新鲜配制）。

18）用 200 µl 移液器移除样品中的液体，并立刻加入 200 µl 80%乙醇，吹打两次，磁力架上静置 30 s。

19）将乙醇吸出后，再次加入 200 µl 80%乙醇，吹打两次，磁力架上静置 30 s。

20）吸干样品中的液体，在磁力架上晾干 15 min。

21）取下样品管，加入 22.5 µl 重悬液，枪头吹打至磁珠全部混匀。

22）室温静置 2 min 后，再次放置在磁力架上 5 min。

23）吸出 20 µl 液体至新的 1.5 ml 离心管中，即为构建完成的 DNA PCR-Free 文库，等待质检。

注意：此处可暂停实验，样品置于−20℃保存。DNA PCR-Free 文库定量及质控过程唯一的区别在于该方法构建文库的有效浓度只能用 qPCR 进行定量而不能用 Qubit 进行定量。

七、染色质免疫共沉淀测序（ChIP-Seq）文库制备

染色质免疫共沉淀（chromatin immunoprecipitation，ChIP）技术也称结合位点分析法，是研究生物体内蛋白质与 DNA 相互作用的有力工具，通常用于转录因子结合位点或组蛋白特异性修饰位点的研究。将 ChIP 与新一代测序技术相结合的 ChIP-Seq 技术，能够高效地在全基因组范围内检测与组蛋白和转录因子等互作的 DNA 区段。

进行 ChIP-Seq 实验，首先是通过染色质免疫共沉淀（ChIP）技术特异性地富集目的蛋白结合的 DNA 片段，并对其进行纯化与文库构建，然后对富集得到的 DNA 片段进行高通量测序。研究人员可以将获得的数百万条序列标签精确定位到基因组上，从而获得全基因组范围内与组蛋白和转录因子等互作的 DNA 区段信息。本节以 NEB 的 ChIP-Seq 文库制备试剂盒（NEBNext® ChIP-Seq Library Prep Master Mix Set，NEB #E6240 S/L）为例，介绍如何制备适用于 Illumina HiSeq 测序平台的 ChIP-Seq 文库。

1. 实验流程

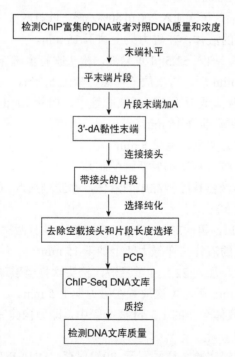

2. 检测 ChIP 富集的 DNA 及对照 DNA 的质量和浓度

1）用安捷伦 2100 生物分析仪检测 ChIP DNA 片段的大小。由于 ChIP 样品的

浓度较低，此处应选用 High Sensitive DNA 芯片进行检测。具体过程如下。

准备 Gel-Dye Mix

a）将蓝盖染料（High Sensitivity DNA dye concentrate）和红盖 DNA 胶（High Sensitivity DNA gel matrix）室温放置 30 min。

b）涡旋染料，将 25 μl 染料加入胶中。

c）涡旋混匀，移入滤膜管（spin filter）中。

d）2240 g±20%离心 15 min。将液体避光 4℃保存。

做胶

a）将配制好的 Gel-Dye Mix 室温避光放置 30 min。

b）确保针管的活塞在 1 ml 刻度以上，夹子的控制杆在最下档（在每次实验之前均需检查，确保控制杆在正确的位置）。

c）取一块新的 DNA Chip，放在制胶装置上。在标有 G 的加样孔里加入 9 μl Gel-Dye Mix，压紧制胶装置。下推针管至夹子处，用夹子压住针管。1 min 后松开夹子，让针管自由上升。停留 5 s 后，上拉针管至 1 ml 刻度以上，然后松开制胶装置。

d）在标有 G 标志的加样孔里各加入 9 μl Gel-Dye Mix。

e）在其他的各个加样孔里各加入 5 μl Marker（11 个样品孔和 1 个 ladder 孔）。

f）在 ladder 孔里加入 1 μl High Sensitivity DNA ladder。

g）在样品孔里依次加入 1 μl 样品。

h）2000 r/min 涡旋 1 min。

跑胶

将 DNA Chip 放入 Agilent 2100 跑胶。选择 High Sensitivity DNA 对应程序，编辑样品名称。点击开始后等待几分钟后观测到跑胶峰值图。

2）用 Qubit 检测 ChIP DNA 片段的浓度。NEB 试剂盒需要样品起始量为 10 ng。定量注意事项如下。

a）Qubit 标准样品（4℃保存）需要在使用前提前取出，室温下放置 30 min。

b）温度变化会影响测量结果，检测时不要手握管壁。

c）此处应选用高敏试剂（High Sensitive dsDNA Kit）。

Qubit 定量步骤如下。

a）准备 Qubit 检测工作液

每个样品中需要加入 199 μl 缓冲液（buffer）和 1 μl 染料（dye）的混合液。此外，还需要做两个标准样品 standard 1 和 standard 2。因此，需要准备的工作液数量为：待测样品数+2 个标准样品数+1 管（假设为 n 管）。

试剂	×1（μl）	×n（μl）
缓冲液（buffer）	199	199×n
染料（dye）	1	1×n

注：工作液总体积超过 1.5 ml 时，用 5～15 ml 管配制

b）配制样品及标样 standard（1 和 2）的检测体系。

试剂	样品	标样
样品（μl）	1	N/A
标样（standard）（μl）	N/A	10
工作液（μl）	199	190
总体积（μl）	200	200

注：检测管为 Invitrogen 提供的 0.5 ml 专用管；检测前一定将检测液涡旋混匀

c）待检测样品室温放置 2 min。

d）打开 Qubit 2.0 Fluorometer。根据使用试剂的不同，选择 DNA→ DNA Broad Range 或 DNA High Sensitivity。

e）制作标准曲线。将 standard 1 放入样品孔，盖上盖子后按 Read 键读值。同样放入 standard 2 读值，得到标准曲线。

f）放入待测样品，盖上盖子后按 Read 键，测出管内浓度。按 Calculator Stock Conc.键，选择加入的原始样品体积和所需浓度单位，得出原始样品浓度。

如果 DNA 浓度超出标准曲线范围，可将样品稀释 10 倍（浓度过高）或加入更多体积的样品（浓度过低）再进行测量。

3. 补平 DNA 片段末端（end repair of fragmented DNA）

1）将纯化用磁珠（beads）室温放置 30 min。NEB End Repair Reaction Buffer（10×）和 NEB End Repair Enzyme Mix 置于冰上解冻。热循环仪（thermal cycler）20℃预热。

2）取 10 ng Chip DNA 稀释至体积 40 μl，然后加入 5 μl NEB End Repair Reaction Buffer（10×）和 1 μl NEB End Repair Enzyme Mix，补超纯水至总体积 50 μl，混匀样品。

3）样品放置在预热的热循环仪（thermal cycler）中，20℃反应 30 min。

4）磁珠涡旋混匀，每个样品中加入 1.8 倍体积的磁珠（90 μl，加每个样品前都要再次混匀磁珠）。用 200 μl 移液器吸打 10 次，混匀样品。样品室温混合 5 min。

5）样品放在磁力架上，室温 5 min。

6）配制 80%乙醇（每次都要新鲜配制）。

7）用 200 μl 移液器移除样品中的液体，并立刻加入 200 μl 80%乙醇，吹打两

次，磁力架上静置 30 s。

8）将乙醇吸出后，再次加入 200 μl 80%乙醇，吹打两次，磁力架上静置 30 s。

9）吸干样品中的液体，在磁力架上晾干 10 min。

10）取下样品管，加入 46 μl 超纯水，枪头吹打至磁珠全部混匀。

11）室温放置 2 min 后，再次放置在磁力架上 5 min。

12）吸出 44 μl 液体至新的 1.5 ml 离心管中。

注意：此处可暂停实验，样品置于−20℃保存。

4. 3′端加 A 尾（dA-tailing of end repaired DNA）

1）将纯化用磁珠（beads）室温放置 30 min。End Repaired DNA 样品、NEBNext dA-tailing Reaction Buffer（10×）和 Klenow Fragment（3′→5′exo⁻），冰上解冻。热循环仪（thermal cycler）37℃预热。

2）样品中加入 5 μl NEBNext dA-tailing Reaction Buffer（10×），1 μl Klenow Fragment，混匀样品。

3）置于热循环仪（thermal cycler）上 37℃反应 30 min。

4）磁珠涡旋混匀，每个样品中加入 1.8 倍体积的磁珠（90 μl，加每个样品前都要再次混匀磁珠），混匀样品。样品室温混合 5 min。

5）样品放在磁力架上，室温静置 5 min。

6）配制 80%乙醇（每次都要新鲜配制）。

7）用 200 μl 移液器移除样品中的液体，并立刻加入 200 μl 80%乙醇，吹打两次，磁力架上静置 30 s。

8）将乙醇吸出后，再次加入 200 μl 80%乙醇，吹打两次，磁力架上静置 30 s。

9）吸干样品中的液体，在磁力架上晾干 10 min。

10）取下样品管，加入 21 μl 超纯水，枪头吹打至磁珠全部混匀。

11）室温放置 2 min 后，再次放置在磁力架上 5 min。

12）吸出 19 μl 液体至新的 1.5 ml 离心管中。

5. 加接头（adapter ligation of dA-Tailed DNA）

1）将 Quick Ligation Reaction Buffer（5×）、NEBNext Adapter 和 USER™ Enzyme Mix 置于冰上解冻。纯化用磁珠室温放置 30 min。

2）将 NEBNext Adapter（15 μmol/L）用超纯水稀释至 1.5 μmol/L。

3）将下列试剂加入到一个 1.5 ml 离心管中，混匀。

试剂	体积（μl）
dA-Tailed DNA	19
Quick Ligation Reaction Buffer（5×）	6

试剂	体积（μl）
NEBNext Adapter（1.5 μmol/L）*	1
Quick T4 DNA Ligase	4
总体积	30

* Adapters 可以单独购买，货号为#E7335 或#E7350

4）混好的样品置于热循环仪（thermal cycler）上 20℃ 反应 15 min。

5）每个样品中加入 3 μl USER™ Enzyme Mix，混匀。置于热循环仪上 37℃ 反应 15 min。

6）磁珠涡旋混匀，每个样品中加入 1.8 倍体积的磁珠（54 μl，加每个样品前都要再次混匀磁珠），混匀样品。样品室温混合 5 min。

7）样品放在磁力架上，室温静置 5 min。

8）配制 80%乙醇（每次都要新鲜配制）。

9）用 200 μl 移液器移除样品中的液体，并立刻加入 200 μl 80%乙醇，吹打两次，磁力架上静置 30 s。

10）将乙醇吸出后，再次加入 200 μl 80%乙醇，吹打两次，磁力架上静置 30 s。

11）吸干样品中的液体，在磁力架上晾干 10 min。

12）取下样品管，加入 105 μl 超纯水，枪头吹打至磁珠全部混匀。

13）室温放置 2 min 后，再次放置在磁力架上 5 min。

14）吸出 100 μl 液体至新的 1.5 ml 离心管中。

6. DNA 片段选择（size selection of adapter-ligated DNA）

注意：下文×表示样品的初始体积，此处以 100 μl 为例。

1）样品中加入 90 μl（0.9×）混匀的 AMPure beads，吹打混匀后室温混合 5 min。

2）样品在磁力架上放置 5 min。

3）将液体移入一个新的 1.5 ml 管中（注意：此处弃 beads，留液体）。

4）在液体中加入 20 μl AMPure beads（0.2×），吹打混匀后室温混合 5 min。

5）样品在磁力架上放置 5 min。

6）弃液体（注意：此处弃液体，留 beads）。

7）加入 200 μl 新配制 80%乙醇溶液，吹打两次，磁力架上静置 30 s。

8）将乙醇移除后，再次加入 200 μl 80%乙醇，吹打两次，磁力架上静置 30 s。

9）移除样品中的液体，在磁力架上晾干 10～15 min。

10）从磁力架上取下样品管，加入 25 μl 超纯水，枪头吹打至磁珠全部混匀。

11）室温放置 2 min 后，再次放置在磁力架上 5 min。

12）吸出 23 μl 液体至新的 PCR 管中。

注意：此处可暂停实验，样品置于–20℃保存。

7. PCR 方法扩增文库（PCR enrichment adapter ligated DNA）

1）取出样品、Universal PCR Primer、Index Primer 和 NEBNext High-Fidelity 2×PCR Master Mix，冰上解冻。纯化用磁珠室温放置 30 min。

2）分别将下列试剂加在一个 PCR 管中，混匀。

试剂	体积（μl）
DNA	23
Universal PCR Primer（25 μmol/L）	1
Index Primer（1）*（25 μmol/L）	1
NEBNext High-Fidelity 2×PCR Master Mix	25
总体积	50

*每一个反应样品中只需加入含有一个 barcode 的 Index Primer

3）样品放入 PCR 仪中，程序如下：

98℃，30 s。

15 个循环：98℃，10 s；65℃，30 s；72℃，30 s。

72℃，4 min。

4℃ 保持。

4）加入等体积磁珠（50 μl，加每个样品前都要再次混匀磁珠）。用移液器吸打 10 次，混匀样品。样品室温混合 5 min。

5）样品放在磁力架上，室温静置 5 min。

6）配制 80%乙醇（每次都要新鲜配制）。

7）用 200 μl 移液器移除样品中的液体，并立刻加入 200 μl 80%乙醇，吹打两次，磁力架上静置 30 s。

8）将乙醇吸出后，再次加入 200 μl 80%乙醇，吹打两次，磁力架上静置 30 s。

9）吸干样品中的液体，在磁力架上晾干 15 min。

10）取下样品管，加入 17 μl 水或 EB Buffer（胶回收试剂盒），枪头吹打至磁珠全部混匀。

11）室温静置 2 min 后，再次放置在磁力架上 5 min。

12）吸出 15 μl 液体至新的 1.5 ml 离心管中。样品置于–20℃保存，等待质量检测。

八、甲基化测序建库

在生物发育过程中，一个基因组可以衍生出许多不同类型的表观基因组，它们通过不同的 DNA 修饰方式构成不同的表观遗传信息，使有不同表型的细胞可以将其表观遗传信息通过复制传递给后代细胞。DNA 甲基化作为参与范围最广的表观遗传修饰之一，一直是分子遗传学的研究热点，它通过影响基因的表达和染色体结构变化来参与不同的生长发育调控过程。第二代测序技术能够通过全基因组测序，从而对全基因组范围内的 5-甲基胞嘧啶（5-methylcytosine，5mC）进行研究。这里我们以 Illumina Truseq DNA Methylation Library Prep Kit（EGMK81312）为例，对甲基化文库的构建进行介绍。

1. DNA 甲基化文库构建流程（图 2.4）

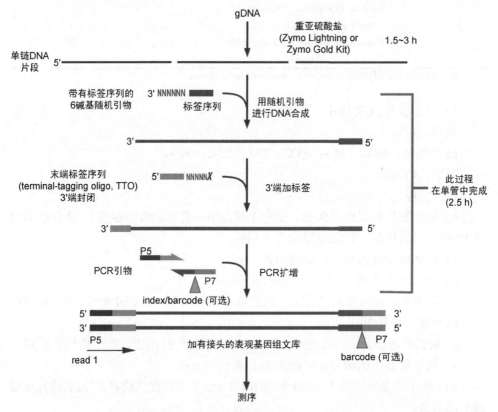

图 2.4　DNA 甲基化测序文库建库流程（选自 Illumina：Whole-Genome Bisulfite Sequencing，2014）（彩图请扫封底二维码）

2. 基因组 DNA 的重亚硫酸盐处理

用 Zymo EZ DNA Methylation Lightning Kit（http://www.zymoresearch.com/downloads/dl/file/id/490/d5030i.pdf）来完成。通过此步反应，未被甲基化的胞嘧啶（cytosine）转化为尿嘧啶（uracil）而最后被识别为胸腺嘧啶（thymine），而甲基

化的胞嘧啶不会发生转化，仍然被识别为胞嘧啶。此步反应取 50～100 ng 纯化过的基因组 DNA，加入 Zymo Lightning Conversion Reagent，混匀后放入热循环仪，98℃反应 8 min，54℃反应 60 min。反应完成以后，用 EpiGnome™ Kit（Epicentre）对反应产物进行过柱纯化，最后用 11 μl 水溶。其中，1 μl 检测质量，1 μl 定量，9 μl 用于下一步反应。

此外，重亚硫酸盐的处理也可以用 Zymo EZ DNA Methylation Gold Kit（http：//www.zymoresearch.com/downloads/dl/file/id/57/d5005i.pdf）来完成，具体实验过程可通过以上给出的链接进行查询。

3. 重亚硫酸盐处理后的 DNA（bisulfite conversion single strand DNA，BC-SS DNA）质量检测

用安捷伦 2100 生物分析仪进行 BC-SS DNA 的质量检测，应选用 RNA-Pico Chip，检测选项选为"Eukaryotic Total RNA"。检测结果应如图 2.5 所示。

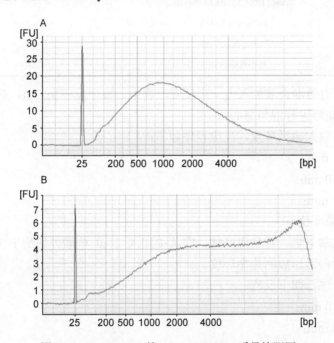

图 2.5　BC-SS DNA 的 RNA-Pico Chip 质量检测图

A. EZ DNA Methylation Gold Kit 处理；B. EZ DNA Methylation Lightning Kit 处理

此时的 BC-SS DNA 为单链，且还有 U 存在，更近似于 RNA，因此对 BC-SS DNA 进行定量时，只能选用 NanoDrop 分光光度计（设置 RNA 选项），而不建议使用 Qubit。

4. DNA 合成引物退火（anneal the DNA synthesis primer）

将下列试剂按反应体系混合。

反应物	体积（μl）
重亚硫酸盐处理后 DNA 或对照 DNA	9
DNA 合成引物	2
每个反应总体积	11

混匀后，放在有热盖的热循环仪上，95℃反应 5 min，随后立即置于冰上。

5. DNA 合成

1）在冰上准备以下混合液。

试剂	体积（μl）
Truseq DNA Synthesis PreMix	4
100 mmol/L DTT	0.5
Truseq Polymerase	0.5
每个反应总体积	5

2）将混匀的混合液加入上一步反应产物中，每个反应加 5 μl，整个过程在冰上操作。加完后进行混匀离心。

3）样品放入热循环仪，反应程序如下：

25℃，5 min；

42℃，30 min；

37℃，2 min；

暂停热循环仪。

4）每次拿下来一管反应产物，在其中加入 1 μl 核酸外切酶 I （exonuclease I），混匀后再迅速放回热循环仪。

5）样品进行如下反应：

37℃，10 min；

95℃，3 min；

25℃，2 min。

注意：此时可以准备下一步反应用的 TT 混合液。

6. 加 DNA 标记（tag the DNA）

1）TruSeq Terminal Tagging PreMix 溶液非常黏稠，使用前一定要用移液器缓慢吹打混匀，且最好使用大口径的枪头。

2）在冰上配制 TT 混合液，体系如下。

试剂	体积（µl）
TruSeq Terminal Tagging PreMix	7.5
TruSeq DNA Polymerase	0.5
每个反应总体积	8.0

将混合液混匀离心。

3）将完成上一步反应的样品从热循环仪上取下，每次取下一管加入 8 µl TT 混合液，混匀后再放入热循环仪中。全部加完后运行下列程序：

25℃，30 min；

95℃，3 min；

4℃，保持。

7. 样品纯化

1）纯化用磁珠（AMPure XP beads）室温放置 30 min。

2）加入 1.6 倍体积磁珠（40 µl，加每个样品前都要再次混匀磁珠）。用移液器吸打 10 次，混匀样品。样品室温混合 5 min。

3）样品放在磁力架上，室温静置 5 min。

4）配制 80% 乙醇（每次都要新鲜配制）。

5）用 200 µl 移液器移除样品中的液体，并立刻加入 200 µl 80% 乙醇，吹打两次，磁力架上静置 30 s。

6）将乙醇吸出后，再次加入 200 µl 80% 乙醇，吹打两次，磁力架上静置 30 s。

7）吸干样品中的液体，在磁力架上晾干 10 min。

8）取下样品管，加入 24.5 µl 重悬液，枪头吹打至磁珠全部混匀。

9）室温静置 2 min 后，再次放置在磁力架上 5 min。

10）吸出 22.5 µl 液体至新的 PCR 管中。此步完成后可将样品置于-20℃保存。

8. 文库扩增及 barcode 添加

1）在上一步纯化完的 22.5 µl 反应产物中，加入以下反应试剂。

试剂	体积（µl）
FailSafe PCR PreMix E	25
TruSeq Forward PCR Primer	1
TruSeq Reverse PCR Primer（或 TruSeq Index PCR Primer）	1
FailSafe PCR Enzyme（1.25 U）	0.5
每个反应总体积	50

混匀后进行 PCR 反应。

2）反应程序如下。

95℃，1 min；

10 个循环：

　　95℃，30 s；

　　55℃，30 s；

　　68℃，3 min；

68℃，7 min；

4℃，保持。

9. 文库纯化

选用 1 倍体积的磁珠纯化，具体过程同上述步骤"7. 样品纯化"，最终用 20 μl 不含核酸酶的水溶样品，即为最终文库。可用于下一步检验和定量。

九、文库质检

1. 用 DNA Chip 检验文库片段大小

可选用安捷伦的 DNA 1000 Chip 或者 High Sensitivity DNA Chip。此处以 High Sensitivity DNA Chip 为例介绍实验流程。

（1）准备 Gel-Dye Mix

1）将蓝盖染料（High Sensitivity DNA dye concentrate）和红盖 DNA 胶（High Sensitivity DNA gel matrix）室温放置 30 min。

2）涡旋染料，将 25 μl 染料加入胶中。

3）涡旋混匀，移入滤膜管（spin filter）中。

4）2240 g±20%离心 15 min。将液体避光 4℃保存。

（2）做胶

1）将配制好的 Gel-Dye Mix 室温避光放置 30 min。

2）确保针管的活塞在 1 ml 刻度以上，夹子的控制杆在最下档。

3）取一块新的 DNA Chip，放在制胶装置上。在标有 G 的加样孔里加入 9 μl Gel-Dye Mix，压紧制胶装置。下推针管至夹子处，用夹子压住针管。1 min 后松开夹子，让针管自由上升。停留 5 s 后，上拉针管至 1 ml 刻度以上，然后松开制胶装置。

4）在标有 G 标志的加样孔里各加入 9 μl Gel-Dye Mix。

5）在其他的各个加样孔里各加入 5 μl Marker（11 个样品孔和 1 个 ladder 孔）。

6）在 ladder 孔里加入 1 μl High Sensitivity DNA ladder。

7）在样品孔里依次加入 1 μl 样品（文库浓度高时，用水将文库稀释 10～50 倍，然后取 1 μl）。

8）2000 r/min 涡旋 1 min。

（3）跑胶

将 Chip 放入 Agilent 2100 跑胶。选择 High Sensitivity DNA 对应程序，编辑样品名称。点击"RUN"运行程序，跑完后可看到峰值结果，如图 2.6 所示。有明显目的峰值，且无小片段杂峰存在，即为检测合格。

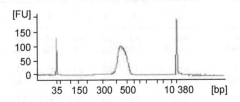

图 2.6　安捷伦 2100 高灵敏 Chip 检测文库大小结果（图示为插入片段为 300 bp 左右，总长为 420 bp 左右文库的检测结果，选自 Illumina "TruSeq™ DNA Sample Preparation Guide"）

2. 检验 DNA 文库的浓度（用实时荧光定量 PCR 方法）

一般用实时荧光定量 PCR 方法能够准确定量检测出有效的文库浓度。此处介绍用 KAPA 的文库定量试剂盒（Kit code：KK4824），Bio-rad 实时荧光定量仪器进行定量的过程。

（1）准备 qPCR/Primer Mix

将 1 ml Illumina GA Primer Premix（10×）添加到 5 ml KAPA SYBR® FAST qPCR Master Mix（2×）中，混匀。

（2）稀释 library DNA

用 PCR-grade water 将 library DNA 稀释。

1）稀释 2500 倍：将 0.5 μl library DNA 加入到 1250 μl 水中，充分混匀。

2）稀释 5000 倍：取 700 μl 稀释 2500 倍的 library DNA 加入到 700 μl 水中，充分混匀。

3）稀释 10 000 倍：取 700 μl 稀释 5000 倍的 library DNA 加入到 700 μl 水中，充分混匀。

4）稀释 5000 倍和 10 000 倍的 library DNA 作为备用模板。

（3）反应体系

成分	体积（μl）
qPCR/Primer Mix	6
文库或标准品（Std1～Std5）	4
总体积	10

（4）准备 qPCR 专用 96 孔板

按表 2.3 加样，并在 qPCR 仪上设置每孔内容物。设置 Std1～Std5 为标样（standard），并分别标明其浓度，设置 S1～S10 为未知（unknown），设置阴性对照（negative control，NTC）。每一个 96 孔板都必须有阴性对照。每次扩增都必须检测 NTC，在正常情况下，NTC 应该没有扩增。

表 2.3　文库样品定量加样表

	1	2	3	4	5	6	7	8	9	10	11	12
A	Std1 20 pmol/L	Std1 20 pmol/L	Std1 20 pmol/L	S2 10k	S2 10k	S2 10k	S6 10k	S6 10k	S6 10k	S10 10k	S10 10k	S10 10k
B	Std2 2 pmol/L	Std2 2 pmol/L	Std2 2 pmol/L	S3 5k	S3 5k	S3 5k	S7 5k	S7 5k	S7 5k	S11 5k	S11 5k	S11 5k
C	Std3 0.2 pmol/L	Std3 0.2 pmol/L	Std3 0.2 pmol/L	S3 10k	S3 10k	S3 10k	S7 10k	S7 10k	S7 10k	S11 10k	S11 10k	S11 10k
D	Std4 0.02 pmol/L	Std4 0.02 pmol/L	Std4 0.02 pmol/L	S4 5k	S4 5k	S4 5k	S8 5k	S8 5k	S8 5k	S12 5k	S12 5k	S12 5k
E	Std5 0.002 pmol/L	Std5 0.002 pmol/L	Std5 0.002 pmol/L	S4 10k	S4 10k	S4 10k	S8 10k	S8 10k	S8 10k	S12 10k	S12 10k	S12 10k
F	S1 5k	S1 5k	S1 5k	S5 5k	S5 5k	S5 5k	S9 5k	S9 5k	S9 5k	S13 5k	S13 5k	S13 5k
G	S1 10k	S1 10k	S1 10k	S5 10k	S5 10k	S5 10k	S9 10k	S9 10k	S9 10k	S13 10k	S13 10k	S13 10k
H	S2 5k	S2 5k	S2 5k	S6 5k	S6 5k	S6 5k	S10 5k	S10 5k	S10 5k	NTC	NTC	NTC

（5）qPCR 扩增程序

变性：95℃，5 min。35 个循环：变性 95℃，30 s。退火/延伸/数据采集 60℃，45 s。

（6）数据分析

1）Bio-Rad CFX Manager 2.1 软件打开 Data 文件。

2）在 Quantification 界面检测实验重复性好坏，去掉重复间差异超过 0.5 个循环的值。

3）在 Quantification Data 界面选取所有数值，复制到 Excel 表格。

4）在 Excel 中保留 Starting Quantity（SQ）和 SQ Mean 项，按以下公式计算文库浓度。

Size Conc.（pmol/L）= SQ Mean 项（pmol/L）×452÷片段长度

文库浓度（nmol/L）= Size Conc.（pmol/L）×相应稀释倍数（5000 或 10 000）÷1000

注意：library DNA 浓度至少要达到 2 nmol/L。

3. 文库保存

质检合格的文库样品可以置于−20℃冰箱中保存。

十、DNA 测序案例举例

案例一　对 302 株野生和栽培大豆品种进行重测序以揭示大豆驯化和品质改良基因（Zhou et al.，2015）

论文：Zhou Z, Jiang Y, Wang Z, et al. 2015. Re-sequencing 302 wild and cultivated accessions identifies genes related to domestication and improvement in soybean. Nature Biotechnology, 33(4): 408-414.

发表单位：中国科学院遗传与发育生物学研究所

测序单位：中国科学院遗传与发育生物学研究所基因组测序平台

研究目的

运用第二代基因组重测序技术，在基因组水平上鉴定大豆（*Glycine max*）基因组中受到驯化和品种改良的基因，以期对大豆分子设计育种提供背景资料。

方法流程

1）取材：用 62 个野生大豆株、130 个地方品种和 110 个驯化品种构建一个自然群体。

2）建库：用 NEB DNA 建库试剂盒构建插入片段为 300 bp 文库。

3）测序：用 Illumina HiSeq2000 测序平台对 302 株大豆进行高通量测序，读长为双端 100 bp（PE100），平均测序深度大于 11×。

4）数据分析：①群体遗传结构分析；②选择消除分析；③重要品质性状的全基因组关联分析。

研究结果

1. 群体遗传结构分析

分析发现 979 万个 SNP，87.68 万个 InDel，1614 个 CNV 和 6388 个大片段缺失。

以一种苜蓿作为外源参照物种，通过构建系统进化树及 PCA 分析，发现 302 株大豆聚类成为 3 个组：野生、驯化和改良。

2. 选择消除分析

用 XP-CLR 方法在大豆驯化阶段（野生大豆—驯化种）鉴定出 121 个强选择信号，在品种改良阶段（驯化种—栽培品种）鉴定出 109 个强选择信号。除了 SNP，拷贝数变异（CNV）也在驯化过程中受到人工选择的影响。

3. 重要品质性状的全基因组关联分析

结果表明，受选择区域大多数都位于已报道的与驯化有关的 QTL 区域内，并且受选择的区域比已经发现的 QTL 区域范围更小且更精确。针对驯化性状进行全基因组关联分析发现，其结果均与此前研究定位到的区间重叠。

对种子大小、种皮颜色、植株生长习性和种子含油量等性状做了全基因组关联分析（GWAS），找出一系列显著的关联位点。进一步把选择信号、GWAS 信号和前人研究的含油量 QTL 整合发现，在 230 个选择区域中，有 96 个与报道的一些含油量 QTL 有关联，21 个区域包含脂肪酸生物合成基因。说明大豆含油量性状受人工选择较多，形成复杂的网络系统共同调控油的代谢，从而引起不同种质含油量相关性状的变异。

研究结论

本研究通过对 320 株野生大豆、地方品种和驯化品种大豆的测序深度大于 11 倍的高通量测序分析，发现 230 个受选择区域和 162 个拷贝数变异。全基因组关联分析表明，10 个受选择区域和 9 个驯化性状相关联，发现 13 个被注释为与油脂、株高等农艺性状相关的位点。与此前 QTL 定位结果比较分析发现，230 个受选择区域中 96 个与调控油脂的 QTL 相关，21 个区间内包含脂肪酸合成关键基因。此外，还观察到一些性状和位点与地理区域相关联，表明了大豆群体地理结构化。

案例二　玉米优良近交系的全基因组遗传多样性分析（Lai et al.，2010）

论文：Lai J, Li R, Xu X, et al., 2010. Genome-wide patterns of genetic variation among elite maize inbred lines. Nature Genetics, 42: 1027-1030.

发表单位：中国农业大学玉米改良中心

研究目的

运用新一代测序技术，研究玉米优良近交系的全基因组 SNP、IDP 及基因组成多态性，以期能够对玉米杂种优势机制的研究及玉米产量相关 QTL 的发现提供资料。

方法流程

1）材料：根据农艺重要性和遗传关系选取近交系 Zheng58、5003、478、178、Chang7-2 和 Mo17。其中，Zheng58、Chang7-2、178 和 Mo17 都属于一个中国常用的杂种优势群，Mo17 同时也属于一个美国的重要的杂种优势群。Zheng58 和 Chang7-2 是在中国种植最广泛的商业杂交种 ZD958 的亲本。自交系 178 是另一个在中国广泛种植的杂交种 ND108 的母本。自交系 478 是 Zheng58 的一个亲本，自交系 5003 是 478 的一个亲本。

2）测序：读长双端 75 bp，共得到双端 75 bp 片段 12.6 亿条，高质量的原始数据（raw data）83.7 Gb。有效深度为 32.4×，每个自交系的平均深度为 5.4×。

3）数据分析：①SNP 检测；②SNP 注释；③低多态性染色体区域及零多态性基因分析；④育种家族谱系重建。

研究结果

1）SNP 检测：在非重复区，共发现 1 272 134 个 SNP，其中 468 966 个 SNP 位于 32 540 个高可信度玉米基因中，130 053 个 SNP 位于编码区。同时，发现 30 178 个长度从 1 bp 到 6 bp 不等的 InDel，其中的 571 个位于编码区。根据一些样品间的遗传关系及近交系的特点可以看出，这些重测序的玉米优良近交系间的基因组多态性低于有报道的更加多样化的群体。此外，还发现一些基因内部的 SNP 的存在会造成基因的提前终止、移码突变、功能域改变或终止延迟等变化。这些可能影响基因功能的 SNP 中，有 101 个存在于 46 个具有亮氨酸重复结构域的抗病相关基因中。

2）在这些重测序的玉米近交系中，发现了 393 个不存在 SNP 差异的基因。此外，找到了 101 处具有低多态性的基因组区域（genomic interval），这些区域平均长度为 2.4 Mb，最长大概为 13 Mb。在这些区域发现了一批在玉米改良中被选中的基因，其中包括 bt2 和 su1 基因。在这些区域中包含了 20%（30 个候选基因中的 6 个）的候选基因及约 43%（393 个基因中的 170 个）的不存在差异的基因。

3）以 B73 为参考基因组，比对 Mo17 的重测序数据。发现了 104 处 Mo17 近交系的可能基因缺失区域。以同样的标准，在 B73 中发现了 296 个高信任度（high-confidence）基因，它们分别在其他的一个或多个近交系中缺失。此外，还分析了不同近交系间的存在/缺失变异（presence/absence variation，PAV）。找出了不同杂种优势群间存在的 PAV 基因个数。发现大部分 PAV 差异存在于单个的基因间，有一些存在于相邻的 2~4 个基因间。与 B73 参考基因组相比，在 Mo17 的 6 号染色体上存在一个 18 个基因的缺失，这应该是 Mo17 基因组的约 2 Mb 序列的整段缺失。

4）将所有未能与 B73 参考基因组比对上的 reads 进行组装，得到总长 5.4 Mb 的低拷贝序列，包含 540 个可能的基因，基因平均长度 527 bp。这些基因中有 55% 为植物基因，且有 47% 可以进行功能注释。由于 B73 参考基因组的不完整性，对 B73 进行重测序。结果发现 542 个在可能为基因的 contig 中，至少有 157 个在 B73 中缺失。

5）PAV 和有害突变，如影响基因功能的 SNP 或 IDP 等，可用于推测杂种优势的假说。研究发现，不同杂种优势群间的近交系会缺失一些不同的有功能的基因，而具有不同基因组成的近交系可以互相弥补彼此的缺失，从而为杂种优势贡献力量。

6）结合测序得到的 SNP 多态性及已知的近交系间的遗传关系，可以看到近交系 478 有 43% 的基因组遗传自其亲本 5003 而有 57% 遗传自其另一个亲本 8112。近交系 Zheng58 有 43% 的基因组遗传自近交系 478，分别有 12% 和 31% 遗传自其隔代亲本 5003 和 8112。

研究结论

本研究通过对玉米几个优良近交系的全基因组 SNP、IDP 及基因组成多态性的分析，揭示了基因组成的互补性或许是玉米杂种优势的一个重要影响因子。如果将这些 SNP 与产量数据相结合进行全基因组关联分析，或许可以帮助研究人员发现重要的玉米产量相关的数量性状位点。

（于莹　齐洺　孟菲　陈浩峰）

第二节　转录组测序（RNA-seq）建库

随着新一代高通量测序技术的快速发展，转录组测序（RNA-seq）已经成为研究转录组与基因表达的重要手段。转录组（transcriptome）是指单个生物物种的个体，或者该个体的特定组织或特定细胞类型，在特定的环境条件下，或者实验处理条件下所产生的所有转录本的集合。各种类型的转录本都可以通过新一代测序技术进行高通量定量检测，这项技术被称为转录组测序。这里需要指出的是，一个生物个体的转录组不同于其基因组：在正常生境条件下，生物个体的基因组通常是确定不变的，而转录组则是随着生物生长发育的不同阶段、不同环境条件或者不同的实验处理条件、生物个体的不同组织和细胞类型而变化的，因此转录组的定义包含了对时间和空间的限定。

转录组测序技术可以用在转录本的结构及其变异、基因表达水平、非编码区域功能和低丰度全新转录本发现等方面的研究上。通过对转录组的研究，人们能够从生物的整体水平上研究基因结构及基因功能，揭示基因表达过程和调控过程的分子机制。目前，转录组测序已被广泛应用于遗传学、农学和医学基础研究、医疗诊断和药物研发等领域中。RNA 测序文库的构建就是转录组测序实验至关重要的第一步。

本节将以构建 Illumina 测序平台的 RNA 文库为例，着重介绍 RNA 文库构建的方法及注意事项。

一、RNA 建库试剂及仪器

（一）推荐使用的试剂盒和试剂

Illumina 测序建库试剂盒、NEB（New England Biolabs）测序建库试剂盒。

（二）试剂盒之外应准备的试剂耗材及设备

1. 试剂耗材

类别	名称
	蒸馏水（RNase free）
	无水乙醇（分析纯）
	DNA 纯化磁珠（Agencourt AMPure XP beads，Beckman）
试剂	Qubit 双链 DNA 定量试剂
	Agilent RNA6000 Nano Reagents（Lot No. 1427）
	Agilent DNA 1000 Reagents（Lot No. 1110）
	High Sensitivity DNA Reagents（Lot No. 1220）

续表

类别	名称
	2.5 μl、10 μl 的移液器及枪头（低吸附）
	200 μl 的移液器及枪头（低吸附）
	1000 μl 的移液器及枪头（低吸附）
耗材	200 μl PCR 管（低吸附）
	1.5 ml 离心管（低吸附）
	96 孔 PCR 板
	RNase free 8 连管及管盖（如样品较多，需要使用多通道排枪）

2. 设备

用途	名称
	核酸定量仪器 Thermo Scientific™ NanoDrop 2000/2000c
样品定量	DNA 定量仪器 Qubit
	实时荧光定量（Real-time）PCR 仪
样品反应	PCR 仪
	振荡混匀器（Vortexer）
样品检测	安捷伦生物分析仪（Agilent Bioanalyzer 2100）

二、RNA 建库前的样品质量检测

（一）检测 RNA 浓度

采用 NanoDrop 核酸定量仪器检测总 RNA（total RNA）的浓度和纯度，样品在波长 260 nm、280 nm 及 230 nm 下的吸光度分别代表了核酸、蛋白质和盐与小分子杂质的含量。高质量 RNA 的 OD260/280 值应在 2.0 左右，若比值为 1.7～1.9，则表明 RNA 中有少量蛋白质等杂质污染。这时若无法得到更纯的 RNA 样品，可以继续实验；若比值为 2.0～2.2，则表明 RNA 有少量降解，对测序结果一般没有太大影响。若比值小于 1.7，则表明有较严重的蛋白质和酚等污染；若比值大于 2.2，表明 RNA 降解严重，这两种情况下我们都不推荐进一步建库。对于 OD260/230 值来说，若比值小于 2，说明裂解液中有亚硫氰胍和 β-巯基乙醇残留，需重复乙醇沉淀；若比值大于 2.4，需用乙酸盐、乙醇沉淀 RNA。一般情况下，实验者关注 OD260/280 值即可。

Thermo Scientific NanoDrop 2000/2000c 分光光度计的使用方法如下。

基座检测空白循环：建议把空白对照当成样品来检测，这样可以确认仪器性能完好并且基座上没有样品残留，按下列操作来运行空白循环。

1）在软件中打开将进行的操作模式，把空白对照加到基座上，并把样品臂放下。

2）点击"Blank"来进行空白对照检测并保存参比图谱。

3）重新加空白对照到基座上，把它当成样品一样来检测，点击"Measure"来进行检测，结果应该是差不多为一水平线，吸光值变化应不超过 0.04 A（10 mm 光程）。

4）擦去上下基座上的液体，重新进行上面的操作，直到检测光谱图的变化不超过 0.04 A（10 mm 光程）。

5）虽然不需要在每个样品之间进行空白校准，但建议在检测多个样品时，最好每 30 min 进行一次空白校准。30 min 后，最后一次做空白检测的时间将显示在软件下面的状态栏上。

基座的使用

1）抬起样品臂，把样品加到检测基座上。

2）放下样品臂，使用电脑上的软件开始吸光值检测。在上下两个光纤之间会自动拉出一个样品柱，然后进行检测。

3）当检测完成后，抬起样品臂，并用干净的无尘纸按照一个方向把上下基座上的样品擦干净。这样擦拭样品就可以避免样品在基座上的残留。

4）如果电脑连接了打印机，可以将所有样品的浓度及吸光值打印下来。

（二）用 Agilent RNA 6000 Nano Kit 检测 RNA 完整性

（1）准备胶

1）吸取 550 μl 红盖 RNA 胶，移入滤膜管（spin filter）中。

2）1500 g 室温离心 10 min。

3）取出试剂盒中提供的 RNase free 小离心管，每个管中加入 65 μl 经离心通过滤膜的胶。制好的胶可在 4℃条件下保存 4 周。

（2）准备胶-染料混合（Gel-Dye Mix）

1）将蓝盖染料从 4℃冰柜中取出，室温避光放置 30 min。

2）将染料涡旋 10 s 混匀，瞬离，吸取 1 μl 加入 65 μl 胶（上一步制好的胶）中。

3）涡旋混合充分，放入离心机中，13 000 g 室温离心 10 min，制好的 Gel-Dye Mix 可在一天之内使用，过期丢弃不用。

（3）做胶

1）确保针管的活塞放在 1 ml 刻度以上，夹子的控制杆位于最上档。

2）取一块新的 RNA Chip，放在制胶装置上。在标有 **G** 的加样孔里加入 9 μl Gel-Dye Mix，压紧制胶装置。下推针管至夹子处，用夹子压住针管。30 s 后松开夹子，让针管自由上升。停留 5 s 后，上拉针管至 1 ml 刻度以上，然后松开制胶装置。

　　3）在标有█标志的加样孔里各加入 9 μl Gel-Dye Mix。

　　4）在其他各个加样孔里各加入 5 μl Marker（11 个样品孔和 1 个 ladder 孔）。

　　5）在 ladder 孔里加入 1 μl RNA6000 ladder。

　　6）在样品孔里依次加入 1 μl RNA 样品。

　　7）在涡旋器中 2400 r/min 涡旋 1 min。

（4）跑胶

　　将 Chip 放入 Agilent 2100 仪器中跑胶。选择 RNA6000 对应程序，编辑样品名称。

（5）结果分析

　　跑胶结束后，向空白芯片中加入清水清洗仪器，并观察结果。如果 RNA 完整性（RIN 值）在 8 以上，表明 RNA 质量较好，降解少，可以用于后续建库。如果 RIN 值小于 7，则说明 RNA 降解严重，建议重提 RNA。如果 RNA 样品很稀少、珍贵且无法重新制备，RIN 值为 7～8 也可以考虑建库，最终也可以得到一些有价值的实验结果。

三、几种 RNA 建库试剂盒的建库操作方法

　　RNA 质量检测合格后，有不同的建库试剂盒可供选择，目前比较常用的有 NEB、Illumina 等建库试剂盒。它们采用的建库技术大体一致，在个别步骤上有些差别。下面我们对几种常用试剂盒的建库方法分别加以介绍。

（一）Illumina TruSeq RNA 测序建库（Part # 15026495 Rev. D）

1. 目的

利用 Illumina TruSeq RNA Sample Preparation V2 Kit 构建转录组测序文库。

2. 流程

对总 RNA 进行 mRNA 纯化→RNA 打断→cDNA 第一链合成→cDNA 第二链合成→AMPure XP beads 纯化→末端补平→AMPure XP beads 纯化→3′端加 A 尾→加接头→AMPure XP beads 纯化→片段选择→PCR 扩增→AMPure XP beads 纯化→转录组文库的质量检验。

3. 推荐使用的试剂盒

Illumina TruSeq RNA Sample Preparation V2 Kit. Part # 15026495 Rev. D。

4. Illumina TruSeq RNA 建库实验操作

根据不同的建库样本数，建库操作及需要的仪器如下。

类别	低样本量（low sample）	高样本量（high sample）
单次实验样本量	≤48 个带有标记的接头	>48 个带有标记的接头
反应板型	96 孔 0.3 ml PCR 管/MIDI	96 孔 HSP/ MIDI
反应仪器	96 孔 PCR 仪	96 孔 PCR 仪
混匀方式	枪头吸打混匀	96 孔板涡旋仪

下面以小于 24 个样品建库，文库插入片段为 300 bp 为例（低样本量）进行介绍。

（1）mRNA 纯化及片段化（purify and fragment mRNA）

准备试剂

1）从 4℃冰箱中取出 RNA Purification Beads，在室温下平衡 30 min，使其达到室温。

2）下列试剂室温解冻混匀，600 g，5 s 瞬离：

Bead Binding Buffer、Bead Washing Buffer、Elution Buffer、Elute Prime Fragment Mix、Resuspension buffer。

注意：Resuspension Buffer 首次解冻之后可以储存在 4℃冰箱；Bead Binding Buffer、Bead Washing Buffer 和 Elution Buffer 解冻后可暂放 4℃用于本次实验。

3）准备 0.3 ml PCR 管，开启 PCR 仪，设置 PCR 仪热盖温度为 100℃，预设程序如下。

mRNA Denaturation：65℃，5 min；4℃，保持。

mRNA Elution1：80℃，2 min；25℃，保持。

Elution2-Frag-Prime：94℃，1 min（具体时间可根据建库片段长度进行调节，插入片段短时，反应时间可略长，如插入片段在 120～200 bp 时，反应时间可为 8 min）；4℃，保持。

配制 RBP（make RBP）

1）取 0.1～4 μg 总 RNA（1～50 μl），用无核酸酶的去离子水补充至 RNA 总体积为 50 μl。

2）将提前在室温放置 30 min 的 RNA Purification Beads 剧烈涡旋，注意这一步一定要将 Oligo-dT beads 充分混匀。

3）向加水稀释好的每一 50 μl 的 RNA 样品中加入 50 μl RNA Purification beads，轻柔吹吸 6 次，混匀。

温育 1 RBP（incubate 1 RBP）

1）将混好 beads 的 RNA 样品放到预热好的 PCR 仪中，关上热盖，启动预设程序 mRNA Denaturation：65℃ 5 min，4℃ 保持。

2）当样品达到 4℃ 后，从 PCR 仪中取出，室温静置 5 min，使带有 polyA 的 mRNA 能结合到含 Oligo-dT 的 beads 上。

洗 RBP（wash RBP）

1）将样品放到磁力架上静置 5 min，使结合有 polyA RNA 的 beads 与液体分离，吸附到管壁上。

2）小心将上清液体吸出并弃除，将样品管从磁力架上取下。

3）向每一个样品管中加入 200 μl Bead Washing Buffer，轻轻吸打 6 次混匀。

4）再次置于磁力架上 5 min，使 beads 完全与液体分离，吸附到管壁上。

5）将已经融化好的 Elution Buffer 进行瞬时离心，600 g 离心 5 s。

6）弃除样品管中的上清液体，废液中包含大部分的核糖体 RNA 及其他的非信使 RNA。

7）取下样品管，向其中加入 50μl Elution Buffer，轻轻吹吸 6 次，充分混匀（将 Elution Buffer 于 4℃储存）。

注意：此时样品可于 4℃暂时存放。

温育 2 RBP（incubate 2 RBP）

1）将样品放入 PCR 仪器，打开预设程序 mRNA Elution1：80℃ 2 min，25℃ 保持。这一步将 mRNA 和一些非特异性吸附在 beads 上的 rRNA 都洗脱下来。

2）当样品达到 25℃后取出，放置于室温。

配制 RFP（make RFP）

1）将已经融化的 Bead Binding Buffer 进行瞬时离心，600 g 离心 5 s。

2）向每个样品管中加入 50 μl Bead Binding Buffer，室温静置 5 min，使 mRNA 特异地重新结合到 beads 上，减少 rRNA 等一些非特异结合的杂质含量。轻轻吹吸 6 次，充分混匀。

3）将样品在室温放置 5 min，将使用完的 Bead Binding Buffer 储存在 2～8℃。

4）将样品放到磁力架上静置 5 min，使 beads 充分吸附到管壁上。

5）小心吸出并弃除所有上清液体，从磁力架上取下样品管，加入 200 μl Bead Washing Buffer 清洗一次，轻轻吹吸 6 次混匀。

6）再次将样品管置于磁力架上，室温静置 5 min。

7）小心吸出并弃除所有上清液体，上清液中包含残留的 rRNA 及其他污染物（上一步中被洗脱下来但未再次完成特异结合）。

8）将样品管从磁力架上取下，加入 19.5 μl Elute Prime Fragment Mix，混匀，吹吸 6 次，此时混合液中含有随机引物及 cDNA 一链合成所需的 buffer，用于反转录反应，加好体系后将 Elute Prime Fragment Mix 放回−20℃冰箱储存。

温育 RFP（incubate RFP）

1）将样品放入 PCR 仪，打开预设程序 Elution2-Frag-Prime：94℃ 1 min，4℃保持。这一步将 mRNA 洗脱并片段化、引入随机引物。

2）当样品达到 4℃后取出，瞬时离心，迅速进行接下来的 cDNA 一链合成反应。

（2）cDNA 一链合成（synthesize first strand cDNA）

准备实验（preparation）

1）室温解冻 First Strand Master Mix，混匀，600 g，5 s 瞬离。

（注意：First Strand Master Mix 冻融 6 次以内较为稳定，如冻融 6 次以上，请提前分装。可以提前将 50 μl SuperScript Ⅱ 加入全部 FSA，预混后再分装，也可以现用现配。）

2）开启 PCR，设置 PCR 仪热盖 100℃，预设程序如下。

1st Strand：25℃，10 min；42℃，50 min；70℃，15 min；4℃，保持。

配制 CDP（make CDP）

1）将下列试剂按 1∶9 混合：

SuperScript Ⅱ　　　　　　　　　　　0.85 μl

First Strand Synthesis Act D Mix　　7.65 μl

注意：上述试剂用后立即放回–20℃冰箱。

2）将上一步的样品置于磁力架上 5 min 至液体完全澄清。

3）小心吸取 17 μl 上清至一个新的 PCR 小管中。

4）加入 8 μl 第一步配制的 FSA Mix 到样品中，轻轻吹吸 6 次至样品和反应体系完全混匀。

温育 1 CDP（incubate 1 CDP）

1）将样品放入 PCR 仪器，打开预设程序 1st Strand：

25℃，10 min；

42℃，50 min；

70℃，15 min；

4℃，保持。

2）当样品达到 4℃后取出，瞬时离心，迅速进行接下来的 cDNA 二链合成反应。

（3）cDNA 二链合成（synthesize second strand CDNA）

准备（preparation）

1）室温解冻 Second Strand Master Mix、Resuspension Buffer，混匀，600 g，5 s 瞬离。

2）取出 AMPure XP beads，在室温放置 30 min。

3）预热 PCR 仪至 16℃，配制 80%乙醇（现用现配）。

加入 SSM（add SSM）

每个样品加 25 μl Second Strand Master Mix，轻轻吹吸 6 次至完全混匀。

温育 2 CDP（incubate 2 CDP）

将样品放入预热的 PCR 仪中，打开程序：16℃ 1 h，待反应结束后，取出样品，置室温中，使样品平衡至室温。

纯化 CDP（purify CDP）

1）将提前在室温中放置 30 min 的 AMPure XP beads 进行充分涡旋混匀，向每管样品中加入 90 μl beads，轻轻吹吸 10 次至完全混匀。

2）将样品管于室温孵育 15 min，使样品和 beads 充分结合。

3）样品置于磁力架上 5 min，使所有 beads 都被吸附到磁力架一侧管壁后，小心吸取并弃除上清（135 μl）。

4）保持样品在磁力架上进行乙醇清洗操作：向样品管中加入 200 μl 80%新鲜配制的乙醇，不要触碰到 beads，室温放置 30 s，去上清。重复此步骤一次。

5）将乙醇吸弃干净后，室温干燥 15 min 至残留乙醇完全挥发。

6）将样品从磁力架中取出，加入 52 μl Resuspension Buffer（事先融化至室温后 600 g，5 s 瞬离），轻轻吹吸 10 次，混匀。

7）将样品于室温静置 2 min，洗脱 cDNA。

8）样品置于磁力架中 5 min，至 beads 都吸附到磁力架一侧管壁上。

9）小心吸取 50 μl 上清液转移至一个新的 0.3 ml PCR 小管中。

注意：此时可暂停实验，样品于–20℃保存一周。

（4）末端补平（perform end repair）

准备（preparation）

1）取出 End Repair Mix，室温解冻混匀。

2）提前预热 PCR 仪，设置热盖 100℃，预设程序"ATAIL70"：30℃，30 min；4℃，保持。

配制 IMP（make IMP）

1）配制下列成分的预混液：

Resuspension Buffer　　　　10 μl

End Repair Mix　　　　　　40 μl

2）向每一个处理样品中加入 50 μl 预混液，轻轻吹吸 10 次至完全混匀。

温育 1 IMP（incubate 1 IMP）

将样品放入预热的 PCR 仪中，打开程序：30℃ 30 min；待反应结束后，取出样品，放置室温中，使样品平衡至室温。

纯化 IMP（clean up IMP）

1）将提前在室温放置 30 min 的 AMPure XP beads 进行充分涡旋混匀，向每管样品中加入 160 μl beads，轻轻吹吸 10 次至完全混匀。

2）将样品管于室温孵育 15 min，使样品和 beads 充分结合。

3）样品置于磁力架中 5 min，使所有 beads 都被吸附到磁力架一侧管壁后，小心吸取并弃除上清（255 μl）。

4）保持样品在磁力架上进行乙醇清洗操作：向样品管中加入 200 μl 80% 新鲜配制的乙醇，不要触碰到 beads，室温放置 30 s，去上清。重复此步骤一次。

5）将乙醇吸弃干净后，室温干燥 15 min 去掉残留乙醇。

6）将样品从磁力架中取出，加入 17 μl Resuspension Buffer（事先融化至室温后 600 g，5 s 瞬离），轻轻吹吸 10 次，混匀。

7）将样品于室温静置 2 min，洗脱 cDNA。

8）样品置于磁力架中 5 min，至 beads 都吸附到磁力架一侧管壁上。

9）小心吸取 15 μl 上清转移至一个新的 0.3 ml PCR 小管中。

注意：此时可暂停实验，样品于 –20℃ 保存一周。

（5）3′端加 A 尾（adenylate 3′ends）

准备（preparation）

1）取出 A-Tailing Mix，室温解冻混匀。

2）取出 Resuspension Buffer（平衡至室温）。

3）提前预热 PCR 仪，设置热盖 100℃，预设程序"ATAIL70"：37℃，30 min；70℃，5 min；4℃，保持。

加入 ATL（add ATL）

1）每一样品加入下列试剂（可预混）：

Resuspension Buffer　　　　2.5 μl
A-Tailing Mix　　　　　　　12.5 μl

2）取 15 μl 步骤 1）中的预混液加入样品，轻轻吹吸 10 次至完全混匀。

温育 1 ALP（incubate 1 ALP）

将样品管放入 PCR 仪中，开启预设程序"ATAIL70"：

37℃，30 min；

70℃，5 min；

4℃，保持。

样品达到 4℃ 反应结束后，从 PCR 仪中取出样品管，立刻进行下一步加 Adapter 反应。

（6）加接头（ligate adapter）

准备（preparation）

1）先将下列试剂在室温解冻混匀，600 *g*，5 s 瞬离：

RNA Adapter Index

Stop Ligation Buffer

2）取出 Resuspension Buffer（平衡至室温）。

3）取出 AMPure XP beads，于室温平衡至少 30 min。

4）提前预热 PCR 仪，设置热盖 100℃，预设程序：30℃，10 min。

加入 LIG（add LIG）

1）每一样品加入下列试剂（可预混）：

Resuspension Buffer　　　　　2.5 μl

Ligation Mix　　　　　　　　2.5 μl

注意：Ligation Mix 用后立即放回–20℃冰箱。

2）取 5 μl 步骤 1）中的预混液加入样品。

3）取 2.5 μl 对应的 Adapter Index 加入样品，轻轻吹吸 10 次至完全混匀。

温育 2 ALP（incubate 2 ALP）

将样品放入 PCR 仪中，开启预设程序：30℃，10 min（37.5 μl 体系）。

加入 STL（add STL）

反应结束后，将样品从 PCR 仪中取出，加入 5 μl Stop Ligation Buffer，轻轻吹吸 10 次至混匀，将样品转移至 1.5 ml 离心管中。

纯化 ALP（clean up ALP）

1）将提前在室温放置 30 min 的 AMPure XP beads 进行充分涡旋混匀，向每管样品中加入 42 μl beads，轻轻吹吸 10 次至完全混匀。

2）将样品管于室温孵育 15 min，使样品和 beads 充分结合。

3）样品置于磁力架上静置 5 min，使所有 beads 都结合到磁力架一侧管壁后，小心吸取并弃除上清。

4）保持样品在磁力架上进行乙醇清洗操作：向样品管中加入 200 μl 80%新鲜配制的乙醇，不要触碰到 beads，室温放置 30 s，去上清。重复此步骤一次。

5）将乙醇吸弃干净后，室温干燥 15 min 去掉残留乙醇。

以下步骤用于片段选择。

a）将样品管从磁力架上取下，加入 102 μl 去离子水，轻轻吹吸 10 次混匀。

b）室温静置 2 min 洗脱后，将样品置于磁力架中 5 min，使 beads 吸附到磁力架一侧管壁。

c）小心吸取 100 μl 上清，转移至新的 1.5 ml 离心管中。

　　d）向上述 100 µl 上清中，加入 60 µl（100 µl 的 0.6 倍体积）充分涡旋混匀的 AMPure XP beads，轻轻吹吸 10 次混匀。

　　e）将样品管于室温孵育 15 min，使样品和 beads 充分结合。

　　f）样品置于磁力架上静置 5 min，使所有 beads 都结合到磁力架一侧管壁。

　　g）小心吸取全部上清（158 µl）转移至新的 1.5 ml 离心管中。

　　h）向样品管中加入 20 µl（100 µl 的 0.2 倍体积）充分涡旋混匀的 AMPure XP beads，轻轻吹吸 10 次混匀。

　　i）将样品管于室温孵育 15 min，使样品和 beads 充分结合。

　　j）样品置于磁力架上静置 5 min，使所有 beads 都结合到磁力架一侧管壁后，小心吸取并弃除上清。

　　k）保持样品在磁力架上进行乙醇清洗操作：向样品管中加入 200 µl 80%新鲜配制的乙醇，不要触碰到 beads，室温放置 30 s，去上清。重复此步骤一次。

　　l）将乙醇吸弃干净后，室温干燥 15 min 去掉残留乙醇。

　　6）将样品从磁力架中取出，加入 22.5 µl Resuspension Buffer（事先融化至室温后 600 g，5 s 瞬离），轻轻吹吸 10 次，混匀。

　　7）将样品于室温静置 2 min，洗脱样品。

　　8）样品置于磁力架上静置 5 min，至 beads 都吸附到磁力架一侧管壁上。

　　9）小心吸取 20 µl 上清液转移至一个新的 0.3 ml PCR 小管中。

　　注意：此时可暂停实验，样品可置于–20℃冰箱中保存一周。

（7）DNA 片段扩增（enrich DNA fragment）

　　准备（preparation）

　　1）提前将下列试剂从–20℃冰箱中取出，于室温解冻混匀，600 g，5 s 瞬离：

PCR Master Mix

PCR Primer Cocktail

　　2）取出 Resuspension Buffer（平衡至室温）。

　　3）取出 AMPure XP beads，于室温平衡至少 30 min。

　　4）提前预热 PCR 仪，设置热盖 100℃，预设程序 PCR。

98℃，30 s。

15 个循环：

　　　98℃，10 s；

　　　60℃，30 s；

　　　72℃，30 s。

72℃，5 min。

4℃，保持。

准备 PCR 预混液（make PCR）

1）每一样品加入下列试剂（可预混）：

PCR Primer Cocktail　　　5 μl

PCR Master Mix　　　　　25 μl

2）取 30 μl 步骤 1）中的预混液加入样品，轻轻吹吸 10 次至完全混匀。

PCR 扩增（amp PCR）

1）将样品放入提前预热的 PCR 仪，开启预设程序 PCR 进行扩增（50 μl 体系）。

98℃，30 s。

15 个循环：

　　98℃，10 s；

　　60℃，30 s；

　　72℃，30 s。

72℃，5 min。

4℃，保持。

2）扩增结束后，将 PCR 产物转移至新的 1.5 ml 离心管中。

纯化 PCR 产物（clean up PCR）

1）将提前在室温放置 30 min 的 AMPure XP beads 进行充分涡旋混匀，向每管样品中加入 50 μl beads，轻轻吹吸 10 次至完全混匀。

2）将样品管于室温孵育 15 min，使样品和 beads 充分结合。

3）样品置于磁力架中 5 min，使所有 beads 都结合到磁力架一侧管壁后，小心吸取并弃除上清。

4）保持样品在磁力架上进行乙醇清洗操作：向样品管中加入 200 μl 80% 新鲜配制的乙醇，不要触碰到 beads，室温放置 30 s，去上清。重复此步骤一次。

5）将乙醇吸弃干净后，室温干燥 15 min 去掉残留乙醇。

以下步骤用于片段选择。

a）将样品管从磁力架上取下，加入 102 μl 去离子水，轻轻吹吸 10 次混匀。

b）室温静置 2 min 洗脱后，将样品置于磁力架中 5 min，使 beads 吸附到磁力架一侧管壁。

c）小心吸取 100 μl 上清转移至新的 1.5 ml 离心管中。

d）向上述 100 μl 上清中，加入 60 μl（100 μl 的 0.6 倍体积）充分涡旋混匀的 AMPure XP beads，轻轻吹吸 10 次混匀。

e）将样品管于室温孵育 15 min，使样品和 beads 充分结合。

f）样品置于磁力架中 5 min，使所有 beads 都结合到磁力架一侧管壁。

g）小心吸取全部上清（158 μl），转移至新的 1.5 ml 离心管中。

h）向样品管中加入 20 μl（100 μl 的 0.2 倍体积）充分涡旋混匀的 AMPure XP beads，轻轻吹吸 10 次混匀。

i）将样品管于室温孵育 15 min，使样品和 beads 充分结合。

j）样品置于磁力架上静置 5 min，使所有 beads 都结合到磁力架一侧管壁后，小心吸取并弃除上清。

k）保持样品在磁力架上进行乙醇清洗操作：向样品管中加入 200 μl 80%新鲜配制的乙醇，不要触碰到 beads，室温放置 30 s，去上清。重复此步骤一次。

l）将乙醇吸弃干净后，室温干燥 15 min 挥发掉残留乙醇。

6）将样品从磁力架中取出，加入 22.5 μl Resuspension Buffer（事先融化至室温后 600 g，5 s 瞬离），轻轻吹吸 10 次，混匀。

7）将样品于室温静置 2 min，洗脱样品。

8）样品置于磁力架上静置 5 min，至 beads 都吸附到磁力架一侧管壁上。

9）小心吸取 20 μl 上清，转移至一个新的 1.5 ml 离心管中。

注意：此时可暂停实验，样品可置于–20℃冰箱中保存一周。

（二）Illumina TruSeq 链特异性 mRNA 测序建库（Catalog # RS-122-9004 DOC Part # 15031047 Rev. E）

1. 目的

利用 Illumina TruSeq Stranded mRNA Sample Preparation Kit 构建链特异性的 mRNA 测序文库。

2. 流程

对总 RNA 进行 mRNA 纯化→RNA 打断→cDNA 第一链合成→cDNA 第二链合成→AMPure XP beads 纯化→3′端加 A 尾→加接头→AMPure XP beads 纯化→PCR 扩增→AMPure XP beads 纯化→检验制备的链特异性的 mRNA 测序文库的质量。

3. 推荐使用的试剂盒

Illumina TruSeq Stranded mRNA Sample Preparation Kit. Catalog # RS-122-9004DOC Part # 15031047 Rev. E。

4. Illumina TruSeq 链特异性 mRNA 建库实验操作

针对单次建库的不同样本数，可选试剂盒类型见下表。

类别	低样本量（low sample）	高样本量（high sample）
LT Kit -单次实验样本量	≤48 个 Indexed Adapter 管	>48 个 Indexed Adapter 管
HT Kit -单次实验样本量	≤24 个 Indexed Adapter 板	>24 个 Indexed Adapter 板
反应板型	96 孔 0.3ml PCR 管/MIDI	96 孔 HSP/MIDI

Illumina 推荐的样品数和试剂盒选取：

单次实验样本量	推荐试剂盒
<24	LT
24~48	LT 或 HT
>48	HT

Illumina 推荐的试剂盒和建库类型选取：

试剂盒	试剂盒推荐的样品反应数	单次实验样本量	类型
LT	48	≤48	低样本量
		>48	高样本量
HT	96	≤24	低样本量
		>24	高样本量

　　下面以小于 24 个样品建库，文库插入片段为 300 bp 为例（低样本量）进行介绍。

（1）mRNA 纯化及片段化（purify and fragment mRNA）

准备（preparation）

1）从 2~8℃冰箱中取出 RNA Purification Beads，在室温下平衡 30 min，使其达到室温。

2）下列试剂室温解冻混匀，600 g、5 s 瞬离：Bead Binding Buffer、Bead Washing Buffer、Elution Buffer、Fragment Prime Finish Mix、Resuspension Buffer。

注意：Resuspension Buffer 首次解冻之后可以储存在 2~8℃；Bead Binding Buffer、Bead Washing Buffer 和 Elution Buffer 解冻后可暂放 2~8℃用于本次实验。

3）准备 0.3 ml PCR 管，开启 PCR，设置 PCR 仪热盖 100℃，预设程序如下。

mRNA Denaturation：65℃，5 min；4℃，保持。

mRNA Elution1：80℃，2 min；25℃，保持。

Elution2-Frag-Prime：94℃，1 min（具体时间可根据建库片段长度进行调节，插入片段短时，反应时间可略长，如插入片段在 120~200 bp 时，反应时间可为 8 min），4℃，保持。

配制 RBP（make RBP）

1）取 0.1~4 μg 总 RNA（1~50 μl），用 Nuclease-free 的去离子水补充至 RNA 总体积为 50 μl。

2）将提前在室温放置 30 min 的 RNA Purification Beads 剧烈涡旋，注意这一步一定要将 Oligo-dT beads 充分混匀。

3）向加水稀释好的每一个 50 μl 的 RNA 样品中加 50 μl RNA Purification Beads，轻柔吹吸 6 次，混匀。

温育 RBP（incubate 1 RBP）

1）将混好 beads 的 RNA 样品放到预热好的 PCR 仪中，关上热盖，启动预设程序 mRNA Denaturation：65℃，5 min；4℃，保持。

2）当样品达到 4℃后，从 PCR 仪中取出，室温放置 5 min，使带有 polyA 的 mRNA 能结合到含 Oligo-dT 的 beads 上。

清洗 RBP（wash RBP）

1）将样品放到磁力架上 5 min，使结合有 polyA RNA 的 beads 与液体分离，吸附到管壁上。

2）小心将上清液体吸出并弃除，将样品管从磁力架上取下。

3）向每一样品管中加入 200 μl Bead Washing Buffer，轻轻吸打 6 次混匀。

4）再次置于磁力架上 5 min，使 beads 完全与液体分离，吸附到管壁上。

5）将已经融化好的 Elution Buffer 进行瞬时离心，600 g 离心 5 s。

6）弃除样品管中的上清液体，废液中包含有大部分的核糖体 RNA 及其他的非信使 RNA。

7）取下样品管，向其中加入 50 μl Elution Buffer，轻轻吹吸 6 次，充分混匀（将 Elution Buffer 于 4℃储存）。

温育 2 RBP（incubate 2 RBP）

1）将样品放入 PCR 仪器，打开预设程序 mRNA Elution1：80℃，2 min；25℃，保持。这一步将 mRNA 和一些非特异性吸附在 beads 上的 rRNA 都洗脱下来。

2）当样品达到 25℃后取出，放置于室温。

配制 RFP（make RFP）

1）将已经融化好的 Bead Binding Buffer 进行瞬时离心，600 g 离心 5 s。

2）向每个样品管中加入 50 μl Bead Binding Buffer，室温 5 min，使 mRNA 特异地重新结合到 beads 上，减少 rRNA 等一些非特异结合的杂质含量。轻轻吹吸 6 次，充分混匀。

3）将样品在室温放置 5 min，使用完的 Bead Binding Buffer 保存在 2～8℃。

4）将样品放到磁力架上静置 5 min，使 beads 充分吸附到管壁上。

5）小心吸出并弃除所有上清液体，从磁力架上取下样品管，加入 200 μl Bead Washing Buffer 清洗一次，轻轻吹吸 6 次混匀。

6）再次将样品管置于磁力架上，室温静置 5 min。

7）小心吸出并弃除所有上清液体，上清液中包含残留的 rRNA 及其他污染物（上一步中被洗脱下来但未再次完成特异结合）。

8）将样品管从磁力架上取下，加入 19.5 µl Fragment Prime Finish Mix，混匀，吹吸 6 次，此混合液中含有随机引物及 cDNA 一链合成所需 buffer，用于反转录反应，加好体系后将 Fragment Prime Finish Mix 放回–20℃冰箱保存。

温育 RFP（incubate RFP）

1）将样品放入 PCR 仪器，打开预设程序 Elution2-Frag-Prime：94℃，1 min；4℃，保持。这一步将 mRNA 洗脱并片段化、引入随机引物。

2）当样品达到 4℃后取出，瞬时离心，迅速进行接下来的 cDNA 一链合成反应。

（2）cDNA 一链合成（synthesize first strand cDNA）

准备（preparation）

1）室温解冻 First Strand Synthesis Act D Mix（FSA），混匀，600 g，5 s 瞬离。

注意：FSA 冻融 6 次以内较为稳定，如冻融 6 次以上，请提前分装。可以提前将 50 µl SuperScript II 加入全部 FSA，预混后再分装，也可以现用现配。

2）开启 PCR，设置 PCR 仪热盖 100℃，预设程序如下：

25℃，10 min；

42℃，15 min；

70℃，15 min；

4℃，保持。

配制 CDP（make CDP）

1）将下列试剂按 1∶9 混合：

SuperScript II　　　　　　　　　0.85 µl

First Strand Synthesis Act D Mix　　7.65 µl

注意：上述试剂用后立即放回–20℃。

2）将上一步的样品置于磁力架上 5 min 至液体完全澄清。

3）小心吸取 17 µl 上清至一个新的 PCR 小管中。

4）加入 8 µl 第一步配制的 FSA Mix 到样品中，轻轻吹吸 6 次至样品和反应体系完全混匀。

温育 CDP（incubate 1 CDP）

1）将样品放入 PCR 仪器，打开预设程序合成第一链：

25℃，10 min；

42℃，15 min；

70℃，15 min；

4℃，保持。

2）当样品达到 4℃后取出，瞬时离心，迅速进行接下来的 cDNA 二链合成反应。

（3）cDNA 二链合成（synthesize second strand cDNA）

准备（preparation）

1）室温解冻以下试剂：Second Strand Marking Master Mix（SMM）、Resuspension Buffer（平衡至室温），混匀，600 g，5 s 瞬时离心。

2）取出 AMPure XP beads，在室温放置 30 min。

3）预热 PCR 至 16℃，配制 80%乙醇（现用现配）。

加入 SMM（add SMM）

1）每一样品加入下列试剂（可预混）：

Resuspension Buffer　　5 μl
SMM　　　　　　　　20 μl

2）加 25 μl 步骤 1）中的预混液，轻轻吹吸 6 次至完全混匀。

温育 2 CDP（50 μl 体系）（incubate 2 CDP）

将样品放入预热的 PCR 仪中，打开程序：16℃，1 h，待反应结束后，取出样品，放室温中，使样品平衡至室温。

纯化 CDP（purify CDP）

1）将提前在室温放置 30 min 的 AMPure XP beads 进行充分涡旋混匀，向每管样品中加入 90 μl beads，轻轻吹吸 10 次至完全混匀。

2）将样品管于室温孵育 15 min，使样品和 beads 充分结合。

3）样品置于磁力架上静置 5 min，使所有 beads 都结合到磁力架一侧管壁后，小心吸取并弃除上清（135 μl）。

4）保持样品在磁力架上进行乙醇清洗操作：向样品管中加入 200 μl 80%新鲜配制的乙醇，不要触碰到 beads，室温放置 30 s，去上清。重复此步骤一次。

5）将乙醇吸弃干净后，室温干燥 15 min 挥发掉残留乙醇。

6）将样品从磁力架中取出，加入 17.5 μl Resuspension Buffer（事先融化至室温后 600 g，5 s 瞬离），轻轻吹吸 10 次，混匀。

7）将样品于室温静置 2 min，洗脱 cDNA。

8）样品置于磁力架上静置 5 min，至 beads 都吸附到磁力架一侧管壁上。

9）小心吸取 15 μl 上清转移至一个新的 0.3 ml PCR 小管中。

注意：此时可暂停实验，样品可置于–20℃冰箱中保存一周。

（4）3′端加 A 尾（adenylate 3′ end）

准备（preparation）

1）取出 A-Tailing Mix 室温解冻混匀。

2）取出 Resuspension Buffer（平衡至室温）。

3）提前预热 PCR 仪，设置热盖 100℃，预设程序"ATAIL70"：37℃，30 min；70℃，5 min；4℃，保持。

加入 ATL（add ATL）

1）每一样品加入下列试剂（可预混）：

Resuspension Buffer　　　　　2.5 μl

A-Tailing Mix　　　　　　　　12.5 μl

2）取 15 μl 步骤 1）中的预混液加入样品，轻轻吹吸 10 次至完全混匀。

温育 1 ALP（PCR 30 μl 体系）（incubate 1 ALP）

将样品管放入 PCR 仪中，开启预设程序"ATAIL70"：

37℃，30 min；

70℃，5 min；

4℃，保持。

样品达到 4℃反应结束后，从 PCR 仪中取出样品管，立刻进行下一步加接头反应。

（5）加接头（ligate adapters）

准备（preparation）

1）先将下列试剂在室温解冻混匀，600 g，5 s 瞬离：

RNA Adapter Index

Stop Ligation Buffer

2）取出 Resuspension Buffer（平衡至室温）。

3）取出 AMPure XP beads，于室温平衡至少 30 min。

4）提前预热 PCR 仪，设置热盖 100℃，预设程序：30℃，10 min。

加入 LIG（add LIG）

1）每一样品加入下列试剂（可预混）：

Resuspension Buffer　　　　　2.5 μl

Ligation Mix　　　　　　　　2.5 μl

注意：Ligation Mix 用后立即放回–20℃。

2）取 5 μl 步骤 1）中的预混液加入样品。

3）取 2.5 μl 对应的 Adapter Index 加入样品，轻轻吹吸 10 次至完全混匀。

温育 2ALP（incubate 2 ALP）

将样品放入 PCR 仪中，开启预设程序：30℃，10 min（37.5 μl 体系）。

加入 STL（add STL）

反应结束后，将样品从 PCR 仪中取出，加入 5 μl Stop Ligation Buffer，轻轻吹吸 10 次至混匀，将样品转移至 1.5 ml 离心管中。

纯化 ALP（clean up ALP）

1）将提前在室温放置 30 min 的 AMPure XP beads 进行充分涡旋混匀，向每管样品中加入 42 μl beads，轻轻吹吸 10 次至完全混匀。

2）将样品管于室温孵育 15 min，使样品和 beads 充分结合。

3）样品置于磁力架上静置 5 min，使所有 beads 都结合到磁力架一侧管壁后，小心吸取并弃除上清。

4）保持样品在磁力架上进行乙醇清洗操作：向样品管中加入 200 μl 80%新鲜配制的乙醇，不要触碰到 beads，室温放置 30 s，去上清。重复此步骤一次。

5）将乙醇吸弃干净后，室温干燥 15 min 去掉残留乙醇。

以下步骤用于片段选择。

a）将样品管从磁力架上取下，加入 102 μl 去离子水，轻轻吹吸 10 次混匀。

b）室温静置 2 min 洗脱后，将样品置于磁力架上静置 5 min，使 beads 吸附到磁力架一侧管壁。

c）小心吸取 100 μl 上清转移至新的 1.5 ml 离心管中。

d）向上述 100 μl 上清中，加入 60 μl（100 μl 的 0.6 倍体积）充分涡旋混匀的 AMPure XP beads，轻轻吹吸 10 次混匀。

e）将样品管于室温孵育 15 min，使样品和 beads 充分结合。

f）样品置于磁力架中 5 min，使所有 beads 都结合到磁力架一侧管壁。

g）小心吸取全部上清（158 μl）转移至新的 1.5 ml 管中。

h）向样品管中加入 20 μl（100 μl 的 0.2 倍体积）充分涡旋混匀的 AMPure XP beads，轻轻吹吸 10 次混匀。

i）将样品管于室温孵育 15 min，使样品和 beads 充分结合。

j）样品置于磁力架上静置 5 min，使所有 beads 都结合到磁力架一侧管壁后，小心吸取并弃除上清。

k）保持样品在磁力架上进行乙醇清洗操作：向样品管中加入 200 μl 80%新鲜配制的乙醇，不要触碰到 beads，室温放置 30 s，去上清。重复此步骤一次。

l）将乙醇吸弃干净后，室温干燥 15 min 挥发掉残留乙醇。

6）将样品从磁力架中取出，加入 22.5 μl Resuspension Buffer（事先融化至室温后 600 g，5 s 瞬离），轻轻吹吸 10 次，混匀。

7）将样品于室温静置 2 min，洗脱样品。

8）样品置于磁力架中 5 min，至 beads 都吸附到磁力架一侧管壁上。

9）小心吸取 20 μl 上清转移至一个新的 0.3 ml PCR 小管中。

注意：此时可暂停实验，样品可置于–20℃冰箱保存一周。

（6）DNA 片段扩增（enrich DNA fragment）

准备（preparation）

1）提前将下列试剂从–20℃冰箱取出，于室温解冻混匀，600 *g*，5 s 瞬离：

PCR Master Mix

PCR Primer Cocktail

2）取出 Resuspension Buffer（平衡至室温）。

3）取出 AMPure XP beads，于室温平衡至少 30 min。

4）提前预热 PCR 仪，设置热盖 100℃，预设程序 PCR。

98℃，30 s。

15 个循环：

    98℃，10 s；

    60℃，30 s；

    72℃，30 s。

72℃，5 min。

4℃，保持。

配制 PCR 溶液（make PCR）

1）每一样品加入下列试剂（可预混）：

PCR Primer Cocktail   5 μl

PCR Master Mix   25 μl

2）取 30 μl 步骤 1）中的预混液加入样品，轻轻吹吸 10 次至完全混匀。

PCR 扩增（amp PCR）

1）将样品放入提前预热的 PCR 仪，开启预设程序 PCR 进行扩增（50 μl 体系）。

98℃，30 s。

15 个循环：

    98℃，10 s；

    60℃，30 s；

    72℃，30 s。

72℃，5 min。

4℃，保持。

2）扩增结束后，将 PCR 产物转移至新的 1.5 ml 离心管中。

纯化 PCR 产物（clean up PCR）

1）将提前在室温放置 30 min 的 AMPure XP beads 进行充分涡旋混匀，向每管样品中加入 50 μl beads，轻轻吹吸 10 次至完全混匀。

2）将样品管于室温孵育 15 min，使样品和 beads 充分结合。

3）样品置于磁力架上静置 5 min，使所有 beads 都结合到磁力架一侧管壁后，小心吸取并弃除上清。

4）保持样品在磁力架上进行乙醇清洗操作：向样品管中加入 200 μl 80%新鲜配制的乙醇，不要触碰到 beads，室温放置 30 s，去上清。重复此步骤一次。

5）将乙醇吸弃干净后，室温干燥 15 min 挥发掉残留乙醇。

以下步骤用于片段选择。

a）将样品管从磁力架上取下，加入 102 μl 去离子水，轻轻吹吸 10 次混匀。

b）室温静置 2 min 洗脱后，将样品置于磁力架上静置 5 min，使 beads 吸附到磁力架一侧管壁。

c）小心吸取 100 μl 上清转移至新的 1.5 ml 离心管中。

d）向上述 100 μl 上清中，加入 60 μl（100 μl 的 0.6 倍体积）充分涡旋混匀的 AMPure XP beads，轻轻吹吸 10 次混匀。

e）将样品管于室温孵育 15 min，使样品和 beads 充分结合。

f）样品置于磁力架上静置 5 min，使所有 beads 都结合到磁力架一侧管壁。

g）小心吸取全部上清（158 μl）转移至新的 1.5 ml 离心管中。

h）向样品管中加入 20 μl（100 μl 的 0.2 倍体积）充分涡旋混匀的 AMPure XP beads，轻轻吹吸 10 次混匀。

i）将样品管于室温孵育 15 min，使样品和 beads 充分结合。

j）样品置于磁力架上静置 5 min，使所有 beads 都结合到磁力架一侧管壁后，小心吸取并弃除上清。

k）保持样品在磁力架上进行乙醇清洗操作：向样品管中加入 200 μl 80%新鲜配制的乙醇，不要触碰到 beads，室温放置 30 s，去上清。重复此步骤一次。

l）将乙醇吸弃干净后，室温干燥 15 min 挥发掉残留乙醇。

6）将样品从磁力架中取出，加入 22.5 μl Resuspension Buffer（事先融化至室温后 600 g，5 s 瞬离），轻轻吹吸 10 次，混匀。

7）将样品于室温静置 2 min，洗脱样品。

8）样品置于磁力架上静置 5 min，至 beads 都吸附到磁力架一侧管壁上。

9）小心吸取 20 μl 上清转移至一个新的 1.5 ml 离心管中。

注意：此时可暂停实验，样品可置于−20℃冰箱保存一周。

（三）Illumina TruSeq 链特异性 Total RNA 测序建库（Catalog # RS-122-9007DOC Part # 15031048 Rev. E）

1. 目的

利用 Illumina TruSeq Stranded Total RNA Sample Preparation Kit 构建链特异性的 Ribo-Zero RNA 测序文库。

2. 流程

对 Total RNA 进行 Ribo-Zero Deplete→RNA 片段化→cDNA 第一链合成→cDNA 第二链合成→AMPure XP beads 纯化→3′端加 A 尾→加接头→AMPure XP beads 纯化→PCR 扩增→AMPure XP beads 纯化→检验制备的链特异性 Ribo-Zero RNA 测序文库的质量。

3. 推荐使用的试剂盒

Illumina TruSeq Stranded Total RNA Sample Preparation Kit. Catalog # RS-122-9007DOC Part # 15031048 Rev. E。

4. Illumina TruSeq 链特异性 Total RNA 建库实验操作

链特异性的 Total RNA 建库试剂盒包括以下几种：TruSeq Stranded Total RNA with Ribo-Zero™ Human/Mouse/Rat、TruSeq Stranded Total RNA with Ribo-Zero Gold，以及 TruSeq Stranded Total RNA with Ribo-Zero Globin（适用于人、小鼠及大鼠材料），而 TruSeq Stranded Total RNA with Ribo-Zero Plant 适用于植物材料。这几种建库类型的流程是相同的。

针对单次建库的不同样本数，可选试剂盒类型见下表。

类别	低样本量（low sample）	高样本量（high sample）
LT Kit-单次实验样本量	≤48 个 Indexed Adapter 管	> 48 个 Indexed Adapter 管
HT Kit-单次实验样本量	≤24 个 Indexed Adapter 板	> 24 个 Indexed Adapter 板
反应板型	96 孔 0.3 ml PCR 管/MIDI	96 孔 HSP/MIDI

Illumina 推荐的样品数和试剂盒选取：

单次实验样本量	推荐试剂盒
<24	LT
24~48	LT 或 HT
>48	HT

Illumina 推荐的试剂盒和建库类型选取：

试剂盒	试剂盒推荐的样品反应数	单次实验样本量	类型
LT	48	≤48	低样本量
		>48	高样本量
HT	96	≤24	低样本量
		>24	高样本量

下面以小于 24 个样品建库，文库插入片段为 300 bp 为例（低样本量）进行介绍。

（1）rRNA 的去除及 RNA 的片段化（Ribo-Zero deplete and fragment RNA）

准备（preparation）

1）从 2~8℃冰箱中取出 rRNA Removal Beads 平衡至室温。

2）取出 RNAClean XP beads，室温平衡至少 30 min。

3）下列试剂室温解冻混匀，600 g，5 s 瞬离：rRNA Binding Buffer、rRNA Removal Mix、Elute Prime Fragment Mix、Resuspension Buffer、Elution Buffer。

注意：Resuspension Buffer 首次解冻之后可以储存在 2~8℃冰箱；rRNA Binding Buffer 和 Elution Buffer 解冻后可暂放 2~8℃冰箱用于本次实验。

4）准备 0.3 ml PCR 管，开启 PCR 仪，设置 PCR 仪热盖 100℃，预设程序如下。

RNA Denaturation：68℃，5 min。

Elution 2-Frag-Prime：94℃，1 min（具体时间可根据建库片段长度进行调节，插入片段短时，反应时间可略长，如插入片段在 120~200 bp 时，反应时间可为 8 min）。

4℃，保持。

配制 BRP（make BRP）

1）取 0.1~1 μg total RNA（1~10 μl），用去离子水补充至 RNA 总体积为 10 μl。

2）加入已经室温融化好的 5 μl rRNA Binding Buffer。

3）加入 5 μl rRNA Removal Mix，轻轻吹吸 6 次至完全混匀。

此步完成后，将 rRNA Binding Buffer、rRNA Removal Mix 放回–20℃冰箱保存。

温育 1 BRP（incubate 1 BRP）

1）将混好的 RNA 样品放到预热好的 PCR 仪中，关上热盖，启动预设程序。

RNA Denaturation：68℃，5 min 变性 RNA。

2）当样品达到 25℃后，从 PCR 仪中取出，室温放置 1 min。

配制 RRP（make RRP）

1）用涡旋仪剧烈涡旋 rRNA Removal Beads（提前室温平衡）使之完全混匀，

向若干个新的 1.5 ml 离心管（有几个样品加几管）中各加入 35 μl rRNA Removal Beads。

2）将 PCR 小管中的 20 μl 样品全部吸出，加入到上一步中已经加好 rRNA Removal Beads 的 1.5 ml 离心管中，用移液器在管底部快速吹吸 20 次（注意：勿产生气泡！）至完全混匀，将样品置于室温翻转 1 min。

3）将样品管置于磁力架上 1 min 至澄清，转移全部上清至新的 1.5 ml 离心管中（注意：勿带 beads！建议先将下步中的 RNAClean XP beads 加入管中）。

4）此步结束后将 rRNA Removal Beads 放回 4℃冰箱内保存。

纯化 PCR 产物（clean up RCP）

1）将提前室温平衡的 RNAClean XP beads 涡旋混匀，向每个样品中加入 99 μl RNAClean XP beads（若初始的 RNA 有降解，则加 193 μl beads）。

2）将加好 RNAClean XP beads 的样品管于室温翻转 15 min。

3）将样品管置于磁力架上 5 min，使 RNAClean XP beads 均吸附到磁力架一侧管壁上，小心吸取并弃除上清液体。

4）保持样品管在磁力架上，进行下面的乙醇清洗操作：加入 200 μl 新鲜配制的 70%乙醇（RNase free），不要触碰到 beads，室温静置 30 s 后，吸弃上清。

5）将样品管于室温干燥 15 min，去掉残留乙醇。

6）向干燥好的样品管中加入 11 μl Elution Buffer（室温融化好并瞬离），轻轻吹吸 10 次至混匀。

7）室温放置 2 min，使样品从 beads 上洗脱。

8）将样品管置于磁力架上 5 min，使 beads 吸附到磁力架一侧管壁上。

9）小心吸取并转移 8.5 μl 上清至新的 0.3 ml PCR 管中。

10）加入 8.5 μl Elute Prime Fragment Mix，轻轻吹吸 10 次至完全混匀。

此步完成之后将 Elution Buffer 放回 4℃冰箱。

温育 1 DFP（incubate 1 DFP）（17 μl 体系）

1）将样品管放到预热好的 PCR 仪中，关上热盖，启动预设程序。

Elution 2 - Frag - Prime：94℃，1 min；4℃，保持。

2）当样品达到 4℃后，从 PCR 仪中取出，瞬离。立即进行 cDNA 一链合成反应。

（2）cDNA 一链合成（synthesize first strand cDNA）

准备（preparation）

1）室温解冻 First Strand Synthesis Act D Mix（FSA），混匀，600 g，5 s 瞬离。

注意：FSA 冻融 6 次以内较为稳定，如冻融 6 次以上，请提前分装。可以提前将 50 μl SuperScript Ⅱ 加入全部 FSA，预混后再分装，也可以现用现配。

2）开启 PCR 仪，设置 PCR 仪热盖 100℃，预设程序如下：

25℃，10 min；

42℃，15 min；

70℃，15 min；

4℃，保持。

加入 FSA（add FSA）

1）将下列试剂按 1：9 混合：

SuperScript Ⅱ　　　　　　　　　0.85 μl

First Strand Synthesis Act D Mix　　7.65 μl

注意：上述试剂用后立即放回-20℃冰箱。

2）将上一步的样品置于磁力架上 5 min 至液体完全澄清。

3）小心吸取 17 μl 上清至一个新的 PCR 小管中。

4）加入 8 μl 第一步配制的 FSA Mix 到样品中；轻轻吹吸 6 次至样品和反应体系完全混匀。

温育 2DFP（incubate 2 DFP）（25 μl 体系）

1）将样品放入 PCR 仪器，打开预设程序"Synthesize 1st Strand"：

25℃，10 min；

42℃，15 min；

70℃，15 min；

4℃，保持。

2）当样品达到 4℃后取出，瞬时离心，迅速进行接下来的 cDNA 二链合成反应。

（3）cDNA 二链合成（synthesize second strand cDNA）

准备（preparation）

1）室温解冻 Second Strand Marking Master Mix（SMM）、Resuspension Buffer（平衡至室温），混匀，600 g，5 s 瞬时离心。

2）AMPure XP beads 在室温放置 30 min。

3）预热 PCR 至 16℃，配制 80%乙醇（现用现配）。

加入 SMM（add SMM）

1）每一样品加入下列试剂（可预混）：

Resuspension Buffer　　5 μl

SMM　　　　　　　　　20 μl

2）加 25 μl 步骤 1）中的预混液，轻轻吹吸 6 次至完全混匀。

温育 3DFP（incubate 3 DFP）（50 μl 体系）

将样品放入预热的 PCR 仪中，打开程序：16℃，1 h，待反应结束后，取出样品，置室温中，使样品平衡至室温。

纯化 DFP（clean up DFP）

1）将提前在室温放置 30 min 的 AMPure XP beads 进行充分涡旋混匀，向每管样品中加入 90 μl beads，轻轻吹吸 10 次至完全混匀。

2）将样品管于室温孵育 15 min，使样品和 beads 充分结合。

3）样品置于磁力架上静置 5 min，使所有 beads 都结合到磁力架一侧管壁后，小心吸取并弃除上清（135 μl）。

4）保持样品在磁力架上进行乙醇清洗操作：向样品管中加入 200 μl 80% 新鲜配制的乙醇，不要触碰到 beads，室温放置 30 s，去上清。重复此步骤一次。

5）将乙醇吸弃干净后，室温干燥 15 min 挥发掉残留乙醇。

6）将样品从磁力架中取出，加入 17.5 μl Resuspension Buffer（事先融化至室温后 600 g，5 s 瞬离），轻轻吹吸 10 次，混匀。

7）将样品于室温静置 2 min，洗脱 cDNA。

8）样品置于磁力架上静置 5 min，至 beads 都吸附到磁力架一侧管壁上。

9）小心吸取 15 μl 上清转移至一个新的 0.3 ml PCR 小管中。

注意：此时可暂停实验，样品可置于 –20℃ 冰箱保存一周。

（4）3′端加 A 尾（adenylate 3′ end）

准备（preparation）

1）取出 A-Tailing Mix 室温解冻混匀。

2）Resuspension Buffer 平衡至室温。

3）提前预热 PCR 仪，设置热盖 100℃，预设程序 ATAIL70：37℃，30 min；70℃，5 min；4℃，保持。

加入 ATL（add ATL）

1）每一样品加入下列试剂（可预混）：

Resuspension Buffer　　　　　2.5 μl
A-Tailing Mix　　　　　　　　12.5 μl

2）取 15 μl 步骤 1）中的预混液加入样品，轻轻吹吸 10 次至完全混匀。

温育 1 ALP（incubate 1 ALP）（PCR 30 μl 体系）

将样品管放入 PCR 仪中，开启预设程序 ATAIL70：

37℃，30 min；

70℃，5 min；

4℃，保持。

　　样品达到 4℃反应结束后，从 PCR 仪中取出样品管，立刻进行下一步加 Adapter 反应。

（5）加接头（ligate adapter）

　　准备（preparation）

　　1）先将下列试剂在室温解冻混匀，600 g，5 s 瞬离：

RNA Adapter Index

Stop Ligation Buffer

　　2）取出 Resuspension Buffer 平衡至室温。

　　3）取出 AMPure XP beads，于室温平衡至少 30 min。

　　4）提前预热 PCR 仪，设置热盖 100℃，预设程序：30℃，10 min。

　　加入 LIG（add LIG）

　　1）每一样品加入下列试剂（可预混）：

Resuspension Buffer　　　　　2.5 μl

Ligation Mix　　　　　　　　2.5 μl

注意：Ligation Mix 用后立即放回−20℃冰箱。

　　2）取 5 μl 步骤 1）中的预混液加入样品。

　　3）取 2.5 μl 对应的 Adapter Index 加入样品，轻轻吹吸 10 次至完全混匀。

　　温育 2ALP（incubate 2 ALP）

将样品放入 PCR 仪中，开启预设程序：30℃，10 min。

　　加入 STL（add STL）

反应结束后，将样品从 PCR 仪中取出，加入 5 μl Stop Ligation Buffer，轻轻吹吸 10 次至混匀，将样品转移至 1.5 ml 离心管中。

　　纯化 ALP（clean up ALP）

　　1）将提前在室温放置 30 min 的 AMPure XP beads 进行充分涡旋混匀，向每管样品中加入 42 μl beads，轻轻吹吸 10 次至完全混匀。

　　2）将样品管于室温孵育 15 min，使样品和 beads 充分结合。

　　3）样品置于磁力架上静置 5 min，使所有 beads 都结合到磁力架一侧管壁后，小心吸取并弃除上清。

　　4）保持样品在磁力架上进行乙醇清洗操作：向样品管中加入 200 μl 80%新鲜配制的乙醇，不要触碰到 beads，室温放置 30 s，去上清。重复此步骤一次。

　　5）将乙醇吸弃干净后，室温干燥 15 min 挥发掉残留乙醇。

以下步骤用于片段选择。

　　a）将样品管从磁力架上取下，加入 102 μl 去离子水，轻轻吹吸 10 次混匀。

　　b）室温静置 2 min 洗脱后，将样品置于磁力架上静置 5 min，使 beads 吸附到磁力架一侧管壁。

c）小心吸取 100 μl 上清转移至新的 1.5 ml 离心管中。

d）向上述 100 μl 上清中，加入 60 μl（100 μl 的 0.6 倍体积）充分涡旋混匀的 AMPure XP beads，轻轻吹吸 10 次混匀。

e）将样品管于室温孵育 15 min，使样品和 beads 充分结合。

f）样品置于磁力架上 5 min，使所有 beads 都结合到磁力架一侧管壁。

g）小心吸取全部上清（158 μl）转移至新的 1.5 ml 管中。

h）向样品管中加入 20 μl（100 μl 的 0.2 倍体积）充分涡旋混匀的 AMPure XP beads，轻轻吹吸 10 次混匀。

i）将样品管于室温孵育 15 min，使样品和 beads 充分结合。

j）样品置于磁力架上 5 min，使所有 beads 都结合到磁力架一侧管壁后，小心吸取并弃除上清。

k）保持样品在磁力架上进行乙醇清洗操作：向样品管中加入 200 μl 80%新鲜配制的乙醇，不要触碰到 beads，室温放置 30 s，去上清。重复此步骤一次。

l）将乙醇吸弃干净后，室温干燥 15 min 挥发掉残留乙醇。

6）将样品从磁力架中取出，加入 22.5 μl Resuspension Buffer（事先融化至室温后 600 g，5 s 瞬离），轻轻吹吸 10 次，混匀。

7）将样品于室温静置 2 min，洗脱样品。

8）样品置于磁力架上 5 min，至 beads 都吸附到磁力架一侧管壁上。

9）小心吸取 20 μl 上清转移至一个新的 0.3 ml PCR 小管中。

注意：此时可暂停实验，样品可置于–20℃冰箱中保存一周。

（6）DNA 片段扩增（enrich DNA fragment）

准备（preparation）

1）提前将下列试剂从–20℃冰箱取出，于室温解冻混匀，600 g，5 s 瞬离：

PCR Master Mix

PCR Primer Cocktail

2）取出 Resuspension Buffer 平衡至室温。

3）取出 AMPure XP beads，于室温平衡至少 30 min。

4）提前预热 PCR 仪，设置热盖 100℃，预设程序 PCR。

98℃，30 s。

15 个循环：

　　98℃，10 s;

　　60℃，30 s;

　　72℃，30 s。

72℃，5 min。

4℃，保持。

准备 PCR（make PCR）

1）每一样品加入下列试剂（可预混）：

PCR Primer Cocktail　　　5 μl

PCR Master Mix　　　　　25 μl

2）取 30 μl 步骤 1）中的预混液加入样品，轻轻吹吸 10 次至完全混匀。

PCR 扩增（amp PCR）

1）将样品放入提前预热的 PCR 仪，开启预设程序 PCR 进行扩增（50 μl 体系）。

98℃，30 s。

15 个循环：

　　98℃，10 s；

　　60℃，30 s；

　　72℃，30 s。

72℃，5 min。

4℃，保持。

2）扩增结束后，将 PCR 产物转移至新的 1.5 ml 离心管中。

纯化 PCR 产物（clean up PCR）

1）将提前在室温放置 30 min 的 AMPure XP beads 进行充分涡旋混匀，向每管样品中加入 50 μl beads，轻轻吹吸 10 次至完全混匀。

2）将样品管于室温孵育 15 min，使样品和 beads 充分结合。

3）样品置于磁力架上静置 5 min，使所有 beads 都结合到磁力架一侧管壁后，小心吸取并弃除上清。

4）保持样品在磁力架上进行乙醇清洗操作：向样品管中加入 200 μl 80%新鲜配制的乙醇，不要触碰到 beads，室温放置 30 s，去上清。重复此步骤一次。

5）将乙醇吸弃干净后，室温干燥 15 min 挥发掉残留乙醇。

以下步骤用于片段选择。

a）将样品管从磁力架上取下，加入 102 μl 去离子水，轻轻吹吸 10 次混匀。

b）室温静置 2 min 洗脱后，将样品置于磁力架中 5 min，使 beads 吸附到磁力架一侧管壁。

c）小心吸取 100 μl 上清转移至新的 1.5ml 离心管中。

d）向上述 100 μl 上清中，加入 60 μl（100 μl 的 0.6 倍体积）充分涡旋混匀的 AMPure XP beads，轻轻吹吸 10 次混匀。

e）将样品管于室温孵育 15 min，使样品和 beads 充分结合。

f）样品置于磁力架上 5 min，使所有 beads 都结合到磁力架一侧管壁。

g）小心吸取全部上清（158 μl）转移至新的 1.5 ml 管中。

h）向样品管中加入 20 μl（100 μl 的 0.2 倍体积）充分涡旋混匀的 AMPure XP beads，轻轻吹吸 10 次混匀。

i）将样品管于室温孵育 15 min，使样品和 beads 充分结合。

j）样品置于磁力架上 5 min，使所有 beads 都结合到磁力架一侧管壁后，小心吸取并弃除上清。

k）保持样品在磁力架上进行乙醇清洗操作：向样品管中加入 200 μl 80%新鲜配制的乙醇，不要触碰到 beads，室温放置 30 s，去上清。重复此步骤一次。

l）将乙醇吸弃干净后，室温干燥 15 min 挥发掉残留乙醇。

6）将样品从磁力架中取出，加入 22.5 μl Resuspension Buffer（事先融化至室温后 600 g，5 s 瞬离），轻轻吹吸 10 次，混匀。

7）将样品于室温静置 2 min，洗脱样品。

8）样品置于磁力架上 5 min，至 beads 都吸附到磁力架一侧管壁上。

9）小心吸取 20 μl 上清转移至一个新的 1.5 ml 离心管中。

注意：此时可暂停实验，样品可置于–20℃冰箱中保存一周。

（四）NEBNext® Ultra™ RNA Library Prep Kit for Illumina（NEB #E7530S/L）

1. 目的

利用 NEBNext® Ultra™ RNA Library Prep Kit 构建转录组测序文库。

2. 流程

根据起始材料的不同可分为 3 种建库方法，实验流程分别如下。

方法 1：使用 NEBNext Poly（A）mRNA 磁性分离模块（NEB #E7490）

准备第一链合成反应缓冲液及随机引物→mRNA 分离、片段化及总 RNA 的初始准备→第一链 cDNA 合成→第二链 cDNA 合成→使用 1.8×Agencourt AMPure XP 磁珠纯化双链 cDNA→cDNA 文库的末端准备→接头连接→用 AMPure XP 磁珠纯化连接反应产物→PCR 富集带有接头的 DNA→使用 Agencourt AMPure XP 磁珠纯化 PCR 产物。

方法 2：使用 NEBNext rRNA 去除试剂盒（人/大鼠/小鼠）（NEB #E6310）

探针杂交→DNase H 消化→DNase I 消化→使用 Agencourt RNAClean XP 磁珠纯化去除 rRNA 后的 RNA→未降解或部分降解 RNA 的片段化及初始准备→第一链 cDNA 合成→第二链 cDNA 合成→使用 1.8×Agencourt AMPure XP 磁珠纯化双链 cDNA→cDNA 文库的末端准备→接头连接→用 AMPure XP 磁珠纯化连接

反应产物→PCR 富集带有接头的 DNA→使用 Agencourt AMPure XP 磁珠纯化 PCR 产物。

方法 3：使用纯化后的 mRNA 或去除核糖体 RNA

未降解或部分降解 RNA 的片段化及初始准备→第一链 cDNA 合成→第二链 cDNA 合成→使用 1.8×Agencourt AMPure XP 磁珠纯化双链 cDNA→cDNA 文库的末端准备→接头连接→用 AMPure XP 磁珠纯化连接反应产物→PCR 富集带有接头的 DNA→使用 Agencourt AMPure XP 磁珠纯化 PCR 产物。

3. 推荐使用的试剂盒

NEBNext® Ultra™ RNA Library Prep Kit（NEB #E7530S/L）、NEBNext Poly（A）mRNA Magnetic Isolation Module（NEB #E7490）、NEBNext rRNA Depletion Kit（Human/Mouse/Rat）（NEB #E6310）。

4. NEBNext 非定向 RNA 建库实验操作

以下步骤仅适用于构建插入片段为 200 bp 的 RNA 文库。如需构建更大 RNA 插入片段文库，请在 PCR 扩增前的片段选择一步中参照下面推荐的片段大小筛选条件（筛选初始 DNA 体积为 100 μl）。

文库参数	掺入片段大小	250～400 bp	300～450 bp	400～600 bp	500～700 bp
	最终文库大小	350～500 bp	400～550 bp	500～700 bp	600～800 bp
加入磁珠体积	第一轮磁珠筛选	45 μl	40 μl	35 μl	30 μl
	第二轮磁珠筛选	20 μl	20 μl	15 μl	15 μl

（1）方法一：使用 NEBNext Poly(A)mRNA 磁性分离模块（NEB #E7490）

这一操作方法使用高质量 Universal Human Reference Total RNA 样品进行优化。要进行 Poly（A）mRNA 筛选，需要 RIN 值＞7（用 Agilent Bioanalyzer 测量）的高质量 RNA 样品。

RNA 样本要求

RNA 总量为 10 ng～1 μg，无盐离子（如 Mg^{2+} 或胍盐等）及有机物（如苯酚、乙醇等）污染。用 DNA 酶 I 处理 RNA 样品，去除所有残留的 DNA，处理后去除 DNA 酶 I。

实验前准备工作

AMPure XP 磁珠在整个实验流程中均需要。请确认磁珠在室温中放置 30 min，以使其达到室温。

（A）准备第一链合成反应缓冲液及随机引物（preparation of first strand reaction buffer and random primer mix）

在无核酸酶污染的离心管中准备第一链合成反应缓冲液及随机引物（2×）：

试剂	体积（μl）
NEBNext First Strand Synthesis Reaction Buffer（5×）（粉色）	8
NEBNext Random Primers（粉色）	2
去离子水	10
总体积	20

配制结束后，将混合液立即置于冰上。

（B）mRNA 分离、片段化及总 RNA 的初始准备（mRNA isolation, fragmentation and priming starting with total RNA）

1）在 0.2 ml 的 PCR 管中，用去离子水将总 RNA 样本稀释到 50 μl，置于冰上。

2）取 20 μl NEBNext Oligo d(T)$_{25}$ 磁珠于 0.2 ml PCR 管中。

3）向磁珠加入 100 μl RNA Binding Buffer（2×）清洗磁珠。吸打 6 次以保证液体彻底混匀。

4）将 PCR 管置于磁力架上，室温反应 2 min。

5）吸出并弃除所有上清液，注意不要接触到磁珠。

6）将 PCR 管从磁力架上取下。

7）重复步骤 3）～6）。

8）用 50 μl RNA Binding Buffer（2×）重悬磁珠，加入步骤 1）中的 50 μl 总 RNA 样品。

9）将 PCR 管置于 PCR 仪上，65℃加热 5 min 之后保持在 4℃，变性 RNA，以使 poly（A）mRNA 结合到磁珠上。

10）当温度达到 4℃后将 PCR 管从 PCR 仪上取出。

11）重悬磁珠，吸打 6 次彻底混匀液体。

12）将 PCR 管置于实验台上，室温静置 5 min，使 mRNA 结合到磁珠上。

13）重悬磁珠，吸打 6 次彻底混匀液体。

14）室温反应 5 min，使 mRNA 结合到磁珠上。

15）将 PCR 管置于磁力架上，室温反应 2 min，使结合到磁珠上的 poly（A）mRNA 与溶液分开。

16）吸出并弃除所有上清液，注意不要接触到磁珠。

17）将管子从磁力架上取下。

18）向管中加入 200 μl Wash Buffer 清洗磁珠，以去除未结合的 RNA。吸打 6

次彻底混匀液体。

19）将 PCR 管置于磁力架上，室温放置 2 min。

20）吸出并弃除所有上清液，注意不要接触到磁珠。

21）将管子从磁力架上取下。

22）重复步骤 18）～21）。

23）向 PCR 管中加入 50 μl Tris 缓冲液。温和吸打 6 次彻底混匀。

24）将 PCR 管置于 PCR 仪上，关上盖子，80℃加热样品 2 min，保持在 25℃，将 Poly（A）mRNA 从磁珠上洗脱。

25）当温度达到 25℃时，将 PCR 管从 PCR 仪上取下。

26）向样品中加入 50 μl RNA Binding Buffer（2×），使 mRNA 样品重新结合到磁珠上，温和吸打 6 次彻底混匀。

27）室温反应 5 min。

28）重悬磁珠，缓慢吸打 6 次彻底混匀。

29）室温反应 5 min，使 RNA 结合到磁珠上。

30）将管子置于磁力架上，室温反应 2 min。

31）吸出并弃除所有上清液，注意不要接触到磁珠。

32）将 PCR 管从磁力架上取下。

33）向管中加入 200 μl Wash Buffer 清洗磁珠。温和吸打 6 次混匀。

34）将 PCR 管置于磁力架上，室温反应 2 min。

35）吸出并弃除所有上清液，注意不要接触到磁珠。

注意：彻底弃去所有上清液对于后续成功片段化 mRNA 至关重要。短暂离心 PCR 管，将管置于磁力架上，用 10 μl 枪头吸出所有 Wash Buffer。注意不要碰到结合 mRNA 的磁珠。

36）将管从磁力架上取下。

37）向磁珠中加入 17 μl 在步骤（A）中准备的第一链合成反应缓冲液及随机引物（2×），94℃加热 15 min（如果要求 RNA 片段大于 300 bp，则片段化时间为 5～10 min）。立即将管子置于磁力架上。

38）吸取 15 μl 上清液到干净无核酸酶的 PCR 管中，收集纯化后的 mRNA 样品。

39）将 PCR 管置于冰上，直接进入下一步第一链 cDNA 合成。

（C）第一链 cDNA 合成（first strand cDNA synthesis）

1）向片段化及初步准备好的 mRNA（上一步中得到的 15 μl 样品）加入以下组分，并吸打混合均匀。

试剂	体积（μl）
小鼠 RNase 抑制剂（粉色）	0.5
ProtoScript Ⅱ 逆转录酶（粉色）	1
去离子水	3.5
总体积	20

2）将 PCR 仪预热（盖子温度设置到 105℃），按照下列循环操作：

25℃，10 min；

42℃，15 min；

70℃，15 min；

4℃，保持。

注意：如果需制备较大的 RNA 片段，请将此步骤中 42℃反应的时间由 15 min 增长到 50 min。

3）立即进行第二链 cDNA 合成反应。

（D）第二链 cDNA 合成（perform second strand cDNA synthesis）

1）将以下试剂加入到第一链合成反应（20 μl）中。

试剂	体积（μl）
Second Strand Synthesis Reaction Buffer（10×）（橙色）	8
Second Strand Synthesis Enzyme Mix（橙色）	4
去离子水	48
总体积	80

2）反复吸打混合均匀。

3）将 PCR 仪盖子温度设置为 40℃，16℃反应 1 h。

（E）使用 1.8×Agencourt AMPure XP 磁珠纯化双链 cDNA（purify the double-stranded cDNA using 1.8×Agencourt AMPure XP Beads）

1）涡旋混匀 AMPure 磁珠。

2）取 144 μl 混匀的 AMPure 磁珠，加入到第二链合成反应体系中（约 80 μl）。在涡旋振荡器上混匀或吸打 10 次以上混匀。

3）室温反应 5 min。

4）短暂离心使液体沉至管底。将离心管置于适合的磁力架上，使磁珠与上清液分离。待溶液澄清后（约 5 min），小心吸出并弃去上清液。注意不要碰到结合有 DNA 片段的磁珠。

5）保持离心管于磁力架上，向管中加入 200 μl 新鲜制备的 80%乙醇溶液。室温静置 30 s，小心吸取并弃去上清液。

6）重复步骤 5），共计 2 次清洗步骤。

7）打开管盖，在磁力架上干燥磁珠 5 min。

注意：不要让磁珠过分干燥，否则可能会导致 DNA 回收效率降低。

8）将管子从磁力架上取下。用 60 μl 0.1×TE 缓冲液或 10 mmol/L Tris-HCl pH 8.0 从磁珠上洗脱目标 DNA。短暂离心，室温反应 2 min。将离心管置于磁力架上直到溶液澄清。

9）吸取 55.5 μl 上清液到新的无核酸酶 PCR 管中。

注意：此时可暂停实验，样品于−20℃保存。

（F）cDNA 文库的末端准备（perform end prep of cDNA library）

1）将下列试剂加入灭菌的无核酸酶离心管中。

试剂	体积（μl）
纯化后的双链 cDNA	55.5
NEBNext End Repair Reaction Buffer（10×）（绿色）	6.5
NEBNext End Prep Enzyme Mix（绿色）	3
总体积	65

2）将 PCR 仪热盖温度设置为 75℃，按照下列循环操作：

20℃，30 min；

65℃，30 min；

4℃，保持。

3）反应结束后，立即进行下一步接头连接操作。

（G）接头连接（perform adapter ligation）

实验准备

用 10 mmol/L Tris-HCl 或者含 10 mmol/L NaCl 的 10 mmol/L Tris-HCl 将 NEBNext Adapter for Illumina（红色，15 μmol/L）做 10 倍稀释（1∶9），终浓度为 1.5 μmol/L。稀释后马上使用。

1）向末端修复反应中加入以下组分（注意：为防止接头二聚体的形成，请不要预先混合以下组分）。

试剂	体积（μl）
End Prep Reaction	65
Blunt/TA Ligase Master Mix（红色）	15
稀释后的 NEBNext Adapter*	1
去离子水	2.5
总体积	83.5

*NEBNext 接头及引物有单接头（NEB #E7350），或者多接头（NEB #E7335、#E7500、#E7600 和#E6609）

2）反复吹吸混匀后短暂离心收集液体至管底。

3）在 PCR 仪上，盖子不加热，20℃反应 15 min。

4）向步骤 3）连接反应体系中加入 3 μl USER 酶（红色）。混匀后，37℃反应 15 min。

NEBNext Q5 Hot Start HiFi PCR Master Mix 融化时可能会有沉淀产生。为了保证最佳效果，在纯化连接反应产物时即可将其置于室温。待其融化后，可温和地上下颠倒数次混匀。

（H）用 AMPure XP 磁珠纯化连接反应产物（purify the ligation reaction using AMPure XP beads）

1）向连接反应中加入去离子水，将反应体系补充到 100 μl。在加入 AMPure XP 磁珠之前，需保证总体积是 100 μl。

2）加入 100 μl（1×）重悬好的 AMPure XP 磁珠（注意：×指上一步中得到的 100 μl 样本），振荡或吸打 10 次以上混匀。

3）室温反应 5 min。

4）短暂离心后将离心管置于合适的磁力架上，使磁珠与上清液分离。上清液澄清后（约 5 min），弃置含有不需要片段的上清液（注意：不要弃磁珠）。

5）保持离心管位于磁力架上，向管中加入 200 μl 新制备的 80%乙醇溶液。室温静置 30 s，小心地吸取并弃去上清。

6）重复步骤 5），总计 2 次清洗步骤。

7）短暂离心，将离心管放回磁力架上。

8）保持离心管在磁力架上，打开盖子，干燥磁珠 5 min，彻底去除残留的乙醇。注意：不要让磁珠过分干燥，否则可能会导致 DNA 回收效率降低。

9）将离心管从磁力架上取下。用 52 μl 0.1×TE 或者 10 mmol/L Tris-HCl 洗脱 DNA。涡旋振荡或吸打混匀，室温静置 2 min。将离心管置于磁力架上直至溶液澄清。

10）吸取 50 μl 上清液到新的 PCR 管中。弃去磁珠。

11）向这 50 μl 上清液中加入 50 μl 重悬好的 AMPure XP 磁珠，涡旋振荡或吸打 10 次以上混匀。

12）室温反应 5 min。

13）短暂离心后将离心管置于合适的磁力架上，使磁珠与上清液分离。上清液澄清后（约 5 min），弃置含有不需要片段的上清液（注意：不要弃磁珠）。

14）保持离心管位于磁力架上，向管中加入 200 μl 新制备的 80%乙醇溶液。室温静置 30 s，小心地吸取并弃去上清。

15）重复步骤 14），总计 2 次清洗步骤。

16）短暂离心，将离心管放回磁力架上。

17）保持离心管在磁力架上，打开盖子，干燥磁珠 5 min，以彻底去除残留的乙醇。

18）将离心管从磁力架上取下。用 22 μl 0.1×TE 或者 10 mmol/L Tris-HCl 洗脱 DNA。涡旋振荡或吸打混匀，室温静置 2 min。将离心管置于磁力架上直至溶液澄清。

19）不要接触到磁珠，吸取 20 μl 上清液到新的 PCR 管中进行下一步 PCR 扩增。

（I）PCR 富集带有接头的 DNA（PCR enrichment of adapter ligated DNA）

1）根据 NEBNext 接头及引物试剂盒批号不同，浓度及 PCR 体系有所不同。

A. 使用引物浓度为 10 μmol/L 时，PCR 扩增体系如下

向（H）中步骤 19）得到的 cDNA（20 μl）加入以下试剂并温和吸打混匀。

试剂	体积（μl）
Index Primer/i7 Primer（蓝色）[*, **]	2.5
Universal PCR Primer/i5 Primer[*, ***]（蓝色）	2.5
NEBNext Q5 Hot Start HiFi PCR Master Mix	25
总体积	50

[*]以下试剂盒提供引物：NEBNext Singleplex（NEB #E7350）或 Multiplex（NEB #E7335、#E7500、#E7600）Oligos for Illumina。双 barcode 引物：NEB #E7600，请参照说明书使用双 barcode 及 PCR 建立反应

[**]如果使用 NEBNext Multiplex Oligos（NEB #E7335 或#E7500），每个 PCR 样品加一个 Index 引物；如果使用 Dual Index Primers（NEB #E7600），每个 PCR 样品只加入 i7 引物

[***]如果使用 Dual Index Primers（NEB #E7600）每个 PCR 样品只加入 i5 引物

B. 使用 96 Index Primers（NEB #E6609）时，扩增体系如下

向（H）中步骤 19）得到的 cDNA（20 μl）加入以下试剂并温和吸打混匀。

试剂	体积（μl）
Index /Universal Primer Mix（蓝色）[*]	5
NEBNext Q5 Hot Start HiFi PCR Master Mix（蓝色）	25
总体积	50

[*]NEBNext Multiplex Oligos for Illumina 试剂盒，NEB #6609 提供引物。接头、引物及 barcode 组合参照 NEBNext Multiplex Oligos for Illumina（NEB #E6609）说明书

C. 使用引物浓度为 25 μmol/L 时，扩增体系如下

向（H）中步骤 19）得到的 cDNA（20 μl）加入以下试剂并温和吸打混匀。

试剂	体积（μl）
Index Primer（蓝色）*,**	1
Universal PCR Primer（蓝色）*	1
NEBNext Q5 Hot Start HiFi PCR Master Mix（蓝色）	25
去离子水	3
总体积	50

* 以下试剂盒提供引物：NEBNext Singleplex（NEB #E7350）或 Multiplex（NEB #E7335、#E7500）Oligos for Illumina

** 如果使用 NEBNext Multiplex Oligos（NEB #E7335 或 #E7500），每个 PCR 样品加一个 Index 引物

2）PCR 循环条件。

98℃，30 s。

12～15*, **个循环：

　　98℃，10 s。

　　65℃，75 s。

65℃，5min。

4℃，保持。

* PCR 循环数需要根据起始 RNA 的量进行调整。如果 RNA 起始量为 10 ng，则推荐的 PCR 循环数为 15 个。

**尽量控制 PCR 循环数避免过度扩增是非常重要的。如果发生过度扩增，Bioanalyzer 检测时会有较大分子质量 DNA（＞500 bp）出现。

3）产物纯化（bead cleanup）。

a）将提前在室温放置 30 min 的 AMPure XP beads 进行充分涡旋混匀，向每管样品中加入 45 μl beads，轻轻吹吸 10 次至完全混匀。

b）将样品管于室温孵育 5 min，使样品和 beads 充分结合。

c）样品置于磁力架上静置 5 min，使所有 beads 都结合到磁力架一侧管壁后，小心吸取并弃除上清。

d）保持样品在磁力架上进行乙醇清洗操作：向样品管中加入 200 μl 80%新鲜配制的乙醇，不要触碰到 beads，室温放置 30 s，去上清。重复此步骤一次。

e）将乙醇吸弃干净后，室温干燥 2 min 挥发掉残留乙醇。

f）将样品从磁力架上取下，加入 23 μl 0.1×TE 缓冲液（事先融化至室温后 600 g，5 s 瞬离），轻轻吹吸 10 次，混匀。

g）将样品于室温静置 2 min，洗脱 cDNA。

h）样品置于磁力架上静置 5 min，至 beads 都吸附到磁力架一侧管壁上。

i）小心吸取 20 μl 上清转移至一个新的 1.5 ml 离心管中。

注意：此时可暂停实验，样品可置于−20℃保存。

（2）方法二：使用 NEBNext rRNA 去除试剂盒（人/大鼠/小鼠）（NEB #E6310）

RNA 样本要求

RNA 起始量：100 ng～1μg 的 RNA 样本，总体积不超过 12 μl。虽然 NEBNext rRNA 去除试剂盒可用于低至 10 ng 的总 RNA，然而当用于 RNA-seq 样本时，为提高文库的复杂度并降低测序的重复率，应保证 RNA 起始量在 100 ng～1 μg。

RNA 质量：RNA 样本无盐离子（如 Mg^{2+} 或胍盐等）、二价阳离子螯合剂（如 EDTA、EGTA、柠檬酸等）及有机物（如苯酚、乙醇等）污染。用 DNA 酶 I 处理 RNA 样品，去除所有残留的 DNA。处理后去除 DNA 酶 I。

rRNA 去除后 RNA 的常规产量：实际产量由 RNA 样本起始量、样本中 rRNA 含量及 RNA 纯化方法等因素决定。常规的回收率为 RNA 样本起始量的 3%～10%。

（A）探针杂交（hybridize the probes to the RNA）

1）准备 RNA/探针预混液。

试剂	体积（μl）
NEBNext rRNA Depletion Solution	1
Probe Hybridization Buffer	2
总体积	3

2）将 3 μl 上述混合液加入到 12 μl 总 RNA 样品中。

3）吸打混匀。

4）短暂离心，立即进行下一步反应。

5）将样品置于 PCR 仪上，盖子温度设置到 105℃，按照下列循环操作。整个过程需要 15～20 min 时间完成。

95℃，2 min;

由 95℃ 降低到 22℃，降温速度为 0.1℃/s;

22℃，保持 5 min。

6）短暂离心后将样品置于冰上，立即进行下一步反应。

（B）RNase H 消化（RNase H digestion）

1）在冰上按照如下配方制备预混液，吸打混匀，立即使用。

试剂	体积（μl）
NEBNext RNase H	2
RNase H Reaction Buffer	2
去离子水	1
总体积	5

2）将上述 5 μl 混合液加入到（A）中步骤 6）的 RNA 样品中。

3）吹吸混匀。

4）将样品置于 PCR 仪上（盖子温度设置为 40℃），37℃温育 30 min。

5）短暂离心后，将样品置于冰上，立即进行下一步反应以防止 RNA 非特异性降解。

（C）DNase I 消化（DNase I digestion）

1）在冰上，准备 DNase I 消化预混液，吸打混匀后立即使用。

试剂	体积（μl）
DNase I Reaction Buffer	5
DNase I（RNasefree）	2.5
去离子水	22.5
总体积	30

2）将 30 μl 上述混合液加入到（B）步骤 5）中的 RNA 样品中，吹打混匀。

3）将样品置于 PCR 仪上（盖子设置为 40℃），37℃温育 30 min。

4）短暂离心后，将样品置于冰上，立即进行下一步反应。

（D）使用 Agencourt RNAClean XP 磁珠纯化去除 rRNA 后的 RNA（RNA purification after rRNA depletion using Agencourt RNAClean XP）

1）向上一步中得到的 RNA 样品中加入 110 μl（2.2×）Agencourt RNAClean XP 磁珠，吸打混匀。

2）冰上反应 15 min。

3）短暂离心后将离心管置于合适的磁力架上，使磁珠与上清液分离。

4）待溶液澄清后（约 5 min），弃置上清液。

5）保持离心管位于磁力架上，向管中加入 200 μl 新制备的 80%乙醇溶液。室温静置 30 s，小心地吸取并弃置上清。

6）重复步骤 5），总计 2 次清洗步骤。

7）短暂离心，将管子放回磁力架上。

8）保持管子在磁力架上，打开盖子，干燥磁珠 5 min，以彻底去除残留的乙醇。

9）将管子从磁力架上取下。用 8 μl 去离子水洗脱 DNA。

10）吸打混匀。将管子置于磁力架上直至溶液澄清。

11）吸取 6 μl 上清液到新的 PCR 管中。

12）将样品置于冰上，进行下一步反应。

（E）RNA 初始准备及第一链 cDNA 合成（RNA fragmentation, priming and first strand cDNA synthesis）

根据 RNA 降解程度，分别有两种不同的实验操作步骤，下面依次介绍。

A. 未降解或部分降解 RNA 的片段化、初始准备及一链合成

1）建立如下反应体系，吸打混匀。

试剂	体积（μl）
去除核糖体 RNA	5
NEBNext First Strand Synthesis Reaction Buffer（5×）（粉色）	4
NEBNext Random Primers（粉色）	1
总体积	10

2）将 RNA 片段化为 200 nt 左右的片段，根据 RNA 完整性不同片段化条件不同。

当 RNA 较为完整（RIN>7）时，片段化时间为 94℃ 15 min；当 RNA 部分降解（RIN 在 2~6）时，片段化时间为 94℃ 7~8 min。

如果要制备更大插入片段的文库，片段化时间为 5~10 min（只适用于完整 RNA）。

3）将 PCR 管置于冰上。

4）第一链 cDNA 合成：向上一步中得到的片段化及初步准备好的 mRNA 样品（10 μl）加入以下组分，并吸打混合均匀。

试剂	体积（μl）
小鼠 RNase 抑制剂（粉色）	0.5
ProtoScript Ⅱ 逆转录酶（粉色）	1
去离子水	8.5
总体积	20

5）将 PCR 仪预热，按照下列循环操作。

25℃，10 min；

42℃，15 min；

70℃，15 min；

4℃，保持。

注意：如果需制备较大的 RNA 片段，请将此步骤中 42℃ 反应的时间由 15 min 增长到 50 min。

6）立即进行第二链 cDNA 合成反应。

B. 无需片段化的 RIN 值≤2 的高度降解 RNA（FFPE）样品初步准备及一链合成

1）建立如下反应体系，吸打混匀。

试剂	体积（μl）
去除核糖体 RNA	5
NEBNext Random Primers（粉色）	1
总体积	6

2）将 PCR 管置于预热的 PCR 仪上，按照如下循环操作：65℃，5 min；4℃，保持。PCR 仪盖子温度设置 100℃。

3）将 PCR 管置于冰上。

4）第一链 cDNA 合成：向上一步中得到的初步准备好的 mRNA 样品（6 μl）加入以下组分，并吸打混合均匀。

试剂	体积（μl）
NEBNext First Strand Synthesis Reaction Buffer（5×）（粉色）	4
小鼠 RNase 抑制剂（粉色）	0.5
ProtoScript Ⅱ 逆转录酶（粉色）	1
去离子水	8.5
总体积	20

5）将 PCR 仪预热，按照下列循环操作。

25℃，10 min；

42℃，15 min；

70℃，15 min；

4℃，保持。

注意：如果需制备较大的 RNA 片段，请将此步骤中 42℃反应的时间由 15 min 增长到 50 min。

6）立即进行下一步第二链 cDNA 合成反应。

（F）第二链 cDNA 合成（perform second strand cDNA synthesis）

1）将以下试剂加入到第一链合成反应（20 μl）中。

试剂	体积（μl）
Second Strand Synthesis Reaction Buffer（10×）（橙色）	8
Second Strand Synthesis Enzyme Mix（橙色）	4
去离子水	48
总体积	80

2）反复吹打混合均匀。

3）将 PCR 仪盖子温度设置到 40℃，16℃反应 1 h。

（G）使用 1.8×Agencourt AMPure XP 磁珠纯化双链 cDNA（purify the double-stranded cDNA using 1.8×Agencourt AMPure XP beads）

1）涡旋混匀 AMPure 磁珠。

2）取 144 μl 混匀的 AMPure 磁珠，加入到二链合成反应体系中（约 80 μl）。在涡旋振荡器上混匀或吸打 10 次以上混匀。

3）室温孵育 5 min。

4）短暂离心使液体沉于管底。将离心管置于适合的磁力架上，将磁珠与上清液分离。待上清液澄清后（约 5 min），小心吸出并弃去上清液。注意不要碰到结合有 DNA 片段的磁珠。

5）保持离心管位于磁力架上，向管中加入 200 μl 新制备的 80%乙醇溶液。室温静置 30 s，小心吸取并弃置上清液。

6）重复步骤 5），共计 2 次清洗步骤。

7）打开管盖，在磁力架上干燥磁珠 5 min。

8）将离心管从磁力架上取下。用 60 μl 0.1×TE 缓冲液或 10 mmol/L Tris-HCl pH 8.0 从磁珠上洗脱目标 DNA。短暂离心，室温静置 2 min。将离心管置于磁力架上直到溶液澄清。

9）吸取 55.5 μl 上清液到新的无核酸酶 PCR 管中。

注意：如果需要停在这一步，请将样品保存在–20℃。

（H）cDNA 文库的末端准备（perform end prep of cDNA library）

1）将下列试剂加入灭菌的无核酸酶 PCR 管中。

试剂	体积（μl）
纯化后的双链 cDNA	55.5
NEBNext End Repair Reaction Buffer（10×）（绿色）	6.5
NEBNext End Prep Enzyme Mix（绿色）	3
总体积	65

2）将样品置于 PCR 仪上，按照下列循环操作：

20℃，30 min；

65℃，30 min；

4℃，保持。

3）立即进行下一步接头连接。

（I）接头连接（perform adapter ligation）

在进行连接反应前稀释（红色）NEBNext 接头。

当起始 RNA 为 100 ng 时，用 10 mmol/L Tris-HCl 或者含 10 mmol/L NaCl 的

10 mmol/L Tris-HCl 将接头稀释 30 倍。

当起始 RNA 为 100 ng～1 μg 时，用 10 mmol/L Tris-HCl 或者含 10 mmol/L NaCl 的 10 mmol/L Tris-HCl 将接头稀释 10 倍。

1）向末端修复反应中加入以下组分（注意：为防止接头二聚体的形成，请不要预先混合以下组分）。

试剂	体积（μl）
End Prep Reaction	65
Blunt/TA Ligase Master Mix（红色）	15
稀释后的 NEBNext Adapter*	1
去离子水	2.5
总体积	83.5

*NEBNext 接头及引物有单接头（NEB #E7350）和多接头（NEB #E7335、#E7500、#E7600 及 #E6609）

2）反复吹吸混匀后短暂离心收集液体至管底。

3）在 PCR 仪上，20℃反应 15 min。

4）向步骤 3）连接反应体系中加入 3 μl（红色）USER 酶。混匀后，37℃反应 15 min。

NEBNext Q5 Hot Start HiFi PCR Master Mix 融化时可能会有沉淀产生。为了保证最佳效果，在纯化连接反应产物时即可将其置于室温。待其融化后，可温和地上下颠倒数次混匀。

（J）用 AMPure XP 磁珠纯化连接反应产物（purify the ligation reaction using AMPure XP beads）

1）向连接反应中加入去离子水，将反应体系补充到 100 μl。在加入 AMPure XP 磁珠之前，需保证总体积是 100 μl。

2）加入 100 μl 重悬好的 AMPure XP 磁珠，振荡或吸打 10 次以上混匀。

3）室温反应 5 min。

4）短暂离心后将离心管置于合适的磁力架上，使磁珠与上清液分离。溶液澄清后（约 5 min），弃置含有不需要片段的上清液（注意：不要弃磁珠）。

5）保持离心管位于磁力架上，向管中加入 200 μl 新制备的 80%乙醇溶液。室温静置 30 s，小心地吸取并弃置上清。

6）重复步骤 5），总计 2 次清洗步骤。

7）短暂离心，将离心管放回磁力架上。

8）保持离心管在磁力架上，打开盖子，干燥 5 min，以彻底去除残留的乙醇。注意：不要让磁珠过分干燥，否则可能会导致 DNA 回收效率降低。

9）将离心管从磁力架上取下。用 52 μl 0.1×TE 缓冲液或者 10 mmol/L Tris-HCl 洗脱 DNA。涡旋振荡或吸打混匀，室温静置 2 min。将离心管置于磁力架上直至溶液澄清。

10）吸取 50 μl 上清液到新的 PCR 管中。弃去磁珠。

11）向这 50 μl 上清液中加入 50 μl（1×）重悬好的 AMPure XP 磁珠，涡旋振荡或吸打 10 次以上混匀。

12）室温静置 5 min。

13）短暂离心后将离心管置于合适的磁力架上，使磁珠与上清液分离。溶液澄清后（约 5 min），弃置含有不需要片段的上清液（注意：不要弃磁珠）。

14）保持离心管位于磁力架上，向管中加入 200 μl 新制备的 80%乙醇溶液。室温静置 30 s，小心地吸取并弃置上清。

15）重复步骤 14），总计 2 次清洗步骤。

16）短暂离心，将离心管放回磁力架上。

17）彻底去除残留的乙醇，保持离心管在磁力架上，打开盖子，干燥 5 min。注意：不要让磁珠过分干燥，否则可能会导致 DNA 回收效率降低。

18）将离心管从磁力架上取下。用 22 μl 0.1×TE 或者 10 mmol/L Tris-HCl 洗脱 DNA。涡旋振荡或吸打混匀，室温静置 2 min。将离心管置于磁力架上直至溶液澄清。

19）不要接触到磁珠，吸取 20 μl 上清液到新的 PCR 管中进行下一步 PCR 扩增。

（K）PCR 富集带有接头的 DNA（PCR enrichment of adapter ligated DNA）

1）根据 NEBNext 接头及引物试剂盒批号不同，浓度及 PCR 体系有所不同。

A. 使用引物浓度为 10 μmol/L 时，PCR 扩增体系如下

向（J）步骤 19）得到的 cDNA（20 μl）加入以下试剂并温和吸打混匀。

试剂	体积（μl）
Index Primer/i7 Primer（蓝色）*,**	2.5
Universal PCR Primer/i5 Primer（蓝色）*,***	2.5
NEBNext Q5 Hot Start HiFi PCR Master Mix（蓝色）	25
总体积	50

*以下试剂盒提供引物：NEBNext Singleplex（NEB #E7350）或 Multiplex（NEB #E7335、#E7500、#E7600）Oligos for Illumina。双 barcode 引物：NEB #E7600，请参照说明书使用双 barcode 及 PCR 建立反应

**如果使用 NEBNext Multiplex Oligos（NEB #E7335 或#E7500），每个 PCR 样品加一个 Index 引物；如果使用 Dual Index Primers（NEB #E7600），每个 PCR 样品只加入 i7 引物

***如果使用 Dual Index Primers（NEB #E7600）每个 PCR 样品只加入 i5 引物

B. 使用 96 Index Primers（NEB #E6609）时，扩增体系如下

向（J）步骤 19）得到的 cDNA（20 μl）加入以下试剂并温和吸打混匀。

试剂	体积（μl）
Index /Universal Primer Mix（蓝色）*	5
NEBNext Q5 Hot Start HiFi PCR Master Mix（蓝色）	25
总体积	50

*NEBNext Multiplex Oligos for Illumina 试剂盒，NEB #6609 提供引物。接头、引物及 barcode 组合参照 NEBNext Multiplex Oligos for Illumina（NEB #E6609）说明书

C. 使用引物浓度为 25 μmol/L 时，扩增体系如下

向（J）步骤 19）得到的 cDNA（20 μl）加入以下试剂并温和吸打混匀。

试剂	体积（μl）
Index（X）Primer（蓝色）*、**	1
Universal PCR Primer（蓝色）*	1
NEBNext Q5 Hot Start HiFi PCR Master Mix（蓝色）	25
去离子水	3
总体积	50

*以下试剂盒提供引物：NEBNext Singleplex（NEB #E7350）或 Multiplex（NEB #E7335、#E7500）Oligos for Illumina

**如果使用 NEBNext Multiplex Oligos（NEB #E7335 或#E7500），每个 PCR 样品加一个 Index 引物

2）PCR 循环条件。

98℃，30 s；

12～15*、**个循环

　98℃，10 s；

　65℃，75 s；

65℃，5 min；

4℃，保持。

*PCR 循环数需要根据起始 RNA 的量进行调整。如果 RNA 起始量为 100 ng，则推荐的 PCR 循环数为 15 个。

**尽量控制 PCR 循环数避免过度扩增是非常重要的。如果发生过度扩增，Bioanalyzer 检测时会有较大分子质量 DNA（>500 bp）出现。

反应结束后，将 PCR 产物转移至 1.5 ml 新离心管中。

3）产物纯化（bead cleanup）。

a）将提前在室温放置 30 min 的 AMPure XP beads 进行充分涡旋混匀，向每

管样品中加入 45 μl beads，轻轻吹吸 10 次至完全混匀。

b）将样品管于室温孵育 5 min，使样品和 beads 充分结合。

c）样品置于磁力架上 5 min，使所有 beads 都结合到磁力架一侧管壁后，小心吸取并弃除上清。

d）保持样品在磁力架上进行乙醇清洗操作：向样品管中加入 200 μl 80%新鲜配制的乙醇，不要触碰到 beads，室温放置 30 s，去上清。重复此步骤一次。

e）将乙醇吸弃干净后，室温干燥 2 min 挥发掉残留乙醇。

f）将样品从磁力架中取出，加入 21 μl 0.1×TE 缓冲液（事先融化至室温后 600 g，5 s 瞬离），轻轻吹吸 10 次，混匀。

g）将样品于室温静置 2 min，洗脱 cDNA。

h）样品置于磁力架上 5 min，至 beads 都吸附到磁力架一侧管壁上。

i）小心吸取 20 μl 上清，转移至一个新的 1.5 ml 离心管中。

注意：此时可暂停实验，样品于-20℃保存。

（3）方法三：使用纯化后的 mRNA 或去除核糖体 RNA

（A）RNA 初始准备及一链合成（RNA fragmentation, priming and first strand cDNA synthesis）

根据 RNA 降解程度，分为两种不同情况的处理，下面依次介绍。

A. 未降解或部分降解 RNA 的片段化、初始准备及一链合成

1）建立如下反应体系，吸打混匀。

试剂	体积（μl）
纯化后的 mRNA 或去除核糖体 RNA	5
NEBNext First Strand Synthesis Reaction Buffer（5×）（粉色）	4
NEBNext Random Primers（粉色）	1
总体积	10

2）将 RNA 片段化为 200 nt 左右的片段，根据 RNA 完整性不同片段化条件不同。

当 RNA 较为完整（RIN＞7）时，片段化时间为 94℃，15 min；当 RNA 部分降解（RIN 为 2～6）时，片段化时间为 94℃，7～8 min。

如果要制备更大插入片段的文库，片段化时间为 5～10 min（只适用于完整 RNA）。

3）将离心管置于冰上。

4）第一链 cDNA 合成。

向上一步中得到的片段化且初始准备完毕的 mRNA 中加入以下组分，温和吸

打混匀。

试剂	体积（μl）
小鼠 RNase 抑制剂（粉色）	0.5
ProtoScript II 逆转录酶（粉色）	1
去离子水	8.5
总体积	20

5）将 PCR 仪预热（盖子温度设置到 105℃），按照下列循环操作：

25℃，10 min；

42℃，15 min；

70℃，15 min；

4℃，保持。

注意：如果需制备较大的 RNA 片段，请将此步骤中 42℃反应的时间由 15 min 增长到 50 min。

6）直接进行第二链 cDNA 合成反应。

B. 无需片段化的 RIN 值≤2 的高度降解 RNA（FFPE）样品初步准备

1）建立如下反应体系，吸打混匀。

试剂	体积（μl）
去除核糖体 RNA	5
NEBNext Random Primers（粉色）	1
总体积	6

2）将离心管置于预热的 PCR 仪上，按照如下循环操作：65℃，5 min；4℃，保持。PCR 仪盖子设置为 105℃。

3）将离心管置于冰上。

4）第一链 cDNA 合成：向上一步中得到的初步准备好的 mRNA 样品（6 μl）加入以下组分，并吸打混合均匀。

试剂	体积（μl）
NEBNext First Strand Synthesis Reaction Buffer（5×）	4
小鼠 RNase 抑制剂（粉色）	0.5
ProtoScript II 逆转录酶（粉色）	1
去离子水	8.5
总体积	20

5）将 PCR 仪预热（盖子温度设置到 105℃），按照下列循环操作：

25℃，10 min；

42℃，15 min；

70℃，15 min；

4℃，保持。

注意：如果需制备较大的 RNA 片段，请将此步骤中 42℃反应的时间由 15 min 增长到 50 min。

6）立即进行第二链 cDNA 合成反应。

（B）第二链 cDNA 合成（perform second strand cDNA synthesis）

1）将以下试剂加入到第一链合成反应（20 μl）中。

试剂	体积（μl）
Second Strand Synthesis Reaction Buffer（10×）（橙色）	8
Second Strand Synthesis Enzyme Mix（橙色）	4
去离子水	48
总体积	80

2）反复吹打混合均匀。

3）将 PCR 仪盖子温度设置为≤40℃，16℃反应 1 h。

（C）使用 1.8×Agencourt AMPure XP 磁珠纯化双链 cDNA（purify the double-stranded cDNA using 1.8×Agencourt AMPure XP beads）

1）涡旋混匀 AMPure 磁珠。

2）取 144 μl（1.8×）混匀的 AMPure 磁珠，加入到二链合成反应体系中（约 80 μl）。在涡旋振荡器上混匀或吹打 10 次以上混匀。

3）室温孵育 5 min。

4）短暂离心使液体沉于管底。将离心管置于适合的磁力架上，将磁珠与上清液分离。待溶液澄清后（约 5 min），小心吸出并弃去上清液。注意不要碰到结合有 DNA 片段的磁珠。

5）保持离心管位于磁力架上，向管中加入 200 μl 新鲜制备的 80%乙醇溶液。室温静置 30 s，小心吸取并弃置上清液。

6）重复步骤 5），共计 2 次清洗步骤。

7）打开管盖，在磁力架上干燥磁珠 5 min。

注意：不要让磁珠过分干燥，否则可能会导致 DNA 回收效率降低。

8）将离心管从磁力架上取下。用 60 μl 0.1×TE 缓冲液或 10 mmol/L Tris-HCl 从磁珠上洗脱目标 DNA。短暂离心管子，室温静置 2 min。将管子置于磁力架上直到溶液澄清。

9）吸取 55.5 μl 上清液到新的无核酸酶 PCR 管中。

注意：如果需要停在这一步，请将样品保存在–20℃。

（D）cDNA 文库的末端准备（perform end prep of cDNA library）

1）将下列试剂加入灭菌的无核酸酶管中。

试剂	体积（μl）
纯化后的双链 cDNA	55.5
NEBNext End Repair Reaction Buffer（10×）（绿色）	6.5
NEBNext End Prep Enzyme Mix（绿色）	3
总体积	65

2）将 PCR 仪热盖温度设置到 75℃，按照下列循环操作：

20℃，30 min；

65℃，30 min；

4℃，保持。

3）立即进行下一步接头连接操作。

（E）接头连接（perform adapter ligation）

用 10 mmol/L Tris-HCl 或者含 10 mmol/L NaCl 的 10 mmol/L Tris-HCl 将（红色）Next Adapter for Illumina（15 μmol/L）做 10 倍稀释（1：9），终浓度为 1.5 μmol/L。稀释后请立即使用。

1）向末端修复反应中加入以下组分（注意：为防止接头二聚体的形成，请不要预先混合以下组分）。

试剂	体积（μl）
End Prep Reaction	65
Blunt/TA Ligase Master Mix（红色）	15
稀释后的 NEBNext Adapter*	1
去离子水	2.5
总体积	83.5

*NEBNext 接头及引物有单接头（NEB #E7350）和多接头（NEB #E7335、#E7500、#E7600 及#E6609）

2）反复吹吸混匀后短暂离心收集液体至管底。

3）在 PCR 仪上 20℃反应 15 min。

4）向步骤 3）连接反应体系中加入 3μl USER 酶（红色）。混匀后，37℃反应 15min。

NEBNext Q5 Hot Start HiFi PCR Master Mix 融化时可能会有沉淀产生。为了保证最佳效果，在纯化连接反应产物时即可将其置于室温。待其融化后，可温和地上下颠倒数次混匀。

（F）用 AMPure XP 磁珠纯化连接反应产物（purify the ligation reaction using AMPure XP beads）

1）向连接反应中加入去离子水，将反应体系补充到 100 μl。在加入 AMPure XP 磁珠之前，需保证总体积是 100 μl。

注意：×指上一步中得到的 100 μl 样本。

2）加入 100 μl（1×）重悬好的 AMPure XP 磁珠，振荡或吸打 10 次以上混匀。

3）室温孵育 5 min。

4）短暂离心后将管子置于合适的磁力架上，使磁珠与上清液分离。溶液澄清后（约 5 min），弃置含有不需要片段的上清液（注意：不要弃磁珠）。

5）保持管子位于磁力架上，向管中加入 200 μl 新制备的 80%乙醇溶液。室温静置 30 s，小心地吸取并弃置上清。

6）重复步骤 5），总计 2 次清洗步骤。

7）短暂离心，将管子放回磁力架上。

8）彻底去除残留的乙醇，保持管子在磁力架上，打开盖子，干燥磁珠 5 min。

注意：不要让磁珠过分干燥，否则可能会导致 DNA 回收效率降低。

9）将管子从磁力架上取下。用 52 μl 0.1×TE 或者 10 mmol/L Tris-HCl 洗脱 DNA。涡旋振荡或吸打混匀，室温静置 2 min。将管子置于磁力架上直至溶液澄清。

10）吸取 50 μl 上清液到新的 PCR 管中。弃去磁珠。

11）向这 50 μl 上清液中加入 50 μl 重悬好的 AMPure XP 磁珠，涡旋振荡或吸打 10 次以上混匀。

12）室温静置 5 min。

13）短暂离心后将管子置于合适的磁力架上，使磁珠与上清液分离。溶液澄清后（约 5 min），弃置含有不需要片段的上清液（注意：不要弃磁珠）。

14）保持管子位于磁力架上，向管中加入 200 μl 新制备的 80%乙醇溶液。室温静置 30 s，小心地吸取并弃置上清。

15）重复步骤 14），总计 2 次清洗步骤。

16）短暂离心，将管子放回磁力架上。

17）彻底去除残留的乙醇，保持管子在磁力架上，打开盖子，干燥磁珠 5 min。

注意：不要让磁珠过分干燥，否则可能会导致 DNA 回收效率降低。

18）将管子从磁力架上取下。用 22 μl 0.1×TE 或者 10 mmol/L Tris-HCl 洗脱 DNA。涡旋振荡或吸打混匀，室温静置 2 min。将管子置于磁力架上直至溶液澄清。

19）不要接触到磁珠，吸取 20 μl 上清液到新的 PCR 管中进行下一步 PCR 扩增。

（G）PCR 富集带有接头的 DNA（PCR enrichment of adapter ligated DNA）

1）根据 NEBNext 接头及引物试剂盒批号不同，浓度及 PCR 体系有所不同。

A. 使用引物浓度为 10 μmol/L 时，PCR 扩增体系如下

向（F）步骤 19）中得到的 cDNA（20 μl）加入以下试剂并温和吸打混匀。

试剂	体积（μl）
Index（X）Primer/i7 Primer（蓝色）*, **	2.5
Universal PCR Primer/i5 Primer（蓝色）*, ***	2.5
NEBNext Q5 Hot Start HiFi PCR Master Mix（蓝色）	25
总体积	50

*以下试剂盒提供引物：NEBNext Singleplex（NEB #E7350）或 Multiplex（NEB #E7335、#E7500、#E7600）Oligos for Illumina。双 barcode 引物：NEB #E7600，请参照说明书使用双 barcode 及 PCR 建立反应

** 如果使用 NEBNext Multiplex Oligos（NEB #E7335 或#E7500），每个 PCR 样品加一个 Index 引物；如果使用 Dual Index Primers（NEB #E7600），每个 PCR 样品只加入 i7 引物

*** 如果使用 Dual Index Primers（NEB #E7600），每个 PCR 样品只加入 i5 引物

B. 使用 96 Index Primers（NEB #E6609）时，扩增体系如下

向（F）步骤 19）中得到的 cDNA（20 μl）加入以下试剂并温和吸打混匀。

试剂	体积（μl）
Index /Universal Primer Mix（蓝色）*	5
NEBNext Q5 Hot Start HiFi PCR Master Mix（蓝色）	25
总体积	50

*NEBNext Multiplex Oligos for Illumina 试剂盒，NEB＃6609 提供引物。接头、引物及 barcode 组合参照 NEBNext Multiplex Oligos for Illumina（NEB #E6609）说明书

C. 使用引物浓度为 25 μmol/L 时，扩增体系如下

向（F）步骤 19）中得到的 cDNA（20 μl）加入以下试剂并温和吸打混匀。

试剂	体积（μl）
Index（X）Primer（蓝色）*, **	1
Universal PCR Primer（蓝色）*	1
NEBNext Q5 Hot Start HiFi PCR Master Mix（蓝色）	25
去离子水	3
总体积	50

*以下试剂盒提供引物：NEBNext Singleplex（NEB #E7350）或 Multiplex（NEB #E7335、#E7500）Oligos for Illumina

** 如果使用 NEBNext Multiplex Oligos（NEB #E7335 或#E7500），每个 PCR 样品加一个 Index 引物

2）PCR 循环条件：

98℃，30 s；

12～15*,**个循环

　　98℃，10 s；

　　65℃，75 s；

65℃，5 min；

4℃，保持。

＊PCR 循环数需要根据起始 RNA 的量进行调整。如果 RNA 起始量为 100 ng，则推荐的 PCR 循环数为 15 个。

＊＊尽量控制 PCR 循环数避免过度扩增是非常重要的。如果发生过度扩增，Bioanalyzer 检测时会有较大分子质量 DNA（＞500 bp）出现。

反应结束后，将 PCR 产物转移至 1.5 ml 新管中。

3）产物纯化（bead cleanup）

a）将提前在室温放置 30 min 的 AMPure XP beads 进行充分涡旋混匀，向每管样品中加入 45 μl beads，轻轻吹吸 10 次至完全混匀。

b）将样品管于室温孵育 5 min，使样品和 beads 充分结合。

c）样品置于磁力架上 5 min，使所有 beads 都结合到磁力架一侧管壁后，小心吸取并弃除上清。

d）保持样品在磁力架上进行乙醇清洗操作：向样品管中加入 200 μl 80%新鲜配制的乙醇，不要触碰到 beads，室温放置 30 s，去上清。重复此步骤一次。

e）将乙醇吸弃干净后，室温干燥 2 min 挥发掉残留乙醇。

f）将样品从磁力架上取出，加入 21 μl 0.1×TE 缓冲液（事先融化至室温后 600 g，5 s 瞬离），轻轻吹吸 10 次，混匀。

g）将样品于室温静置 2 min，洗脱 cDNA。

h）样品置于磁力架上 5 min，至 beads 都吸附到磁力架一侧管壁上。

i）小心吸取 20 μl 上清转移至一个新的 1.5ml 离心管中。

注意：此时可暂停实验，样品于–20℃保存。

（五）NEBNext® Ultra™ Directional RNA Library Prep Kit for Illumina（NEB #E7420S/L）

1. 目的

利用 NEBNext® Ultra™ Directional RNA Library Prep Kit 构建有方向的转录组测序文库。

2. 流程

根据起始材料的不同可分为 3 种建库方法，实验流程分别如下。

方法 1：使用 NEBNext Poly（A）mRNA 磁性分离模块（NEB #E7490）

准备第一链合成反应缓冲液及随机引物→mRNA 分离、片段化及总 RNA 的初始准备→第一链 cDNA 合成→第二链 cDNA 合成→使用 1.8×Agencourt AMPure XP 磁珠纯化双链 cDNA→cDNA 文库的末端准备→接头连接→用 AMPure XP 磁珠纯化连接反应产物→PCR 富集带有接头的 DNA→使用 Agencourt AMPure XP 磁珠纯化 PCR 产物。

方法 2：使用 NEBNext rRNA 去除试剂盒（人/大鼠/小鼠）（NEB #E6310）

探针杂交→RNase H 消化→DNase I 消化→使用 Agencourt RNAClean XP 磁珠纯化去除 rRNA 后的 RNA→完整或部分降解 RNA 的片段化及初始准备→第一链 cDNA 合成→第二链 cDNA 合成→使用 1.8×Agencourt AMPure XP 磁珠纯化双链 cDNA→cDNA 文库的末端准备→接头连接→用 AMPure XP 磁珠纯化连接反应产物→PCR 富集带有接头的 DNA→使用 Agencourt AMPure XP 磁珠纯化 PCR 产物。

方法 3：使用纯化后的 mRNA 或去除核糖体 RNA

完整或部分降解 RNA 的片段化及初始准备→第一链 cDNA 合成→第二链 cDNA 合成→使用 1.8×Agencourt AMPure XP 磁珠纯化双链 cDNA→cDNA 文库的末端准备→接头连接→用 AMPure XP 磁珠纯化连接反应产物→PCR 富集带有接头的 DNA→使用 Agencourt AMPure XP 磁珠纯化 PCR 产物。

3. 推荐使用的试剂盒

NEBNext® Ultra™ Directional RNA Library Prep Kit（NEB #E7420S/L）、NEBNext Poly（A）mRNA Magnetic Isolation Module（NEB #E7490）、NEBNext rRNA Depletion Kit（Human/Mouse/Rat）（NEB #E6310）。

4. NEBNext 定向 RNA 建库实验操作

以下步骤仅适用于构建插入片段为 200 bp 的 RNA 文库。如需构建更大 RNA 插入片段文库，请在 PCR 扩增前的片段选择一步中参照下面推荐的片段大小筛选条件（筛选初始 DNA 体积为 100 μl）。

文库参数					
	掺入片段大小	250～400 bp	300～450 bp	400～600 bp	500～700 bp
	最终文库大小	350～500 bp	400～550 bp	500～700 bp	600～800 bp
加入磁珠体积	第一轮磁珠筛选	45 μl	40 μl	35 μl	30 μl
	第二轮磁珠筛选	20 μl	20 μl	15 μl	15 μl

（1）方法一：使用 NEBNext Poly（A）mRNA 磁性分离模块（NEB #E7490）

RNA 样本要求

RNA 总量为 100 ng～1 µg，无盐离子（如 Mg^{2+} 或胍盐等）及有机物（如苯酚、乙醇等）污染。用 DNA 酶 I 处理 RNA 样品，去除所有残留的 DNA，处理后去除 DNA 酶 I。

实验前准备工作

预先将 AMPure XP 磁珠从冰箱取出 30 min 以上，使其达到室温。

（A）准备第一链合成反应缓冲液及随机引物（preparation for first strand reaction buffer and random primer mix）

在无核酸酶污染的管中准备第一链合成反应缓冲液及随机引物（2×）。

试剂	体积（µl）
NEBNext First Strand Synthesis Reaction Buffer（5×）（粉色）	8
NEBNext Random Primers（粉色）	2
去离子水	10
总体积	20

注：配制完后，涡旋混匀，将混合液立即置于冰上

（B）mRNA 分离、片段化及总 RNA 的初始准备（mRNA isolation, fragmentation and priming starting with total RNA）

1）取干净的 0.2 ml PCR 管，用去离子水将总 RNA 样本稀释到 50 µl（100 ng～1 µg），置于冰上。

2）取 20 µl NEBNext Oligo d(T)$_{25}$ 磁珠于另一干净的 0.2 ml PCR 管中。

3）向步骤 2）中的磁珠管内加入 100 µl RNA Binding Buffer（2×）清洗磁珠。轻轻吹吸 6 次混匀。

4）将 PCR 管置于磁力架上，室温放置 2 min。

5）吸出并弃除所有上清液，注意不要接触到磁珠。

6）将 PCR 管从磁力架上取下。

7）重复步骤 3）～6），再次清洗磁珠一次。

8）用 50 µl RNA Binding Buffer（2×）重悬磁珠，加入步骤 1）中的 50 µl 总 RNA 样品。

9）将 PCR 管置于 PCR 仪上，65℃加热 5 min 之后保持在 4℃变性，以便 poly（A）mRNA 结合到磁珠上。

10）当温度达到 4℃后将 PCR 管从 PCR 仪取出。

11）重悬磁珠，上下吹吸 6 次以彻底混匀。

12）将 PCR 管置于实验台上，室温反应 5 min，使 mRNA 结合到磁珠上。

13）重悬磁珠，上下吹吸 6 次以彻底混匀。

14）室温反应 5 min，使 mRNA 结合到磁珠上。

15）将 PCR 管置于磁力架上，室温放置 2 min，使结合到磁珠上的 poly（A）mRNA 与溶液分离开。

16）吸出并弃除所有上清液，注意不要接触到磁珠。

17）将管子从磁力架上取下。

18）向管中加入 200 μl Wash Buffer 清洗磁珠，以去除未结合的 RNA。上下吹吸 6 次以彻底混匀。

19）将 PCR 管置于磁力架上，室温放置 2 min。

20）吸出并弃除所有上清液，注意不要接触到磁珠。

21）将管子从磁力架上取下。

22）重复步骤 18）~21）。

23）向 PCR 管中加入 50 μl Tris 缓冲液。温和上下吹吸 6 次以彻底混匀。

24）将 PCR 管置于 PCR 仪上，关上盖子，80℃加热样品 2 min，保持在 25℃，将 poly（A）mRNA 从磁珠上洗脱。

25）当温度达到 25℃时，将 PCR 管从 PCR 仪上取下。

26）向样品中加入 50 μl RNA Binding Buffer（2×），使 mRNA 样品重新结合到磁珠上，温和上下吹吸 6 次以彻底混匀。

27）室温反应 5 min。

28）重悬磁珠，缓慢吸打 6 次彻底混匀。

29）室温反应 5 min，使 RNA 结合到磁珠上。

30）将管子置于磁力架上，室温静置 2 min。

31）吸出并弃除所有上清液，注意不要接触到磁珠。

32）将 PCR 管从磁力架上取下。

33）向管中加入 200 μl Wash Buffer 清洗磁珠。温和地吸打 6 次混匀。

34）将 PCR 管置于磁力架上，室温静置 2 min。

35）吸出并弃除所有上清液，注意不要接触到磁珠。

注意：彻底弃去所有上清液对于后续成功片段化 mRNA 至关重要。短暂离心 PCR 管，将管置于磁力架上，用 10 μl 枪头吸出所有 Wash Buffer；不要碰到结合 mRNA 的磁珠。

36）将管从磁力架上取下。

向磁珠中加入 15.5 μl 在步骤（A）中准备的第一链合成反应缓冲液及随机引物（2×），94℃加热 15 min（如果要求 RNA 片段大于 300 nt，则片段化时间为 5~10 min）。

37）立即将管子置于磁力架上，室温静置 2 min。

38）吸取 13.5 μl 上清液到干净的去离子水的 PCR 管中，收集纯化的 mRNA 样品。

39）将 PCR 管置于冰上，直接进入下一步第一链 cDNA 合成。

（C）第一链 cDNA 合成（first strand cDNA synthesis）

在使用前，将放线菌素 D 储存液（5 μg/μl）用去离子水稀释到 0.1 μg/μl。

注意：稀释后的放线菌素 D 对光非常敏感。在溶解状态下，放线菌素 D 容易被塑料及玻璃吸收。因此，未使用的稀释放线菌素 D 溶液应直接丢弃，不可继续储存使用。溶解在 DMSO 的高浓度冻存液（5 μg/μl）在–20℃条件下至少可以稳定一个月。

1）向片段化及初步准备好的 mRNA［从（B）步骤 38）中得到的 13.5 μl 样品］加入以下组分，并吸打混合均匀。

试剂	体积（μl）
小鼠 RNase 抑制剂（粉色）	0.5
放线菌素 D（0.1 μg/μl）	5
ProtoScript Ⅱ 逆转录酶（粉色）	1
总体积	20

2）将 PCR 仪预热（盖子温度设置到 105℃），按照下列循环操作：

25℃，10 min；

42℃，15 min；

70℃，15 min；

4℃，保持。

注意：如果需制备较大的 RNA 片段，请将此步骤中 42℃反应的时间由 15 min 增长到 50 min。

3）立即进行下一步"第二链 cDNA 合成"。

（D）第二链 cDNA 合成（perform second strand cDNA synthesis）

1）将以下试剂加入到第一链合成反应（20 μl）中。

试剂	体积（μl）
Second Strand Synthesis Reaction Buffer（10×）（橙色）	8
Second Strand Synthesis Enzyme Mix（橙色）	4
去离子水	48
总体积	80

2）反复吹打混合均匀。

3）将 PCR 仪盖子温度设置为≤40℃，16℃反应 1 h。

（E）使用 1.8×Agencourt AMPure XP 磁珠纯化双链 cDNA（purify the double-stranded cDNA using 1.8×Agencourt AMPure XP beads）

1）涡旋混匀 AMPure 磁珠。

2）取 144 μl 混匀的 AMPure 磁珠，加入到二链合成反应体系中（约 80 μl）。在涡旋振荡器上混匀或吹打 10 次以上混匀。

3）室温反应 5 min。

4）短暂离心使液体沉于管底。将管子置于适合的磁力架上，将磁珠与上清液分离。待溶液澄清后（约 5 min），小心吸出并弃去上清液。注意不要碰到结合有 DNA 片段的磁珠。

5）保持管子位于磁力架上，向管中加入 200 μl 新鲜制备的 80%乙醇溶液。室温静置 30 s，小心吸取并弃置上清液。

6）重复步骤 5），共计 2 次清洗步骤。

7）打开管盖，在磁力架上干燥磁珠 5 min。

注意：不要让磁珠过分干燥，否则可能会导致 DNA 回收效率降低。

8）将管子从磁力架上取下。用 60 μl 0.1×TE 缓冲液或 10 mmol/L Tris-HCl 从磁珠上洗脱目标 DNA。短暂离心管子，室温静置 2 min。将管子置于磁力架上直到溶液澄清。

9）吸取 55.5 μl 上清液到新的无核酸酶 PCR 管中。

注意：如果需要可以暂停实验，样品可以保存在−20℃。

（F）cDNA 文库的末端准备（perform end prep of cDNA library）

1）将下列试剂加入灭菌的无核酸酶管中。

试剂	体积（μl）
纯化后的双链 cDNA [（E）中步骤 9]	55.5
NEBNext End Repair Reaction Buffer（10×）（绿色）	6.5
NEBNext End Prep Enzyme Mix（绿色）	3
总体积	65

2）将 PCR 仪热盖温度设置到 75℃，按照下列循环操作：

20℃，30 min；

65℃，30 min；

4℃，保持。

3）立即进行下一步接头连接操作。

（G）接头连接（perform adapter ligation）

实验准备

用 10 mmol/L Tris-HCl 或者含 10 mmol/L NaCl 的 10 mmol/L Tris-HCl 将（红色）NEBNext Adapter for Illumina（15 μmol/L）做 10 倍稀释（1∶9），终浓度为 1.5 μmol/L。稀释后立即使用。

1）向末端修复混合液中加入以下组分（注意：为防止接头二聚体的形成，请不要预先混合以下组分）。

试剂	体积（μl）
End Prep Reaction	65
Blunt/TA Ligase Master Mix（红色）	15
稀释后的 NEBNext Adapter*	1
去离子水	2.5
总体积	83.5

*NEBNext 接头及引物有单接头（NEB #E7350），或者多接头（NEB #E7335、#E7500、#E7600 和#E6609）

2）反复吹吸混匀后短暂离心收集液体至管底。

3）在 PCR 仪上，盖子不加热，20℃反应 15 min。

NEBNext Q5 Hot Start HiFi PCR Master Mix 融化时可能会有沉淀产生。为了保证最佳效果，在纯化连接反应产物时即可将其置于室温。待其融化后，可温和地上下颠倒数次混匀。

（H）用 AMPure XP 磁珠纯化连接反应产物（purify the ligation reaction using AMPure XP beads）

1）向连接反应中加入去离子水，将反应体系补充到 100 μl。在加入 AMPure XP 磁珠之前，需保证总体积是 100 μl。

注意：×指上一步中得到的 100 μl 样本。

2）加入 100 μl 重悬好的 AMPure XP 磁珠，振荡或吸打 10 次以上混匀。

3）室温反应 5 min。

4）短暂离心后将管子置于合适的磁力架上，使磁珠与上清液分离。上清液澄清后（约 5 min），弃置含有不需要片段的上清液（注意：不要弃磁珠）。

5）保持管子位于磁力架上，向管中加入 200 μl 新制备的 80%乙醇溶液。室温静置 30 s，小心地吸取并弃置上清。

6）重复步骤 5），总计 2 次清洗步骤。

7）短暂离心，将管子放回磁力架上。

8）彻底去除残留的乙醇，保持管子在磁力架上，打开盖子，干燥磁珠 5 min。

注意：不要让磁珠过分干燥，否则可能会导致 DNA 回收效率降低。

9）将管子从磁力架上取下。用 52 μl 0.1×TE 或者 10 mmol/L Tris-HCl 洗脱 DNA。涡旋振荡或吸打混匀，室温静置 2 min。将管子置于磁力架上直至溶液澄清。

10）吸取 50 μl 上清液到新的 PCR 管中。弃去磁珠。

11）向这 50 μl 上清液中加入 50 μl 重悬好的 AMPure XP 磁珠，涡旋振荡或吸打数次混匀。

12）室温静置 5 min。

13）短暂离心后将管子置于合适的磁力架上，使磁珠与上清液分离。上清液澄清后（约 5 min），弃置含有不需要片段的上清液（注意：不要弃磁珠）。

14）保持管子位于磁力架上，向管中加入 200 μl 新制备的 80%乙醇溶液。室温静置 30 s，小心地吸取并弃置上清。

15）重复步骤 14），总计 2 次清洗步骤。

16）短暂离心，将管子放回磁力架上。

17）保持管子在磁力架上，打开盖子，干燥磁珠 5 min，以彻底去除残留的乙醇。

18）将管子从磁力架上取下。用 19 μl 0.1×TE 或者 10 mmol/L Tris-HCl 洗脱 DNA。涡旋振荡或吸打混匀，室温静置 2 min。将管子置于磁力架上直至溶液澄清。

19）不要接触到磁珠，吸取 17 μl 上清液到新的 PCR 管中进行下一步 PCR 扩增。

（I）PCR 富集带有接头的 DNA（PCR enrichment of adapter ligated DNA）

1）根据 NEBNext 接头及引物试剂盒批号不同，浓度及 PCR 体系有所不同。

A. 使用引物浓度为 10 μmol/L 时，PCR 扩增体系如下

向（H）步骤 19）得到的 cDNA（17 μl）加入以下试剂并温和吸打混匀。

试剂	体积（μl）
NEBNext USER Enzyme（蓝色）	3
NEBNext Q5 Hot Start HiFi PCR Master Mix（蓝色）	25
Index Primer/i7 Primer（蓝色）*、**	2.5
Universal PCR Primer/i5 Primer（蓝色）*、***	2.5
总体积	50

*以下试剂盒提供引物：NEBNext Singleplex（NEB #E7350）或 Multiplex（NEB #E7335、#E7500、#E7600）Oligos for Illumina。双 barcode 引物：NEB #E7600，请参照说明书使用双 barcode 及 PCR 建立反应

**如果使用 NEBNext Multiplex Oligos（NEB #E7335 或#E7500），每个 PCR 样品加一个 Index 引物；如果使用 Dual Index Primers（NEB #E7600），每个 PCR 样品只加入 i7 引物

***如果使用 Dual Index Primers（NEB #E7600），每个 PCR 样品只加入 i5 引物

B. 使用 96 Index Primers（NEB #E6609）时，扩增体系如下

向（H）中步骤 19）得到的 cDNA（17 μl）加入以下试剂并温和吸打混匀。

试剂	体积（μl）
NEBNext USER Enzyme（蓝色）	3
Index /Universal Primer Mix（蓝色）*	5
NEBNext Q5 Hot Start HiFi PCR Master Mix（蓝色）*	25
总体积	50

　*NEBNext Multiplex Oligos for Illumina 试剂盒，NEB＃6609 提供引物。接头、引物及 barcode 组合参照 NEBNext Multiplex Oligos for Illumina（NEB #E6609）说明书

C. 使用引物浓度为 25 μmol/L 时，扩增体系如下

向（H）中步骤 19）得到的 cDNA（17 μl）加入以下试剂并温和吸打混匀。

试剂	体积（μl）
NEBNext USER Enzyme（蓝色）	3
NEBNext Q5 Hot Start HiFi PCR Master Mix（蓝色）*	25
Index（X）Primer（蓝色）*, **	1
Universal PCR Primer（蓝色）*	1
去离子水	3
总体积	50

　*以下试剂盒提供引物：NEBNext Singleplex（NEB #E7350）或 Multiplex（NEB #E7335、#E7500）Oligos for Illumina
　**如果使用 NEBNext Multiplex Oligos（NEB #E7335 或#E7500），每个 PCR 样品加一个 Index 引物

2）PCR 循环条件。

37℃，15 min（USER 酶消化）；

98℃，30 s；

12~15*, **个循环

　　98℃，10 s；

　　65℃，75 s；

65℃，5min；

4℃，保持。

*PCR 循环数需要根据起始 RNA 的量进行调整。如果 RNA 起始量为 100 ng，则推荐的 PCR 循环数为 15 个。

**尽量控制 PCR 循环数避免过度扩增是非常重要的。如果发生过度扩增，Bioanalyzer 检测时会有较大分子质量 DNA（＞500 bp）出现。

反应结束后，将 PCR 产物转移至 1.5 ml 新离心管中。

3）产物纯化（bead cleanup）。

a）将提前在室温放置 30 min 的 AMPure XP beads 进行充分涡旋混匀，向每管样品中加入 45 μl beads，轻轻吹吸 10 次至完全混匀。

b）将样品管于室温孵育 5 min，使样品和 beads 充分结合。

c）样品置于磁力架中 5 min，使所有 beads 都结合到磁力架一侧管壁后，小心吸取并弃除上清。

d）保持样品在磁力架上进行乙醇清洗操作：向样品管中加入 200 μl 80%新鲜配制的乙醇，不要触碰到 beads，室温放置 30 s，去上清。重复此步骤一次。

e）将乙醇吸弃干净后，室温干燥 2 min 去掉残留乙醇。

f）将样品从磁力架中取出，加入 21 μl 0.1×TE 缓冲液（事先融化至室温后 600 g，5 s 瞬离），轻轻吹吸 10 次，混匀。

g）将样品于室温静置 2 min，洗脱 cDNA。

h）样品置于磁力架中 5 min，至 beads 都吸附到磁力架一侧管壁上。

i）小心吸取 20 μl 上清转移至一个新的 1.5 ml 离心管中。

注意：此时可暂停实验，样品于–20℃保存。

（2）方法二：使用 NEBNext rRNA 去除试剂盒（人/大鼠/小鼠）（NEB #E6310）

RNA 样本要求

RNA 起始量：100 ng～1 μg 的 RNA 样本，总体积不超过 12 μl。虽然 NEBNext rRNA 去除试剂盒可用于低至 10 ng 的总 RNA，然而当用于 RNA-seq 的样本时，为提高文库的复杂度并降低测序的重复率，应保证 RNA 起始量在 100 ng～1 μg。

RNA 质量：RNA 样本无盐离子（如 Mg^{2+} 或胍盐等）、二价阳离子螯合剂（如 EDTA、EGTA、柠檬酸等）及有机物（如苯酚或乙醇等）污染。用 DNA 酶 I 处理 RNA 样品，去除所有残留的 DNA。处理后去除 DNA 酶 I。

rRNA 去除后 RNA 的常规产量：实际产量由 RNA 样本起始量、样本中 rRNA 含量及纯化 RNA 的方法等因素决定。常规的回收率为 RNA 样本起始量的 3%～10%。

（A）探针杂交（hybridize the probes to the RNA）

1）准备 RNA/探针预混液。

试剂	体积（μl）
NEBNext rRNA Depletion Solution	1
Probe Hybridization Buffer	2
总体积	3

2）将 3 μl 上述混合液加入到 12 μl 总 RNA 样品中。

3）吸打混匀。

4）短暂离心，立即进行下一步反应。

5）将样品置于 PCR 仪上，盖子温度设置为 105℃，按照下列循环操作。

95℃，2 min；

由 95℃降低到 22℃，降温速度为 0.1℃/s；

22℃，5 min。

6）整个过程需要 15～20 min 时间完成。短暂离心后将样品置于冰上，立即进行下一步反应。

（B）RNase H 消化（RNase H digestion）

1）在冰上按照如下配方制备预混液，吸打混匀，立即使用。

试剂	体积（μl）
NEBNext RNase H	2
RNase H Reaction Buffer	2
去离子水	1
总体积	5

2）将上述 5 μl 混合液加入到（A）中步骤 6）的 RNA 样品中。

3）吸打混匀。

4）将样品置于 PCR 仪上（盖子温度设置为 40℃），37℃温育 30 min。

5）短暂离心后，将样品置于冰上，立即进行下一步反应以防止 RNA 非特异性降解。

（C）DNase I 消化（DNase I digestion）

1）在冰上，准备 DNase I 消化预混液，吸打混匀后立即使用。

试剂	体积（μl）
DNase I Reaction Buffer	5
DNase I（RNasefree）	2.5
去离子水	22.5
总体积	30

2）将 30 μl 上述混合液加入到（B）步骤 5）中的 RNA 样品中，吹打混匀。

3）将样品置于 PCR 仪上（盖子设置为 40℃），37℃温育 30 min。

4）短暂离心后，将样品置于冰上，立即进行下一步反应。

（D）使用 Agencourt RNAClean XP 磁珠纯化去除 rRNA 后的 RNA（RNA purification after rRNA depletion using Agencourt RNAClean XP baeds）

1）向上一步中得到的 RNA 样品中加入 110 μl（2.2×）Agencourt RNAClean

XP 磁珠，吸打混匀。

2）冰上反应 15 min。

3）短暂离心后将管子置于合适的磁力架上，使磁珠与上清液分离。

4）待溶液澄清后（约 5 min），弃置上清液。

5）保持管子位于磁力架上，向管中加入 200 μl 新制备的 80%乙醇溶液。室温静置 30 s，小心地吸取并弃置上清。

6）重复步骤 5），总计 2 次清洗步骤。

7）短暂离心，将管子放回磁力架上。

8）保持管子在磁力架上，打开盖子，干燥磁珠 5 min，以彻底去除残留的乙醇。

9）将管子从磁力架上取下。用 8 μl 去离子水洗脱 DNA。

10）吸打混匀。将管子置于磁力架上直至溶液澄清。

11）吸取 6 μl 上清液到新的 PCR 管中。

12）将样品置于冰上，进行下一步反应。

（E）RNA 初始准备及一链合成（RNA fragmentation，priming and first strand cDNA synthesis）

在这一步，根据 RNA 降解程度分为两种不同情况的处理，下面依次介绍。

实验准备如下。

在使用前，将放线菌素 D 储存液（5 μg/μl）用去离子水稀释到 0.1 μg/μl。

注意：稀释后的放线菌素 D 对光非常敏感。在溶解状态下，放线菌素 D 容易被塑料及玻璃吸收。因此，未使用的稀释放线菌素 D 溶液应直接丢弃，不可继续储存使用。溶解在 DMSO 的高浓度冻存液（5 μg/μl）在−20℃条件下至少可以稳定一个月。

A. 完整或部分降解 RNA 的片段化、初始准备及一链合成

1）建立如下反应体系，吸打混匀。

试剂	体积（μl）
去除核糖体 RNA	5
NEBNext First Strand Synthesis Reaction Buffer（5×）（粉色）	2
NEBNext Random Primers（粉色）	2
去离子水	1
总体积	10

2）将 RNA 片段化为 200 nt 左右的片段，根据 RNA 完整性不同片段化条件不同。

当 RNA 较为完整（RIN＞7）时，片段化时间为 94℃，15 min；当 RNA 部分降解（RIN 为 2～6）时，片段化时间为 94℃，7～8 min。

如果要制备更大插入片段的文库，片段化时间为 5～10 min（只适用于完整 RNA）。

3）将管子置于冰上。

4）第一链 cDNA 合成：向上一步中得到的片段化及初步准备好的 mRNA 样品（10 μl）加入以下组分，并吸打混合均匀。

试剂	体积（μl）
小鼠 RNase 抑制剂（粉色）	0.5
放线菌素 D（0.1 μg/μl）	5
ProtoScript II 逆转录酶　　（粉色）	1
去离子水	3.5
总体积	20

5）将 PCR 仪预热（盖子温度设置到 105℃），按照下列循环操作：

25℃，10 min；

42℃，15 min；

70℃，15 min；

4℃，保持。

注意：如果需制备较大的 RNA 片段，请将此步骤中 42℃ 反应的时间由 15 min 增长到 50 min。

6）立即进行第二链 cDNA 合成反应。

B. 无需片段化的 RIN 值≤2 的高度降解 RNA（FFPE）样品初步准备及一链合成

1）建立如下反应体系，吸打混匀。

试剂	体积（μl）
去除核糖体 RNA	5
NEBNext Random Primers（粉色）	1
总体积	6

2）将管子置于预热的 PCR 仪上，按照如下循环操作：65℃，5 min；4℃，保持。盖子温度设置为 105℃。

3）将管子置于冰上。

4）第一链 cDNA 合成：向上一步中得到的初步准备好的 mRNA 样品（6 μl）加入以下组分，并吸打混合均匀。

试剂	体积（μl）
NEBNext First Strand Synthesis Reaction Buffer（5×）（粉色）	4
小鼠 RNase 抑制剂（粉色）	0.5
放线菌素 D（0.1 μg/μl）	5
ProtoScript Ⅱ 逆转录酶　　（粉色）	1
去离子水	3.5
总体积	20

5）将 PCR 仪预热（盖子温度设置到 105℃），按照下列循环操作：

25℃，10 min；

42℃，15 min；

70℃，15 min；

4℃，保持。

注意：如果需制备较大的 RNA 片段，请将此步骤中 42℃反应的时间由 15 min 增长到 50 min。

6）立即进行第二链 cDNA 合成反应。

（F）第二链　cDNA　合成（perform second strand cDNA synthesis）

（1）将以下试剂加入到第一链合成反应（20 μl）中。

试剂	体积（μl）
Second Strand Synthesis Reaction Buffer（10×）（橙色）	8
Second Strand Synthesis Enzyme Mix（橙色）	4
去离子水	48
总体积	80

2）反复吹打混合均匀。

3）将 PCR 仪盖子温度设置为≤40℃，16℃反应 1 h。

（G）使用 1.8×Agencourt AMPure XP 磁珠纯化双链　cDNA（purify the double-stranded cDNA using 1.8×Agencourt AMPure XP beads）

1）涡旋混匀 AMPure 磁珠。

2）取 144 μl 混匀的 AMPure 磁珠，加入到二链合成反应体系中（约 80 μl）。在涡旋振荡器上混匀或吹打 10 次以上混匀。

3）室温孵育 5 min。

4）短暂离心使液体沉于管底。将管子置于适合的磁力架上，将磁珠与上清液分离。待上清液澄清后（约 5 min），小心吸出并弃去上清液。注意：不要碰到结合有 DNA 片段的磁珠。

5）保持管子位于磁力架上，向管中加入 200 μl 新鲜制备的 80%乙醇溶液。室温静置 30 s，小心吸取并弃置上清液。

6）重复步骤 5），共计 2 次清洗步骤。

7）打开管盖，在磁力架上干燥磁珠 5 min。

注意：不要让磁珠过分干燥，否则可能会导致 DNA 回收效率降低。

8）将管子从磁力架上取下。用 60 μl 0.1×TE 缓冲液或 10 mmol/L Tris-HCl 从磁珠上洗脱目标 DNA。短暂离心管子，室温静置 2 min。将管子置于磁力架上直到溶液澄清。

9）吸取 55.5 μl 上清液到新的无核酸酶 PCR 管中。

注意：如果需要停在这一步，请将样品保存在–20℃。

（H）cDNA 文库的末端准备（perform end prep of cDNA library）

1）将下列试剂加入灭菌的无核酸酶管中。

试剂	体积（μl）
纯化后的双链 cDNA	55.5
NEBNext End Repair Reaction Buffer（10×）（绿色）	6.5
NEBNext End Prep Enzyme Mix（绿色）	3
总体积	65

2）将 PCR 仪热盖温度设置为 75℃，按照下列循环操作：

20℃，30 min；

65℃，30 min；

4℃，保持。

3）立即进行下一步接头连接。

（I）接头连接（perform adapter ligation）

在建立连接反应前稀释 NEBNext 接头（红色）。

当起始 RNA 为 100 ng 时，用 10 mmol/L Tris-HCl 或者含 10 mmol/L NaCl 的 10 mmol/L Tris-HCl 将接头稀释 30 倍。

当起始 RNA 为 100 ng～1 μg 时，用 10 mmol/L Tris-HCl 或者含 10 mmol/L NaCl 的 10 mmol/L Tris-HCl 将接头稀释 10 倍。

1）向末端修复混合液中加入以下组分（注意：为防止接头二聚体的形成，请不要预先混合以下组分）。

试剂	体积（μl）
End Prep Reaction	65
Blunt/TA Ligase Master Mix（红色）	15
稀释后的 NEBNext Adapter[*]	1
去离子水	2.5
总体积	83.5

*NEBNext 接头及引物有单接头（NEB #E7350），或者多接头（NEB #E7335、#E7500、#E7600 和#E6609）

2）反复吹吸混匀后短暂离心收集液体至管底。

3）在 PCR 仪上，盖子不加热，20℃反应 15 min。

NEBNext Q5 Hot Start HiFi PCR Master Mix 融化时可能会有沉淀产生。为了保证最佳效果，在纯化连接反应产物时即可将其置于室温。待其融化后，可温和地上下颠倒数次混匀。

（J）用 AMPure XP 磁珠纯化连接反应产物（purify the ligation reaction using AMPure XP beads）

1）向连接反应中加入去离子水，将反应体系补充到 100 μl。在加入 AMPure XP 磁珠之前，需保证总体积是 100 μl。

注意：×指上一步中得到的 100 μl 样本。

2）加入 100 μl 重悬好的 AMPure XP 磁珠，振荡或吸打 10 次以上混匀。

3）室温孵育 5 min。

4）短暂离心后将管子置于合适的磁力架上，使磁珠与上清液分离。上清液澄清后（约 5 min），弃置含有不需要片段的上清液（注意：不要弃磁珠）。

5）保持管子位于磁力架上，向管中加入 200 μl 新制备的 80%乙醇溶液。室温静置 30 s，小心地吸取并弃置上清。

6）重复步骤 5），总计 2 次清洗步骤。

7）短暂离心，将管子放回磁力架上。

8）彻底去除残留的乙醇，保持管子在磁力架上，打开盖子，空气干燥 5 min。

注意：不要让磁珠过分干燥，否则可能会导致 DNA 回收效率降低。

9）将管子从磁力架上取下。用 52 μl 0.1×TE 或者 10 mmol/L Tris-HCl 洗脱 DNA。涡旋振荡或吸打混匀，室温静置 2 min。将管子置于磁力架上直至溶液澄清。

10）吸取 50 μl 上清液到新的 PCR 管中。弃去磁珠。

11）向这 50 μl 上清液中加入 50 μl 重悬好的 AMPure XP 磁珠，涡旋振荡或吸打数次混匀。

12）室温静置 5 min。

13）短暂离心后将管子置于合适的磁力架上，使磁珠与上清液分离。上清液澄清后（约 5 min），弃去含有不需要片段的上清液（注意：不要弃磁珠）。

14）保持管子位于磁力架上，向管中加入 200 μl 新制备的 80%乙醇溶液。室温静置 30 s，小心地吸取并弃置上清。

15）重复步骤 14），总计 2 次清洗步骤。

16）短暂离心，将管子放回磁力架上。

17）保持管子在磁力架上，打开盖子，空气干燥 5 min，以彻底去除残留的乙醇。

注意：不要让磁珠过分干燥，否则可能会导致 DNA 回收效率降低。

18）将管子从磁力架上取下。用 19 μl 0.1×TE 或者 10 mmol/L Tris-HCl 洗脱 DNA。涡旋振荡或吸打混匀，室温静置 2 min。将管子置于磁力架上直至溶液澄清。

19）不要接触到磁珠，吸取 17 μl 上清液到新的 PCR 管中进行下一步 PCR 扩增。

（K）PCR 富集带有接头的 DNA（PCR enrichment of adapter ligated DNA）

1）根据 NEBNext 接头及引物试剂盒批号不同，浓度及 PCR 体系有所不同。

A. 使用引物浓度为 10 μmol/L 时，PCR 扩增体系如下

向（J）中步骤 19）得到的 cDNA（17 μl）加入以下试剂，并温和吸打混匀。

试剂	体积（μl）
NEBNext USER Enzyme（蓝色）	3
NEBNext Q5 Hot Start HiFi PCR Master Mix（蓝色）	25
Index Primer/i7 Primer（蓝色）*, **	2.5
Universal PCR Primer/i5 Primer（蓝色）*, ***	2.5
总体积	50

*以下试剂盒提供引物：NEBNext Singleplex（NEB #E7350）或 Multiplex（NEB #E7335、#E7500、#E7600）Oligos for Illumina。双 barcode 引物：NEB #E7600，请参照说明书使用双 barcode 及 PCR 建立反应

**如果使用 NEBNext Multiplex Oligos（NEB #E7335 或#E7500），每个 PCR 样品加一个 Index 引物；如果使用 Dual Index Primers（NEB #E7600），每个 PCR 样品只加入 i7 引物

***如果使用 Dual Index Primers（NEB #E7600），每个 PCR 样品只加入 i5 引物

B. 使用 96 Index Primers（NEB #E6609）时，扩增体系如下

向（J）中步骤 19）得到的 cDNA（17 μl）加入以下试剂，并温和吸打混匀。

试剂	体积（μl）
NEBNext USER Enzyme（蓝色）	3
NEBNext Q5 Hot Start HiFi PCR Master Mix（蓝色）	25
Index /Universal Primer Mix（蓝色）*	5
总体积	50

*NEBNext Multiplex Oligos for Illumina 试剂盒，NEB＃6609 提供引物。接头、引物及 barcode 组合参照 NEBNext Multiplex Oligos for Illumina（NEB #E6609）说明书

C. 使用引物浓度为 25 μmol/L 时，扩增体系如下

向（J）中步骤 19）得到的 cDNA（17 μl）加入以下试剂，并温和吸打混匀。

试剂	体积（μl）
NEBNext USER Enzyme（蓝色）	3
NEBNext Q5 Hot Start HiFi PCR Master Mix（蓝色）	25
Index（X）Primer（蓝色）*, **	1
Universal PCR Primer（蓝色）*	1
去离子水	3
总体积	50

*以下试剂盒提供引物：NEBNext Singleplex（NEB #E7350）或 Multiplex（NEB#E7335、#E7500）Oligos for Illumina

**如果使用 NEBNext Multiplex Oligos（NEB #E7335 或#E7500），每个 PCR 样品加一个 Index 引物

2）PCR 循环条件。

37℃，15 min（USER 酶消化）；

98℃，30 s；

12～15*, ** 个循环

  98℃，10 s；

  65℃，75 s；

65℃，5 min；

4℃，保持。

*PCR 循环数需要根据起始 RNA 的量进行调整。如果 RNA 起始量为 100 ng，则推荐的 PCR 循环数为 15 个。

**尽量控制 PCR 循环数避免过度扩增是非常重要的。如果发生过度扩增，Bioanalyzer 检测时会有较大分子质量 DNA（>500 bp）出现。

反应结束后，将 PCR 产物转移至 1.5 ml 新管中。

3）产物纯化（bead cleanup）。

a）将提前在室温放置 30 min 的 AMPure XP beads 进行充分涡旋混匀，向每管样品中加入 45 μl beads，轻轻吹吸 10 次至完全混匀。

b）将样品管于室温孵育 5 min，使样品和 beads 充分结合。

c）样品置于磁力架上 5 min，使所有 beads 都结合到磁力架一侧管壁后，小心吸取并弃除上清。

d）保持样品在磁力架上进行乙醇清洗操作：向样品管中加入 200 μl 80%新鲜配制的乙醇，不要触碰到 beads，室温放置 30 s，去上清。重复此步骤一次。

e）将乙醇吸弃干净后，室温干燥 2 min 去掉残留乙醇。

f）将样品从磁力架上取出，加入 21 μl 0.1×TE 缓冲液（事先融化至室温后600 g，5 s 瞬离），轻轻吹吸 10 次，混匀。

g）将样品于室温静置 2 min，洗脱 cDNA。

h）样品置于磁力架上 5 min，至 beads 都吸附到磁力架一侧管壁上。

i）小心吸取 20 μl 上清转移至一个新的 1.5 ml 离心管中。

注意：此时可暂停实验，样品于–20℃保存。

（3）方法三：使用纯化后的 mRNA 或去除核糖体 RNA

（A）RNA 初始准备及一链合成（RNA fragmentation，priming and first strand cDNA synthesis）

根据 RNA 降解程度分为两种不同情况处理，下面会依次介绍。

实验准备如下。

在使用前，将放线菌素 D 储存液（5 μg/μl）用去离子水稀释到 0.1 μg/μl。

注意：稀释后的放线菌素 D 对光非常敏感。在溶解状态下，放线菌素 D 容易被塑料及玻璃吸收。因此，未使用的稀释放线菌素 D 溶液应直接丢弃，不可继续储存使用。溶解在 DMSO 的高浓度冻存液（5 μg/μl）在–20℃条件下至少可以稳定一个月。

A. 未降解或部分降解 RNA 的片段化、初始准备及一链合成

1）建立如下反应体系，吸打混匀。

试剂	体积（μl）
纯化后的 mRNA 或去除核糖体 RNA	5
NEBNext First Strand Synthesis Reaction Buffer（5×）（粉色）	2
NEBNext Random Primers（粉色）	2
去离子水	1
总体积	10

2）将 RNA 片段化为 200 nt 左右的片段，根据 RNA 完整性不同片段化条件不同。

当 RNA 较为完整（RIN＞7）时，片段化时间为 94℃ 15 min；当 RNA 部分降解（RIN 值为 2～6）时，片段化时间为 94℃，7～8 min。

如果要制备更大插入片段的文库，片段化时间为 5～10 min（只适用于完整RNA）。

3）将管子置于冰上。

4）第一链 cDNA 合成。

向上一步中得到的片段化及初步准备好的 mRNA 样品（10 μl）加入以下组分，并吸打混合均匀。

试剂	体积（μl）
小鼠 RNase 抑制剂（粉色）	0.5
放线菌素 D（0.1 μg/μl）	5
ProtoScript II 逆转录酶（粉色）	1
去离子水	3.5
总体积	20

5）将 PCR 仪预热（盖子温度设置到 105℃），按照下列循环操作：

25℃，10 min；

42℃，15 min；

70℃，15 min；

4℃，保持。

注意：如果需要制备较大的 RNA 片段，请将此步骤中 42℃反应的时间由 15 min 增长到 50 min。

6）立即进行第二链 cDNA 合成反应。

B. 无需片段化的 RIN 值≤2 的高度降解 RNA（FFPE）样品初步准备

1）建立如下反应体系，吸打混匀。

试剂	体积（μl）
去除核糖体 RNA	5
NEBNext Random Primers（粉色）	1
总体积	6

2）将管子置于预热的 PCR 仪上，按照如下循环操作：65℃ 5 min，盖子设置为 105℃，保持在 4℃。

3）将管子置于冰上。

4）第一链 cDNA 合成。

向上一步中得到的初步准备好的 mRNA 样品（6 μl）加入以下组分，并吸打混合均匀。

试剂	体积（μl）
NEBNext First Strand Synthesis Reaction Buffer（5×）（粉色）	4
小鼠 RNase 抑制剂（粉色）	0.5
放线菌素 D（0.1 μg/μl）	5
ProtoScript II 逆转录酶（粉色）	1
去离子水	3.5
总体积	20

5）将 PCR 仪预热（盖子温度设置到 105℃），按照下列循环操作：

25℃，10 min；

42℃，15 min；

70℃，15 min；

4℃，保持。

注意：如果需要制备较大的 RNA 片段，请将此步骤中 42℃反应的时间由 15 min 增长到 50 min。

6）立即进行第二链 cDNA 合成反应。

（B）第二链 cDNA 合成（perform second strand cDNA synthesis）

1）将以下试剂加入到第一链合成反应（20 μl）中。

试剂	体积（μl）
Second Strand Synthesis Reaction Buffer（10×）（橙色）	8
Second Strand Synthesis Enzyme Mix（橙色）	4
去离子水	48
总体积	80

2）反复吹打混合均匀。

3）将 PCR 仪盖子温度设置为≤40℃，16℃反应 1 h。

（C）使用 1.8×Agencourt AMPure XP 磁珠纯化双链 cDNA（purify the double-stranded cDNA using 1.8×Agencourt AMPure XP beads）

1）涡旋混匀 AMPure 磁珠。

2）取 144 μl 混匀的 AMPure 磁珠，加入到二链合成反应体系中（约 80 μl）。在涡旋振荡器上混匀或吹打 10 次以上混匀。

3）室温孵育 5 min。

4）短暂离心使液体沉于管底。将管子置于适合的磁力架上，将磁珠与上清液分离。待上清液澄清后（约 5 min），小心吸出并弃去上清液。注意不要碰到结合有 DNA 片段的磁珠。

5）保持管子位于磁力架上，向管中加入 200 μl 新鲜制备的 80%乙醇溶液。室温静置 30 s，小心吸取并弃置上清液。

6）重复步骤 5），共计 2 次清洗步骤。

7）打开管盖，在磁力架上干燥磁珠 5 min。

注意：不要让磁珠过分干燥，否则可能会导致 DNA 回收效率降低。

8）将管子从磁力架上取下。用 60 μl 0.1×TE 缓冲液或 10 mmol/L Tris-HCl 从磁珠上洗脱目标 DNA。短暂离心管子，室温静置 2 min。将管子置于磁力架上直到溶液澄清。

9）吸取 55.5 μl 上清液到新的无核酸酶 PCR 管中。

注意：如需暂停实验，可将样品保存在–20℃。

（D）cDNA 文库的末端准备（perform end prep of cDNA library）

1）将下列试剂加入灭菌的无核酸酶管中。

试剂	体积（μl）
纯化后的双链 cDNA	55.5
NEBNext End Repair Reaction Buffer（10×）（绿色）	6.5
NEBNext End Prep Enzyme Mix（绿色）	3
总体积	65

2）将 PCR 仪热盖温度设置到 75℃，按照下列循环操作：

20℃，30 min；

65℃，30 min；

4℃，保持。

3）立即进行下一步接头连接。

（E）接头连接（perform adapter ligation）

用 10 mmol/L Tris-HCl 或者含 10 mmol/L NaCl 的 10 mmol/L Tris-HCl 将 Next Adapter for Illumina（15 μmol/L）（红色）做 10 倍稀释（1∶9），终浓度为 1.5 μmol/L。稀释后立即使用。

1）向末端修复混合液中加入以下组分。

（注意：为防止接头二聚体的形成，请不要预先混合以下组分）

试剂	体积（μl）
End Prep Reaction	65
Blunt/TA Ligase Master Mix（红色）	15
稀释后的 NEBNext Adapter	1
去离子水	2.5
总体积	83.5

注：NEBNext 接头及引物有单接头（NEB #E7350），或者多接头（NEB #E7335、#E7500、#E7600 和#E6609）

2）反复吹吸混匀后短暂离心收集液体至管底。

3）在 PCR 仪上，盖子不加热，20℃反应 15 min。

NEBNext Q5 Hot Start HiFi PCR Master Mix 融化时可能会有沉淀产生。为了

保证最佳效果，在纯化连接反应产物时即可将其置于室温。待其融化后，可温和地上下颠倒数次混匀。

（F）用 AMPure XP 磁珠纯化连接反应产物（purify the ligation reaction using AMPure XP beads）

1）向连接反应中加入去离子水，将反应体系补充到 100 μl。在加入 AMPure XP 磁珠之前，需保证总体积是 100 μl。

注意：×指上一步中得到的 100 μl 样本。

2）加入 100 μl 重悬好的 AMPure XP 磁珠，振荡或吸打 10 次以上混匀。

3）室温孵育 5 min。

4）短暂离心后将管子置于合适的磁力架上，使磁珠与上清液分离。上清液澄清后（约 5 min），弃去含有不需要片段的上清液（注意：不要弃磁珠）。

5）保持管子位于磁力架上，向管中加入 200 μl 新制备的 80%乙醇溶液。室温静置 30 s，小心地吸取并弃置上清。

6）重复步骤 5），总计 2 次清洗步骤。

7）短暂离心，将管子放回磁力架上。

8）彻底去除残留的乙醇，保持管子在磁力架上，打开盖子，空气干燥 5 min。

注意：不要让磁珠过分干燥，否则可能会导致 DNA 回收效率降低。

9）将管子从磁力架上取下。用 52 μl 0.1×TE 缓冲液或者 10 mmol/L Tris-HCl 洗脱 DNA。涡旋振荡或吸打混匀，室温静置 2 min。将管子置于磁力架上直至溶液澄清。

10）吸取 50 μl 上清液到新的 PCR 管中。弃去磁珠。

11）向这 50 μl 上清液中加入 50 μl 重悬好的 AMPure XP 磁珠，涡旋振荡或吸打数次混匀。

12）室温静置 5 min。

13）短暂离心后将管子置于合适的磁力架上，使磁珠与上清液分离。上清液澄清后（约 5 min），弃置含有不需要片段的上清液（注意：不要弃磁珠）。

14）保持管子位于磁力架上，向管中加入 200 μl 新制备的 80%乙醇溶液。室温静置 30 s，小心地吸取并弃置上清。

15）重复步骤 14），总计 2 次清洗步骤。

16）短暂离心，将管子放回磁力架上。

17）保持管子在磁力架上，打开盖子，空气干燥 5 min，以彻底去除残留的乙醇。

注意：不要让磁珠过分干燥，否则可能会导致 DNA 回收效率降低。

18）将管子从磁力架上取下。用 19 µl 0.1×TE 缓冲液或者 10 mmol/L Tris-HCl 洗脱 DNA。涡旋振荡或吸打混匀，室温静置 2 min。将管子置于磁力架上直至溶液澄清。

19）不要接触到磁珠，吸取 17 µl 上清液到新的 PCR 管中进行下一步 PCR 扩增。

（G）PCR 富集带有接头的 DNA（PCR enrichment of adapter ligated DNA）

1）根据 NEBNext 接头及引物试剂盒批号不同，引物浓度及 PCR 体系有所不同。

A. 使用引物浓度为 10 µmol/L 时，PCR 扩增体系如下

向（F）中步骤 19）得到的 cDNA（17 µl）加入以下试剂并温和吸打混匀。

试剂	体积（µl）
NEBNext USER Enzyme（蓝色）	3
NEBNext Q5 Hot Start HiFi PCR Master Mix（蓝色）	25
Index Primer/i7 Primer（蓝色）*, **	2.5
Universal PCR Primer/i5 Primer（蓝色）*, ***	2.5
总体积	50

*以下试剂盒提供引物：NEBNext Singleplex（NEB #E7350）或 Multiplex（NEB#E7335、#E7500、#E7600）Oligos for Illumina。双 barcode 引物：NEB #E7600，请参照说明书使用双 barcode 及 PCR 建立反应

**如果使用 NEBNext Multiplex Oligos（NEB #E7335 或#E7500），每个 PCR 样品加一个 Index 引物；如果使用 Dual Index Primers（NEB #E7600），每个 PCR 样品只加入 i7 引物

***如果使用 Dual Index Primers（NEB #E7600），每个 PCR 样品只加入 i5 引物

B. 使用 96 Index Primers（NEB #E6609）时，扩增体系如下

向（F）中步骤 19）得到的 cDNA（17 µl）加入以下试剂并温和吸打混匀。

试剂	体积（µl）
NEBNext USER Enzyme（蓝色）	3
NEBNext Q5 Hot Start HiFi PCR Master Mix（蓝色）	25
Index /Universal Primer Mix（蓝色）*	5
总体积	50

*NEBNext Multiplex Oligos for Illumina 试剂盒，NEB＃6609 提供引物。接头、引物及 barcode 组合参照 NEBNext Multiplex Oligos for Illumina（NEB #E6609）说明书

C. 使用引物浓度为 25 µmol/L 时，扩增体系如下

向（F）中步骤 19）得到的 cDNA（17 µl）加入以下试剂并温和吸打混匀。

试剂	体积（μl）
NEBNext USER Enzyme（蓝色）	3
NEBNext Q5 Hot Start HiFi PCR Master Mix（蓝色）	25
Index（X）Primer（蓝色）*, **	1
Universal PCR Primer/i5 Primer（蓝色）*	1
去离子水	3
总体积	50

*以下试剂盒提供引物：NEBNext Singleplex（NEB #E7350）或 Multiplex（NEB #E7335、#E7500）Oligos for Illumina

**如果使用 NEBNext Multiplex Oligos（NEB #E7335 或#E7500），每个 PCR 样品加一个 Index 引物

2）PCR 循环条件：

37℃，15 min（USER 酶消化）；

98℃，30 s；

12~15*, **个循环

    98℃，10 s；

    65℃，75 s；

65℃，5 min；

4℃，保持。

*PCR 循环数需要根据起始 RNA 的量进行调整。如果 RNA 起始量为 100 ng，则推荐的 PCR 循环数为 15 个。

**尽量控制 PCR 循环数避免过度扩增是非常重要的。如果发生过度扩增，Bioanalyzer 检测时会有较大分子质量 DNA（>500 bp）出现。

反应结束后，将 PCR 产物转移至 1.5 ml 新离心管中。

3）产物纯化（bead cleanup）（这一步结束后可以放–20℃储存）。

a）将提前在室温放置 30 min 的 AMPure XP beads 进行充分涡旋混匀，向每管样品中加入 45 μl beads，轻轻吹吸 10 次至完全混匀。

b）将样品管于室温孵育 5 min，使样品和 beads 充分结合。

c）样品置于磁力架上 5 min，使所有 beads 都结合到磁力架一侧管壁后，小心吸取并弃除上清。

d）保持样品在磁力架上进行乙醇清洗操作：向样品管中加入 200 μl 80%新鲜配制的乙醇，不要触碰到 beads，室温放置 30 s，去上清。重复此步骤一次。

e）将乙醇吸弃干净后，室温干燥 2 min 去掉残留乙醇。

f）将样品从磁力架上取出，加入 23 μl 0.1×TE 缓冲液（事先融化至室温后，600 g，5 s 瞬离），轻轻吹吸 10 次，混匀。

g）将样品于室温静置 2 min，洗脱 cDNA。

h）样品置于磁力架上 5 min，至 beads 都吸附到磁力架一侧管壁上。

i）小心吸取 20 μl 上清转移至一个新的 1.5 ml 离心管中。

注意：此时可暂停实验，样品可置于–20℃保存。

四、RNA 文库质控

1. Qubit 定量检测文库浓度

使用注意事项如下。

1）Qubit 标准样品（4℃保存）需要在使用前提前取出，室温下放置 30 min。

2）温度变化会影响测量结果，检测时不要手握管壁。

Qubit 定量步骤如下。

1）准备 Qubit 检测工作液。

每个样品中需要加入 199 μl 缓冲液（buffer）和 1 μl 染料（dye）的混合液。此外，还需要做两个标准样品 standard 1 和 standard 2。因此，需要准备的工作液数量为：待测样品数+2 个标准样品数+1 管（假设为 n 管）。

	×1（μl）	×n（μl）
缓冲液（buffer）	199	199×n
染料（dye）	1	1×n

注：工作液总体积超过 1.5 ml 时，用 5～15 ml 管配制

2）配制样品及标样 standard（1 和 2）的检测体系。

	样品	标样
样品（μl）	1	N/A
标样（standard）（μl）	N/A	10
工作液（μl）	199	190
总体积（μl）	200	200

注：检测管为 Invitrogen 提供的 0.5 ml 专用管；检测前一定要将检测液涡旋混匀

3）待检测样品室温放置 2 min。

4）打开 Qubit 2.0 Fluorometer。根据使用试剂的不同，选择 DNA→ DNA Broad Range 或 DNA High Sensitivity。

5）制作标准曲线。将 standard 1 放入样品孔，盖上盖子后按 Read 键读值。同样放入 standard 2 读值，得到标准曲线。

6）放入待测样品，盖上盖子后按 Read 键，测出管内浓度。按 Calculator Stock Conc.键，选择加入的原始样品体积和所需浓度单位，得出原始样品浓度。

如果 DNA 浓度超出标准曲线范围，可将样品稀释 10 倍（浓度过高）或加入更多体积的样品（浓度过低）再进行测量。

2. Agilent 2100 检测文库片段大小

（1）准备 Gel-Dye Mix

1）将蓝盖染料（High Sensitivity DNA dye concentrate）和红盖 DNA 胶（High Sensitivity DNA gel matrix）室温放置 30 min。

2）涡旋染料，将 25 μl 染料加入胶中。

3）涡旋混匀，移入滤膜管（spin filter）中。

4）2240 g±20%离心 15 min。将液体避光 4℃保存。

（2）做胶

1）将配制好的 Gel-Dye Mix 室温避光放置 30 min。

2）确保针管的活塞在 1 ml 刻度以上，夹子的控制杆在最下档。

3）取一块新的 DNA Chip，放在制胶装置上。在标有 ⓖ 的加样孔里加入 9 μl Gel-Dye Mix，压紧制胶装置。下推针管至夹子处，用夹子压住针管。1 min 后松开夹子，让针管自由上升。停留 5 s 后，上拉针管至 1 ml 刻度以上，然后松开制胶装置。

4）在标有 ⓖ 标志的加样孔里各加入 9 μl Gel-Dye Mix。

5）在其他各个加样孔里各加入 5 μl Marker（11 个样品孔和 1 个 ladder 孔）。

6）在 ladder 孔里加入 1 μl High Sensitivity DNA ladder。

7）在样品孔里依次加入 1 μl 样品。

8）2000 r/min 涡旋 1 Min。

（3）跑胶

将 DNA chip 放入 Agilent 2100 跑胶。选择 High Sensitivity DNA 对应程序，编辑样品名称。

3. 实时荧光定量 PCR 检验文库中加有接头的 DNA 浓度

一般用实时荧光定量 PCR 方法准确定量检测 RNA 文库浓度。此处介绍用 KAPA 的文库定量试剂盒（Kit code：KK4824）进行定量的过程。

（1）准备 qPCR/Primer Mix

将 1 ml Illumina GA Primer Premix（10×）添加到 5 ml KAPA SYBR® FAST qPCR Master Mix（2×）中，混匀。

（2）稀释 library DNA

用 PCR-grade water 将 library DNA 稀释（注意：每步稀释后一定要充分涡旋混匀）。

1）稀释 2500 倍：将 0.5 μl library DNA 加入到 1250 μl 水中。

2）稀释 5000 倍：取 650 μl 稀释 2500 倍的 library DNA 加入到 650 μl 水中。

3）稀释 10 000 倍：取 650 μl 稀释 5000 倍的 library DNA 加入到 650 μl 水中。

4）稀释 5000 倍和 10 000 倍的 library DNA 作为备用模板。

（3）反应体系

成分	体积（μl）
qPCR/Primer Mix	6
文库或标准品（Std1～Std5）	4
总体积	10

（4）准备 qPCR 专用 96 孔板

按下表加样，并在 Real-time PCR 仪上按下表设置。设置 Std1～Std5 为标准品，并分别标明其浓度，设置 S1～S13 为 unknown，设置 NTC 为阴性对照（negative control，NTC）。

注意：每一个 96 孔板都必须有阴性对照。每次扩增时都必须检测 NTC，在正常情况下，NTC 无扩增。

	1	2	3	4	5	6	7	8	9	10	11	12
A	Std1 20 pmol/L	Std1 20 pmol/L	Std1 20 pmol/L	S2 10k	S2 10k	S2 10k	S6 10k	S6 10k	S6 10k	S10 10k	S10 10k	S10 10k
B	Std2 2 pmol/L	Std2 2 pmol/L	Std2 2 pmol/L	S3 5k	S3 5k	S3 5k	S7 5k	S7 5k	S7 5k	S11 5k	S11 5k	S11 5k
C	Std3 0.2 pmol/L	Std3 0.2 pmol/L	Std3 0.2 pmol/L	S3 10k	S3 10k	S3 10k	S7 10k	S7 10k	S7 10k	S11 10k	S11 10k	S11 10k
D	Std4 0.02pmol/L	Std4 0.02 pmol/L	Std4 0.02 pmol/L	S4 5k	S4 5k	S4 5k	S8 5k	S8 5k	S8 5k	S12 5k	S12 5k	S12 5k
E	Std5 0.002pmol/L	Std5 0.002 pmol/L	Std5 0.002 pmol/L	S4 10k	S4 10k	S4 10k	S8 10k	S8 10k	S8 10k	S12 10k	S12 10k	S12 10k
F	S1 5k	S1 5k	S1 5k	S5 5k	S5 5k	S5 5k	S9 5k	S9 5k	S9 5k	S13 5k	S13 5k	S13 5k
G	S1 10k	S1 10k	S1 10k	S5 10k	S5 10k	S5 10k	S9 10k	S9 10k	S9 10k	S13 10k	S13 10k	S13 10k
H	S2 5k	S2 5k	S2 5k	S6 5k	S6 5k	S6 5k	S10 5k	S10 5k	S10 5k	NTC	NTC	NTC

qPCR 扩增程序

变性：95℃，5 min；

35 个循环：

变性 95℃，30 s；

退火/ 延伸/ 数据采集 60℃，45 s。

（5）数据分析

Bio-Rad CFX Manager 2.1 软件打开 Data 文件。

在 Quantification 界面检测实验重复性好坏，去掉重复间差异超过 0.5 个循环的值。

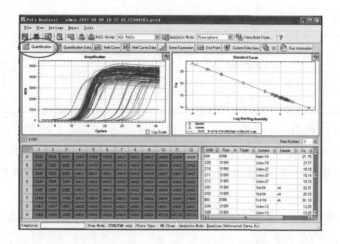

在 Quantification Data 界面选取所有数值，复制到 Excel 表格。

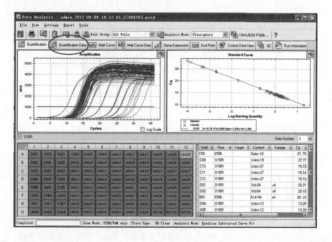

在 Excel 中保留 Starting Quantity（SQ）和 SQ Mean 项，计算文库浓度。

　　Size Conc.（pmol/L）= SQ Mean 项（pmol/L）×452÷文库片段长度

原始浓度（nmol/L）= Size Conc.（pmol/L）×相应稀释倍数（5000 或 10 000）÷1000

　　注意：library 浓度至少要达到 2 nmol/L。

4. RNA 文库保存

建好的 RNA 文库可以在–20℃冰箱中保存，若需长期保存，可存放于–80℃冰箱中。

五、RNA 测序案例举例

案例：链特异性 RNA 测序技术鉴定水稻新型顺式天然反义转录本（Lu et al., 2012）

论文：Tingting Lu, Chuanrang Zhu, Guojun Lu, et al. 2012. Strand-specific RNA-seq reveals widespread occurrence of novel *cis*-natural antisense transcripts in rice. BMC Genomics, 13: 721.

发表单位：中国科学院上海生命科学研究院植物生理生态所　国家基因研究中心

研究目的

顺式天然反义转录本（*cis*-NATs）是从基因的反义链转录而来，和基因正义链转录而来的 RNA 序列互补。在各种真核有机体中鉴定 *cis*-NATs 的主要方法包括微阵列（基因芯片）技术和转录组数据库分析。目前通过计算机进行基因分析已经鉴定出许多 *cis*-NATs，这些转录本可能产生内源的短干扰 RNA（nat-siRNAs），这些干扰 RNA 与水稻转录水平调控和转录后调控中重要的生物起源机制有关。本研究为更好地研究 *cis*-NATs，进行更深入地转录组测序分析，提供了水稻中 *cis*-NATs 和 nat-siRNAs 大量存在的证据，以期揭示水稻转录组的复杂功能。

方法流程

1. 取材

选用模式植物水稻（*Oryza sativa* L.）为研究材料，分为 4 组处理：盐胁迫（200 mmol/L NaCl）、干旱胁迫（20% PEG-6000）、冷胁迫（4℃）及对照组。用 trizol 法提取 4 种条件下的总 RNA，经纯化后分别得到 mRNA 及小 RNA。

2. 建库

mRNA 链特异性文库：用 RNA 建库试剂盒（Illumina 公司）构建插入片段为 300～400 bp 的链特异性文库。

小 RNA 文库：用小 RNA 建库试剂盒（Illumina 公司）构建插入片段为 18～34 bp 的文库。

3. 测序

mRNA 链特异性文库测序：用 Illumina GA IIX 测序平台对 4 种文库进行高通量测序（除对照组占据两条 lane 之外，其余 3 种实验组文库各占据 1 条 lane），读长为双端 120 bp（PE120），上机浓度为 2 pmol/L。

小 RNA 文库测序：用 Illumina GA IIX 测序平台对 4 种文库进行测序（除冷胁迫实验组占据一条 lane 之外，其余 3 种文库各占据两条 lane），读长为 35 bp。

4. 数据分析

①水稻链特异性转录组分析组装；②基因注释；③转录本鉴定及筛选；④功能

区域鉴定及表达水平分析。

研究结果

1. 水稻链特异性转录组的测序和组装

对 4 种条件（盐胁迫、冷胁迫、干旱胁迫及对照）下的水稻 mRNA 进行链特异性建库及测序，将测序得到的 reads 与注释基因数据库进行比对，发现有 89.4%～95.5% 的 reads 能比对到正确的特异性转录方向。对正常水稻幼苗的表皮细胞进行深度测序（双端 100 bp），得到 1040 万条的高质量 reads。使用 TopHat 和 Cufflinks 软件进行分析组装，组装为 76 013 个转录本，对应于 45 844 个特异的基因位点（包括 4873 个新基因位点）。其中，25 924 个被鉴定为新的转录本，包括 5063 个 ncRNA、16 494 个翻译蛋白的 CDS 和 4367 个非翻译蛋白的 CDS 区域。

2. 鉴定水稻中的 *cis*-NATs

初步筛选得到 5813 对水稻 *cis*-NATs，去掉编码转座子、rRNA、tRNA、snRNA、snoRNA 或 miRNA 的成员之后，得到 3819 个平均重叠区在 785nt 的 *cis*-NATs。36.1%（1378 个）的 *cis*-NATs 对是编码蛋白基因和非编码蛋白 RNA，另有 33.4%（1275 个）的 *cis*-NATs 是一种预测的 CDS（不含 PFAM 区域）的转录本（含有 PFAM 区域）成员。87.9%（3358 个）的 *cis*-NATs 是"一对一"类型，即每对 *cis*-NATs 中一个转录本只对应一个反义转录本。剩余的 461 个 *cis*-NATs（685 个转录本组成）参与一个由 223 个 *cis*-NATs 成员组成的调控网络。

3. 鉴定水稻中小 RNA 和 nat-siRNAs

构建 4 种条件（盐胁迫、冷胁迫、干旱胁迫及对照）下的水稻小 RNA 链特异性文库并进行测序，去掉低质量 reads 及比对到 rRNA、tRNA、sn/sno RNA、线粒体及叶绿体中的 reads，从对照、盐胁迫、冷胁迫及干旱胁迫 4 种情况下分别鉴定得到 4 843 040 种、3 973 627 种、2 894 255 种及 5 492 145 种特异的小 RNA，主要为 24 nt 小 RNA，定位在转座子相关区域等。为确定 nat-siRNAs 的数量，在小 RNA 文库中筛选那些能完全特异地比对到 3819 个 *cis*-NATs 上的重叠区域，最终发现 90 977 种特异的小 RNA（共 180 239 reads）由重复区域产生。nat-siRNAs 长度大部分在 21～25 nt，与总小 RNA 不同的是，这些 nat-siRNAs 的 5′端第一个核苷酸主要是腺苷酸。

4. 在正常及生物胁迫条件下 *cis*-NATs 及 nat-siRNAs 的基因表达证据

鉴定发现 2292 对 *cis*-NATs 在 4 种情况下均有正义和反义转录本，并在其重叠区有 nat-siRNAs 的存在。经统计，在重叠区的小 RNA 密度要比在非重叠区的高 5 倍，*cis*-NAT 通过编码蛋白的转录链产生小 RNA。在 2292 个 *cis*-NATs 中，有 46.7% 的转录本在几种实验条件下都能产生。*cis*-NAT 可分为 5 个亚族，通过功能区域及表达分析，在 5 个亚族中都发现了蛋白激酶区域，而正义、反义转录本的其他功能区域及表达水平却在不同亚族中不同。不同实验条件下 cis-NATs 的表达数量大相径庭。通过对 PFAM 蛋白家族的富集分析，从功能上对 2292 个 cis-NATs 进行注释，得出三大类 cis-NATs 对。

5. cis-NATs 形成的网络

进一步探究了水稻中 cis-NATs 形成的网络，即"多对多"类型，cis-NATs 中一个转录本对应多于一个的反义转录本，这种网络结构预示着转录后调控的复杂性。在水稻中，发现 461 个 cis-NATs（由 685 个转录本组成）参与由 223 个 cis-NATs 组成的调控网络，其中 209 个属于"一对一"类型，9 个属于"一对三"类型，4 个属于"二对二"类型，一个属于"一对四"类型。

研究结论

通过链特异性 RNA 测序技术，系统地对水稻中顺式天然反义转录本和可能的 nat-siRNAs 进行鉴定。揭示了水稻中的 cis-NATs 普遍存在并有丰富的转录活跃区，这预示着通过 cis-NATs 和 nat-siRNAs 进行的调控可能是一种普遍的生物学现象。通过高通量测序技术得到的链特异性 mRNA 及小 RNA 测序数据为进一步研究水稻转录组提供了重要依据，同时也预示着我们可以通过链特异性 RNA 测序技术，为全面探究真核生物基因组中的 cis-NATs 提供了可能性。

（齐洺　于莹　陈浩峰）

第三节　小 RNA 测序建库

小 RNA（small RNA）在真核生物基本生命活动的调控过程中发挥着重要作用，主要包括 miRNA、siRNA 和 piRNA。小 RNA 主要在转录后水平负调节基因表达，通过与靶基因 mRNA 序列特异结合诱导基因沉默，参与翻译抑制、mRNA 剪切及表观修饰等生物学过程。小 RNA 测序借助二代测序技术，对动植物特定组织器官内 18～30 nt 的小 RNA 进行高通量测序，可以同时获得数百万条小 RNA 分子的序列信息，大大促进了动植物中各类小 RNA 的发现，尤其促进了表达丰度低、物种特异的小 RNA 的发掘。因此，通过对小 RNA 进行高通量测序，有助于从全基因组水平揭示小 RNA 的生物学功能，发掘植物代谢及生长发育过程中的关键调控因子，了解基因调控网络。本节将以构建 Illumina HiSeq 测序平台的小 RNA 测序文库为例，着重介绍文库构建的方法及注意事项。

一、建库试剂及仪器

1. 推荐使用的试剂盒

NEB（New England Biolabs）测序建库试剂盒、Illumina 测序建库试剂盒。

2. 试剂盒之外应准备的试剂、耗材及设备

（1）试剂、耗材

类别	名称
试剂	蒸馏水（RNase free）
	无水乙醇（分析纯）
	DNA 纯化磁珠（Agencourt AMPure XP beads，Beckman 货号：A63881）
	Qubit 双链 DNA 定量试剂（QuantiFluords DNA system，货号：E2670）
	Agilent RNA 6000 Nano Reagents（货号：1427）
	Agilent DNA 1000 Reagents（货号：1110）
	KAPA Library Quantification Kits（货号：KK4824）
	High Sensitivity DNA Reagents（货号：1220）
	QIAquick PCR Purification Kit（货号：28106）
耗材	2.5 μl、10 μl 的移液器及枪头（低吸附）
	200 μl 的移液器及枪头（低吸附）
	1000 μl 的移液器及枪头（低吸附）
	200 μl PCR 管（低吸附）
	1.5 ml 离心管（低吸附）
	96 孔 PCR 板
	Qubit assay tubes（Life Technologies，货号：Q32856）
	RNase free 8 连管及管盖（如样品较多，需要使用多通道排枪时）

（2）设备

用途	名称
样品定量	核酸定量仪器 Thermo Scientific™ NanoDrop 2000/2000c
	DNA 定量仪器 Qubit
	实时荧光定量（Real-time）PCR 仪
样品反应	PCR 仪
	振荡混匀器（Vortexer）
样品检测	安捷伦生物分析仪（Agilent Bioanalyzer 2100）

二、RNA 建库前的样品质量检测

1. 检测 RNA 浓度

采用 NanoDrop 核酸定量仪器检测总 RNA（total RNA）的浓度和纯度，样品在波长 260 nm、280 nm 及 230 nm 下的吸光度分别代表了核酸、蛋白质和盐与小分子杂质的含量。高质量 RNA 的 OD260/280 值应在 2.0 左右，若比值在 1.7～1.9，则表明 RNA 中有少量蛋白质等杂质污染。这时若无法得到更纯的 RNA 样品，可以继续实验。若比值在 2.0～2.2，则表明 RNA 有少量降解，对测序结果一般没有太大影响。若比值小于 1.7，则表明有较严重的蛋白质和酚等污染。若比值大于 2.2，则表明 RNA 降解严重，这两种情况下我们都不推荐进一步建库。对于 OD260/230 值来说，若小于 2，则说明裂解液中有亚硫氰胍和 β-巯基乙醇残留，需重复乙醇沉淀；若大于 2.4，则需用乙酸盐和乙醇沉淀 RNA。在一般情况下，实验者关注 OD260/280 值即可。

Thermo Scientific NanoDrop 2000/2000c 分光光度计的使用方法如下。

基座检测空白循环：建议把空白对照当成样品来检测，这样可以确认仪器性能完好并且基座上没有样品残留，按下列操作来运行空白循环。

1）在软件中打开将进行的操作模式，把空白对照加到基座上，并把样品臂放下。

2）点击"Blank"来进行空白对照检测并保存参比图谱。

3）重新加空白对照到基座上，把它作为样品来检测，点击"Measure"进行检测，结果应该是约为一水平线，吸光值变化应不超过 0.04 A（10 mm 光程）。

4）擦去上、下基座上的液体，重新进行上面的操作，直到检测光谱图的变化不超过 0.04 A（10 mm 光程）。

5）虽然不需要在每个样品之间进行空白校准，但建议在检测多个样品时，最好每 30 min 进行一次空白校准。30 min 后，最后一次做空白检测的时间将显示在软件下面的状态栏上。

基座基本使用如下。

1）抬起样品臂，把样品加到检测基座上。

2）放下样品臂，使用电脑上的软件开始吸光值检测。在上、下两个光纤之间会自动拉出一个样品柱，然后进行检测。

3）当检测完成后，抬起样品臂，并用干净的无尘纸按照一个方向把上、下基座上的样品擦干净。这样擦拭样品就可以避免样品在基座上的残留。

4）如果电脑连接了打印机，可以将所有样品的浓度及吸光值打印下来。

2. 用 Agilent RNA 6000 Nano Kit 检测 RNA 完整性

（1）准备 Gel

　　1）吸取 550 μl 红盖 RNA 胶，移入滤膜管（spin filter）中。

　　2）1500 g 室温离心 10 min。

　　3）取出试剂盒中提供的 RNase free 小离心管，每个管中加入 65 μl 经离心通过滤膜的胶。制好的胶可在 4℃保存 4 周。

（2）准备 Gel-Dye Mix

　　1）将蓝盖染料从 4℃冰柜中取出，室温避光放置 30 min。

　　2）将染料涡旋 10 s 混匀，瞬离，吸取 1 μl 加入 65 μl 胶（上一步制好的胶）中。

　　3）涡旋混合充分，放入离心机中，13 000 g 室温离心 10 min，制好的 Gel-Dye Mix 可在一天之内使用。

（3）做胶

　　1）确保针管的活塞在 1 ml 刻度以上，夹子的控制杆在最上档。

　　2）取一块新的 RNA Chip，放在制胶装置上。在标有 Ⓖ 的加样孔里加入 9 μl Gel-Dye Mix，压紧制胶装置。下推针管至夹子处，用夹子压住针管。30 s 后松开夹子，让针管自由上升。停留 5 s 后，上拉针管至 1 ml 刻度以上，然后松开制胶装置。

　　3）在标有▣标志的加样孔里各加入 9 μl Gel-Dye Mix。

　　4）在其他的各个加样孔里各加入 5 μl Marker（11 个样品孔和 1 个 ladder 孔）。

　　5）在 ladder 孔里加入 1 μl RNA6000 ladder。

　　6）在样品孔里依次加入 1 μl 样品。

　　7）2400 r/min 涡旋 1 min。

（4）跑胶

　　将 Chip 放入 Agilent 2100 跑胶。选择 RNA6000 对应程序，编辑样品名称。

（5）结果分析

　　跑胶结束后，向空白芯片中加入清水清洗仪器，并观察结果，如果 RNA 完整性（RIN 值）在 8 以上，表明 RNA 质量较好，降解少，可以用于后续建库。

三、两种 small RNA 建库试剂盒的建库操作方法

　　RNA 质量检测合格后，有不同的建库试剂盒可供选择，目前比较常用的试剂盒有 Illumina 和 NEB 建库试剂盒，它们采用的建库技术有些差别。下面我们对两种试剂盒分别加以介绍。

（一）NEBNext small RNA 测序建库

1. 目的

制备适用于 Illumina HiSeq 测序平台的 small RNA 测序文库。

2. 流程

检测 RNA 样品质量和浓度→3′端加 SR Adapter→反转录引物杂交→5′端加接头→反转录→PCR 扩增→PCR 产物纯化→文库片段大小选择→检验文库的质量。

3. 推荐使用的试剂盒

The NEBNext Multiplex Small RNA Library Prep Kit（货号：NEB #E7300S）。

4. NEBNext small RNA 建库实验操作

（1）3′端加 SR Adapter

1）取 0.2 ml 无核酸酶 PCR 管，按照下表加入反应试剂，混匀，轻离心。

成分	体积（μl）
3′SR Adapter for Illumina	1
Input RNA*	1～6
去离子水	0～5
总体积	7

*建议起始 RNA 为 100 ng～1 μg 总 RNA。如果 RNA 起始量为 100 ng，3′SR Adapter for Illumina 需要用超纯水按照 1∶2 的比例稀释

2）PCR 仪预热至 70℃，将样品管放置于 PCR 仪上反应 2 min，立即放置于冰上。

3）样品管加入以下反应试剂，混匀，轻离心，放置于 PCR 仪上，25℃反应 1 h。

成分	体积（μl）
3′ Ligation Reaction Buffer（2×）	10
3′ Ligation Enzyme Mix	3
总体积	20

注：如果样品为甲基化 RNA，如 piwi-interacting RNA（piRNA），延长温育时间或降低温度能提高连接效率，但可能会出现环化

（2）反转录引物（SR RT primer）的杂交

本步骤最重要的目的是预防引物二聚体的形成，SR 反转录引物与多余的 3′ SR 接头杂交（反应结束后剩余的接头片段），使单链 DNA 接头变成双链 DNA 分子，双链 DNA 不是 T4 RNA 连接酶 1 的底物，因此在下一步连接 5′ SR 接头时不

会被连接上。

1）向连接产物中加入以下反应试剂，混匀，轻离心。

成分	体积（μl）
去离子水	4.5
SR RT Primer for Illumina*	1
总体积	25.5

*如果 DNA 起始量为 100 ng，SR RT Primer for Illumina 需要用超纯水按照 1：2 的比例稀释

2）放置于 PCR 仪上，运行如下程序：75℃，5 min；37℃，15 min；25℃，15 min。

（3）连接 5′ SR 接头

1）5′ SR Adapter 中加入 120 μl 超纯水，混匀，轻离心，重溶 5′ SR 接头（如果 RNA 起始量为 100 ng，则需将 5′ SR Adapter 按照 1：2 的比例稀释）。

2）取新的 0.2 ml 去离子水 PCR 管，加入 1.1×N μl 5′ SR Adapter（N 为实验操作样品数）。PCR 仪上 70℃变性 2 min，立即放置于冰上。变性完毕的接头需在冰上放置，30 min 内使用。

注意：剩余的重溶 5′ SR 接头需–80℃保存。

3）配制如下反应试剂，加入连接产物中，混匀，轻离心。

成分	体积（μl）
5′ SR Adapter for Illumina（denatured）	1
5′ Ligation Reaction Buffer	1
5′ Ligation Enzyme Mix	2.5
总体积	30

4）PCR 仪上 25℃反应 1 h。

（4）反转录

1）向 30 μl 连接产物中加入如下反应试剂，混匀，轻离心。

成分	体积（μl）
First Strand Synthesis Reaction Buffer	8
Murine RNase Inhibitor	1
M-MuLV Reverse Transcriptase（RNase H）	1
总体积	40

2）放置于 PCR 仪上，50℃反应 60 min，迅速进行后续 PCR 反应。如果不立即进行 PCR 反应，需 70℃反应 15 min 终止反转录反应。

（5）PCR 扩增

1）向上述反转录产物中加入以下反应试剂，混匀，离心。

成分	体积（μl）
LongAmp Taq 2×Master Mix	50
SR Primer for Illumina	2.5
Index（X）Primer*	2.5
去离子水	5
总体积	100

* The NEBNext Multiplex Small RNA Library Prep Set for Illumina 试剂盒包含编号为 1～12 号不同的 Index Primer，每个 PCR 反应只能选择一种 Index Primer

2）提前预热 PCR 仪，设置热盖 100℃，对样品进行 PCR 扩增。

步骤	温度（℃）	时间	循环数
初始变性	94	30 s	1
变性	94	15 s	
退火	62	30 s	12～15*
延伸	70	15 s	
最后延伸	70	5 min	1
保持	4	∞	

* PCR 循环数可根据起始 RNA 量进行优化，RNA 起始量为 100 ng 时，建议扩增循环数为 15

（6）样品纯化及浓缩

将 PCR 产物转移至新的 1.5 ml 离心管中，用 QIAquick PCR Purification Kit 进行纯化。

1）取 500 μl（5 倍体积）PB 溶液至 PCR 产物中，混匀。检查混合液的颜色是否为黄色，如果混合液的颜色变为橙色或者紫色，加入 3 mol/L 的乙酸钠（pH 5.0），混匀，至混合液的颜色为黄色。

2）取一个 MinElute 滤膜管置于 2 ml 的套管中。

3）将混合液加入滤膜管中，12 000 r/min，离心 1 min，弃收集管中的液体。

4）加入 750 μl 漂洗液（PE）至滤膜管中，12 000 r/min，离心 1 min，弃液体。

5）滤膜管放回离心机，13 000 r/min，再次离心 2 min。

6）将滤膜管放入新的 1.5 ml 离心管中，开盖，室温静置 3～5 min，使残留的乙醇挥发干净。

7）加入 25 μl EB 溶液至滤膜中央，室温静置 5 min，13 000 r/min，离心 2 min。

8）为提高 DNA 洗脱效率，可将离心管中的洗脱液再次加入滤膜中，13 000 r/min，离心 2 min，收集洗脱液。产物放置于–20℃保存。

注意：此处可暂停实验，样品置于–20℃保存。

（7）扩增产物的检测和和片段筛选

（A）Agilent 2100 检测扩增产物片段大小

A. 准备 Gel-Dye Mix

1）将蓝盖染料（High Sensitivity DNA dye concentrate）和红盖 DNA 胶（High Sensitivity DNA gel matrix）室温放置 30 min。

2）涡旋染料，将 25 μl 染料加入胶中。

3）涡旋混匀，移入滤膜管（spin filter）中。

4）2240 g±20%离心 15 min。将液体避光 4℃保存。

B. 做胶

1）将配制好的 Gel-Dye Mix 室温避光放置 30 min。

2）确保针管的活塞在 1 ml 刻度以上，夹子的控制杆在最下一档。

3）取一块新的 DNA Chip，放在制胶装置上。在标有 🅖 的加样孔里加入 9 μl Gel-Dye Mix，压紧制胶装置。下推针管至夹子处，用夹子压住针管。1 min 后松开夹子，让针管自由上升。停留 5 s 后，上拉针管至 1 ml 刻度以上，然后松开制胶装置。

4）在标有 🅖 标志的加样孔里各加入 9 μl Gel-Dye Mix。

5）在其他加样孔里各加入 5 μl Marker（11 个样品孔和 1 个 ladder 孔）。

6）在 ladder 孔里加入 1 μl High Sensitivity DNA ladder。

7）在样品孔里依次加入 1 μl 样品。

8）2000 r/min 涡旋 1 min。

C. 跑胶

将 Chip 放入 Agilent 2100 跑胶。选择 High Sensitivity DNA 对应程序，编辑样品名称。

D. 结果

片段筛选前，人脑（A）和大鼠睾丸（B）扩增产物检测结果见图 2.7，143 bp 和 153 bp 峰值分别对应 miRNA 和 piRNA，Agilent 2100 的电泳图条带比 PAGE 胶图大 6～8 个核苷酸，并且随样品不同会发生位置改变，miRNA 峰值应该在 143～146 bp。

（B）扩增产物片段大小选择

片段选择有多种不同的方法，根据 Agilent 2100 检测的扩增产物片段大小分布情况，实验人员可选择适当的方法进行片段筛选。由于 AMPure XP 磁珠不能去

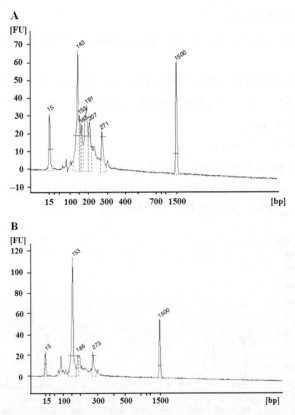

图 2.7　片段筛选前人脑（A）和大鼠睾丸（B）扩增产物检测结果（图片摘自 The NEBNext Multiplex Small RNA Library Prep Set for Illumina Instruction Manual）

除小片段，如果检测样品中存在引物二聚体（127 bp）或者多余的引物（70～80 bp），建议使用聚丙烯酰胺凝胶或者 Pippin Prep 进行片段筛选。

A. 用 AMPure XP 磁珠进行片段筛选

1）用移液器确定纯化后 PCR 产物的体积，加水至终体积 25 μl。

2）加入 32.5 μl（1.3 倍体积）混匀的 AMPure XP beads，用移液器吹吸 10 次以上，充分混匀。室温静置 10 min。

3）样品放在磁力架上，室温静置 5 min，至管内液体澄清。缓慢吸取 57.5 μl 上清至新的 1.5 ml 离心管。

4）加入 92.5 μl AMPure XP beads（3.7 倍体积，每个样品加磁珠前都要再次混匀磁珠），用移液器上下吹吸 10 次，充分混匀。室温静置 10 min，样品管放置于磁力架上，静置 5 min。

5）用 200 μl 移液器移除样品中的液体，立刻加入 200 μl 80%乙醇，上下吹吸两次，磁力架上静置 30 s。

6）将乙醇吸出后，再次加入 200 μl 80%乙醇，上下吹吸两次，磁力架上静置 30 s。

7）吸干样品中的液体，在磁力架上晾干 3～10 min，至残留的乙醇挥发完毕。

8）取下样品管，加入 15 μl EB Buffer（QIAGEN），用移液器吹吸至磁珠全部混匀，室温静置 10 min。

9）放置在磁力架上 5 min。

10）吸出 14 μl 液体至新的 1.5 ml 离心管中。

11）取 1 μl 文库，使用 Agilent 2100（High Sensitivity Chip）检测文库片段分布和浓度，人脑总 RNA 文库结果如图 2.8 所示。

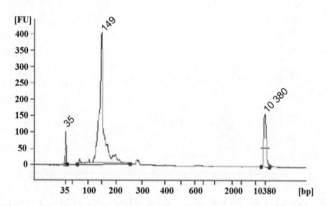

图 2.8　磁珠筛选纯化后人脑总 RNA 文库检测结果（图片摘自 The NEBNext Multiplex Small RNA Library Prep Set for Illumina Instruction Manual）

B. 用 6%聚丙烯酰胺凝胶进行片段筛选

1）向 25 μl 纯化后的 PCR 产物中加入 5 μl Gel Loading Dye（蓝色，6×），混匀。

2）于 6%PAGE 10-well 胶的一个孔中，上样 5 μl pBR322 DNA-*Msp* I 消化的 Marker。

3）2 个孔中分别上样 15 μl 混匀的 PCR 产物和 Gel Loading Dye 混合液。

4）120 V 跑胶 1 h 或者直到蓝色染料到达胶底，不要让蓝色染料跑出胶外。

5）取出 PAGE 胶放置于浸染盒中，用 SYBR gold 核酸凝胶染料浸染 2～3 min，紫外照射下看胶图（图 2.9）。

6）140 bp 和 150 bp 条带分别对应接头连接后的 21 bp 和 30 bp RNA 片段，miRNA 对应大约 140 bp，piRNA 对应大约 150 bp。

7）将 2 条相同样本切下来的凝胶条带放入 1.5 ml 试管中，用无核酸酶的一次性组织研磨槌捣碎凝胶，加入 250 μl Gel Elution Buffer（1×）浸泡。

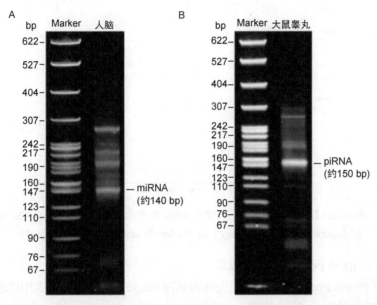

图 2.9　人脑（A）和大鼠睾丸（B）总 RNA 库典型胶图，140 bp 和 150 bp 条带分别对应 miRNA（21 nt）和 piRNA（30 nt）（图片摘自 The NEBNext Multiplex Small RNA Library Prep Set for Illumina Instruction Manual）

8）室温下头对头旋转至少 2 h。

9）将捣碎凝胶加入胶过滤柱上层。

10）13 200 r/min 以上转速离心 2 min。

11）向洗脱物中加入 1 μl Linear Acrylamide、25 μl 3mol/L Sodium Acetate（pH 5.5）和 750 μl 乙醇，混匀。

12）在干冰/甲醛浴中沉淀或者–80℃放置至少 30 min。

13）4℃条件下，14 000 r/min 以上转速离心 30 min。

14）吸出上清液，不要扰乱沉淀颗粒。

15）80%乙醇清洗，涡旋剧烈振荡。

16）4℃条件下，14 000 r/min 以上转速离心 30 min。

17）室温下空气干燥 10 min，去除残留乙醇。

18）用 2 μl TE Buffer 重悬颗粒。

19）取 1 μl 片段筛选纯化后的文库，使用 Agilent 2100（High Sensitivity DNA Chip）检测样品片段大小、纯度和浓度。结果如图 2.10 所示。

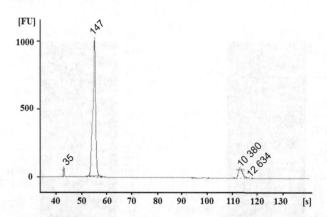

图 2.10　聚丙烯酰胺凝胶片段筛选后人脑总 RNA 文库检测结果（图片摘自 The NEBNext Multiplex Small RNA Library Prep Set for Illumina Instruction Manual）

C. 用 Pippin Prep 进行片段筛选

使用 Pippin Prep 3%琼脂糖无染料内标准（Sage Science #CDF3010）进行 small RNA 文库（147 bp）片段筛选。

在 Pippin Prep 仪器上设置片段筛选程序。

1）在 Pippin Prep 软件中，找到 protocol Editor Tab。

2）点击"Cassette"文件夹，选择"3% DF Marker F"。

3）选择 collection mode 为"Range"并且键入片段筛选数值如下：BP start（105）和 BP end（155）。BP 区域值 Flag 对应"broad"。

4）点击"Use of Internal Standards"键。

5）"Ref Lane"值要对应 Lane number。

6）点击"Save As"保存名称和步骤。

样品片段筛选准备步骤如下。

1）使样品平衡到室温。

2）每个样品取 30 µl 加入 10 µl 的 DNA Marker F（labeled F）。

3）涡旋混匀样品，短暂快速离心。

4）在 3%的琼脂糖胶盒的一个孔中加 40 µl DNA Plus Marker。

5）运行上述设置好的片段筛选程序。

6）洗脱后，收集 40 µl 的洗脱液，取 1 µl 上样至 Agilent 2100，使用 High Sensitivity Chip，结果如图 2.11 所示。

注意：如果使用无 EB 的胶盒，上样于 Bioanalyzer 前无需纯化。

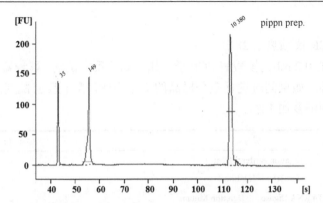

图 2.11 Pippin Prep 片段筛选后人脑总 RNA 文库检测结果（图片摘自 The NEBNext Multiplex Small RNA Library Prep Set for Illumina Instruction Manual）

（二）Illumina TruSeq small RNA 测序建库

1. 目的

制备适用于 Illumina HiSeq 测序平台的 small RNA 测序文库。

2. 流程

检测 RNA 样品质量和浓度→3′端加 A 尾→5′端加接头→反转录→PCR 扩增→PCR 产物纯化→文库片段大小选择→检验文库的质量。

3. 推荐使用的试剂盒

Illumina TruSeq Small RNA Sample Prep Kit（货号：RS-200-0024）。

4. Illumina TruSeq RNA 建库实验操作

实验准备：从−20℃冰箱中取出 T4 RNA Ligase 2、Deletion Mutant 置于冰上，待融化后混匀，微离心后待用。PCR 仪预热至 70℃，PCR 仪盖预热至 100℃，加水将 RNA 浓度调整至 200 ng/μl。

（1）3′端加 A 尾（adenylate 3′ end）

1）取 0.2 ml 无核酸酶 PCR 管，加入如下反应试剂，移液器吹吸混匀 6～8 次，轻离心。

成分	体积（μl）
RNA 3' Adapter（RA3）	1
去离子水（含 1 μg RNA）	5
总体积	6

2）PCR 仪上运行 70℃，2 min，立即取下 PCR 管并放置于冰上。

注意：70℃温育完毕必须迅速取出 PCR 管并放置于冰上，以免 RNA 形成二级结构。

3）将 PCR 仪预热至 28℃。

4）取新的 0.2 ml 无核酸酶 PCR 管，加入如下反应试剂，移液器吹吸混匀 6～8 次，轻离心。如果同时进行多个样品的文库构建，配制反应试剂混合液时每个样品反应试剂可多加 10%。

成分	体积（μl）
Ligation Buffer（HML）	2
RNase Inhibitor	1
T4 RNA Ligase 2，Deletion Mutant	1
总体积	4

5）取 4 μl 反应试剂混合液，加入步骤 2）的 PCR 管中（反应体系总体积 10 μl），移液器吹吸混匀 6～8 次，轻离心。

6）将 PCR 管置于预热的 PCR 仪上，盖上 PCR 仪盖，28℃温育 1 h。

7）样品管保持放置于 PCR 仪上时，直接加入 1 μl Stop Solution（STP）（反应体系总体积 11 μl），移液器吹吸混匀 6～8 次，28℃继续温育 15 min。取下 PCR 管，放置于冰上。

（2）加接头（ligate adapter）

1）PCR 仪预热至 70℃。

2）取一新的 0.2 ml 无核酸酶 PCR 管，配制反应试剂。

3）加入 $1.1 \times N$ μl RNA 5' adapter（RA5）（N 为同时进行建库操作的样品数目）。

4）将 PCR 管置于预热的 PCR 仪上，盖上 PCR 仪盖，70℃温育 2 min，立即取下 PCR 管并置于冰上。

5）PCR 仪预热至 28℃。

6）PCR 管中继续加入 $1.1 \times N$ μl 10 mmol/L ATP（N 为同时进行建库操作的样品数目），移液器吹吸混匀 6～8 次。

7）PCR 管中继续加入 $1.1 \times N$ μl T4 RNA Ligase（N 为同时进行建库操作的样品数目），移液器吹吸混匀 6～8 次。

8）取 3 μl 反应试剂，加入 3'端加 A 尾（1）步骤 7）的产物中。移液器吹吸混匀 6～8 次，反应体系总体积为 14 μl。

9）将 PCR 管置于预热的 PCR 仪上，盖 PCR 仪盖，28℃温育 1 h。放置于冰上。

（3）反转录

实验准备：从–20℃冰箱中取出 5×First Strand Buffer、100 mmol/L DTT、

SuperScript II Reverse Transcriptase 放置于冰上，待融化后混匀，轻离心后待用。PCR 仪预热至 70℃，PCR 仪盖预热至 100℃。

1）取新的 0.2 ml 无核酸酶 PCR 管，配制 12.5 mmol/L dNTP 混合液，混匀，轻离心。将 PCR 管放置于冰上备用。如果同时操作多个样品，配制混合液时每个样品反应试剂可多加 10%。

成分	体积（μl）
25 mmol/L dNTP Mix	0.5
Ultra Pure Water	0.5
总体积	1

2）取新的 0.2 ml 无核酸酶 PCR 管，加入 6 μl 5'和 3'连接接头的 RNA。剩余的 5'和 3'连接接头的 RNA 可以在–80℃冰箱保存 7 天。

3）加入 1 μl RNA RT Primer，用移液器吹吸混匀 6～8 次，轻离心。

4）将离心管放置于预热的 PCR 仪上，盖上 PCR 仪盖，70℃温育 2 min，立即取下 PCR 管并放置于冰上。

5）将 PCR 仪预热至 50℃。

6）取新的 0.2 ml 无核酸酶 PCR 管，依次加入反应试剂，移液器吹吸混匀 6～8 次，轻离心。如果同时操作多个样品，配制反应试剂混合液时每个样品反应试剂可多加 10%。

成分	体积（μl）
5×First Strand Buffer	2
12.5 mmol/L dNTP Mix	0.5
100 mmol/L DTT	1
RNase Inhibitor	1
SuperScript II Reverse Transcriptase	1
总体积	5.5

7）吸取 5.5 μl 反应试剂混合液，加入到步骤 4）温育后的反应产物中，移液器吹吸混匀 6～8 次，轻离心。反应体系总体积为 12.5 μl。

8）样品管放置于 PCR 仪上，盖上 PCR 仪盖，50℃温育 1 h，温育完毕后取出样品管，放置于冰上。

（4）PCR 扩增

实验准备：从–20℃冰箱中取出 5×First Strand Buffer、100 mmol/L DTT、Super-Script II Reverse Transcriptase 置于冰上，待融化后混匀，微离心后待用。PCR 仪预

热至 70℃，PCR 仪盖预热至 100℃。

1）取新的 0.2 ml 无核酸酶 PCR 管，按下表依次加入反应试剂，移液器吹吸混匀 6～8 次，轻离心。如果同时操作多个样品，Index 需单独分装于独立的管中，不同的 Index 之间不能混合，配制反应试剂混合液时每个样品反应试剂可多加10%。

成分	体积（μl）
Ultra Pure Water	8.5
PCR Mix（PML）	25
RNA PCR Primer	2
RNA PCR Primer Index（RPIX）	2
总体积	37.5

2）吸取 37.5 μl 反应试剂混合液，加入样品管中，移液器吹吸混匀 6～8 次，轻离心。反应体系总体积为 50 μl。

3）将样品管放置于 PCR 仪上，盖 PCR 仪盖，运行如下程序。

步骤	温度（℃）	时间	循环数
初始变性	98	30 s	1
变性	98	15 s	
退火	60	30 s	11
延伸	72	15 s	
最后延伸	72	10 min	1
保持	4	∞	

（5）样品纯化及浓缩

将 PCR 产物转移至新的 1.5 ml 离心管中，用 QIAquick PCR Purification Kit 进行纯化。

1）取 250 μl（5 倍体积）PB 溶液至 PCR 产物中，混匀。检查混合液的颜色是否为黄色，如果混合液的颜色变为橙色或者紫色，加入 3 mol/L 的乙酸钠（pH 5.0），混匀，至混合液的颜色为黄色。

2）取一个 MinElute 滤膜管置于 2 ml 的套管中。

3）将混合液加入滤膜管中，12 000 r/min，离心 1 min，弃收集管中的液体。

4）加入 750 μl 漂洗液（PE）至滤膜管中，12 000 r/min，离心 1 min，弃液体。

5）滤膜管放回离心机，13 000 r/min，再次离心 2 min。

6）将滤膜管放入新的 1.5 ml 离心管中，开盖，室温静置 3～5 min，使残留的乙醇挥发干净。

7）加入 25 μl EB 溶液至滤膜中央，室温静置 5 min，13 000 r/min，离心 2 min。

8）为提高 DNA 洗脱效率，可将离心管中的洗脱液再次加入滤膜中，13 000 r/min，离心 2 min，收集洗脱液。纯化产物–20℃保存。

注意：此处可暂停实验，样品置于–20℃保存。

（6）扩增产物的检测和片段筛选

建议用 6%聚丙烯酰胺凝胶进行片段筛选，具体方法参见 NEBNext small RNA 测序建库步骤（7）中用 6%聚丙烯酰胺凝胶进行片段筛选。

按照上述操作构建的合格文库，Agilent 2100 检测结果如图 2.12 所示，图谱基线无上抬（基线为 0），以片段长度为 22 nt 的小 RNA 进行建库，文库片段长度为 147 nt；以片段长度为 30 nt 的小 RNA 进行建库，文库片段长度为 157 nt。如果检测不到峰，可以改用 High Sensitivity DNA Chip 检测；如果基线不平有上抬，说明文库片段选择时有目的长度范围外的片段污染。

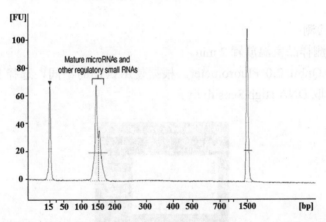

图 2.12　聚丙烯酰胺凝胶片段筛选后人脑总 RNA 文库检测结果（图片摘自 Illumina TruSeq® Small RNA Sample Preparation Guide）

四、文库质控

（一）Qubit 定量

使用注意事项如下。

a）Qubit 标准样品（4℃保存）需要在使用前提前取出，室温下放置 30 min。

b）温度变化会影响测量结果，检测时不要手握管壁。

1. 准备 Qubit 检测工作液

每个样品中需要加入 199 μl 缓冲液（buffer）和 1 μl 染料（dye）的混合液。此外，还需要做两个标准样品 standard 1 和 standard 2。因此，需要准备的工作液数量为：待测样品数+2 个标准样品数+1 管（假设为 n 管）。

	×1（μl）	×n（μl）
缓冲液（buffer）	199	199×n
染料（dye）	1	1×n

注：工作液总体积超过 1.5 ml 时，用 5～15 ml 管配制

2. 配制样品及 standard（1 和 2）的检测体系

样品（μl）	1	NA
standard（μl）	NA	10
工作液（μl）	199	190
总体积（μl）	200	200

注：检测管为 Invitrogen 提供的 0.5 ml 专用管；检测前一定将检测液涡旋混匀

3. 样品检测

1）待检测样品室温放置 2 min。

2）打开 Qubit 2.0 Fluorometer。根据使用试剂的不同，选择 DNA→ DNA Broad Range 或 DNA High Sensitivity。

3）制作标准曲线。将 standard 1 放入样品孔，盖上盖子后按 Read 键读值。同样放入 standard 2 读值，得到标准曲线。

4）放入待测样品，盖上盖子后按 Read 键，测出管内浓度。按 Calculator Stock Conc.键，选择加入的原始样品体积和所需浓度单位，得出原始样品浓度。

5）如果 DNA 浓度超出标准曲线检测范围，可将样品稀释 10 倍（浓度过高）或加入更多体积的样品（浓度过低）再进行测量。

（二）检验文库 DNA 浓度（Real-time PCR，qPCR）

1. 准备 qPCR/Primer Mix

将 1 ml Illumina GA Primer Premix（10×）添加到 5 ml KAPA SYBR® FAST qPCR Master Mix（2×）中，混匀。

用 PCR-grade water 将文库 DNA 稀释。

1）稀释 2500 倍：将 0.5 μl 文库 DNA 加入 1250 μl 水中。

2）稀释 5000 倍：取 650 μl 稀释 2500 倍的文库 DNA 加入 650 μl 水中。

3）稀释 10 000 倍：取 650 μl 稀释 5000 倍的文库 DNA 加入 650 μl 水中。

4）稀释 5000 倍和 10 000 倍的文库 DNA 作为备用模板。

2. 反应体系

成分	体积（μl）
qPCR/Primer Mix	6
文库或标准品（Std1～Std5）	4
总体积	10

3. 准备 qPCR 专用 96 孔板

按下表加样，并在 qPCR 仪上按下表设置。设置 Std1～Std5 为 standard，并分别标明其浓度，设置 S1～S10 为未知，设置 NTC 为阴性对照（negative control）。

注意：每一个 96 孔板都必须有阴性对照（NTC），每次扩增时都必须检测 NTC，在正常情况下，NTC 应该没有扩增。

	1	2	3	4	5	6	7	8	9	10	11	12
A	Std1 20 pmol/L	Std1 20 pmol/L	Std1 20 pmol/L	S2 10k	S2 10k	S2 10k	S6 10k	S6 10k	S6 10k	S10 10k	S10 10k	S10 10k
B	Std2 2 pmol/L	Std2 2 pmol/L	Std2 2 pmol/L	S3 5k	S3 5k	S3 5k	S7 5k	S7 5k	S7 5k	S11 5k	S11 5k	S11 5k
C	Std3 0.2 pmol/L	Std3 0.2 pmol/L	Std3 0.2 pmol/L	S3 10k	S3 10k	S3 10k	S7 10k	S7 10k	S7 10k	S11 10k	S11 10k	S11 10k
D	Std4 0.02 pmol/L	Std4 0.02 pmol/L	Std4 0.02 pmol/L	S4 5k	S4 5k	S4 5k	S8 5k	S8 5k	S8 5k	S12 5k	S12 5k	S12 5k
E	Std5 0.002 pmol/L	Std5 0.002 pmol/L	Std5 0.002 pmol/L	S4 10k	S4 10k	S4 10k	S8 10k	S8 10k	S8 10k	S12 10k	S12 10k	S12 10k
F	S1 5k	S1 5k	S1 5k	S5 5k	S5 5k	S5 5k	S9 5k	S9 5k	S9 5k	S13 5k	S13 5k	S13 5k
G	S1 10k	S1 10k	S1 10k	S5 10k	S5 10k	S5 10k	S9 10k	S9 10k	S9 10k	S13 10k	S13 10k	S13 10k
H	S2 5k	S2 5k	S2 5k	S6 5k	S6 5k	S6 5k	S10 5k	S10 5k	S10 5k	NTC	NTC	NTC

4. qPCR 扩增程序

变性：95℃，5 min；

35 个循环：变性 95℃，30 s；

退火/延伸/ 数据采集 60℃，45 s。

5. 数据分析

Bio-Rad CFX Manager 2.1 软件打开 Data 文件。

在 Quantification 界面检测实验重复性好坏，去掉重复间差异超过 0.5 个循环的值。

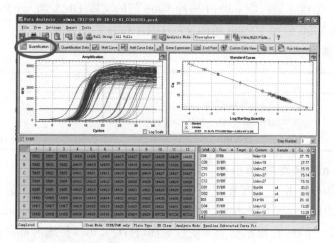

在 Quantification Data 界面选取所有数值，复制到 Excel 表格。

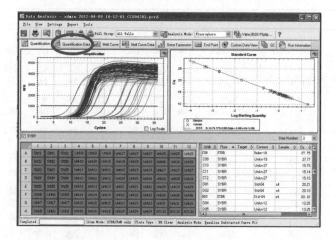

在 Excel 中保留 starting quantity（SQ）和 SQ mean 项，并根据 SQ mean 项（pmol/L）乘以相应稀释倍数（5000 或 10 000）计算出原文库 DNA 浓度（pmol/L）。

注意：文库 DNA 浓度至少要达到 2 nmol/L。

五、小 RNA 测序案例举例

案例：运用转录组和 small RNA 测序技术揭示人工新合成异源六倍体小麦异源多倍化过程中杂种优势形成的动态同源基因调控机理（Li et al., 2014）

论文：Li A, Liu D, Wu J, et al. 2014. mRNA and small RNA transcriptomes reveal insights into dynamic homoeolog regulation of allopolyploid heterosis in nascent hexaploid wheat. The Plant Cell, 26(5):1878-1900.

发表单位：中国农业科学院作物科学研究所

研究目的

运用 small RNA 和转录组相结合的二代测序技术，以人工合成的异源六倍体及其供体亲本为材料，研究异源六倍体小麦杂种优势形成的分子机理。

方法流程

1. 取材

以四倍体小麦（*T. turgidum*，AABB）和野生粗山羊草（*Ae. tauschii*，DD）为母本和父本杂交，经染色体加倍合成异源六倍体小麦，以该人工合成异源六倍体小麦 4 个连续世代及其亲本和天然异源六倍体中国春为材料，分别选取生长 7 天的幼苗、抽穗期的穗和开花后 15 天的未成熟籽粒，提取总 RNA。

2. 建库测序

分别用 Illumina RNA 和 small RNA 建库试剂盒构建上机文库，HiSeq2000 测序平台测序。

3. 数据分析

转录组：①转录组测序数据与参考基因组的比对；②表达基因注释；③同源基因的注释；④基因差异表达分析。

small RNA：①small RNA 分类；②small RNA 差异表达分析；③miRNA 靶基因预测；④差异 miRNA 靶基因 GO 注释和 KEGG 通路分析；⑤转录组和 small RNA 联合分析。

研究结果

1）新合成六倍体小麦 3 个发育阶段的非加性表达蛋白质编码基因数目非常有限，并表现为抽穗期的非加性表达基因与细胞生长显著关联。

2）与非加性表达基因不同，亲本表达显性基因在子代差异基因中占有相当比例，亲本表达显性基因特点为：四倍体亲本表达显性基因主要贡献于六倍体小麦发育过程；二倍体亲本表达显性基因主要贡献于六倍体小麦的适应性。

3）靶向抗逆、抗病、开花等重要生物学过程的 miRNA 均表现为非加性表达，并很有可能参与了亲本表达显性基因的表达调控。

研究结论

异源六倍体小麦通过近缘物种间杂交和染色体加倍形成后，把杂种优势固定于六倍体小麦中。本研究通过对人工合成异源六倍体小麦及其亲本转录本和 small RNA 表达水平比较分析，发现在新合成的异源六倍体小麦中，亲本表达显性基因在小麦杂种优势中可能发挥重要作用，并表现出明显的基因表达水平上的基因组亚功能化，为进一步在新合成异源六倍体小麦中快速筛选亲本优异基因提供了新的策略。

（王　静　陈浩峰）

第四节　简化基因组测序建库

简化基因组测序（reduced-representation sequencing）是在新一代测序基础上发展起来的一种新型测序方法，该方法利用限制性内切酶对基因组进行酶切，只选取基因组特定区域进行测序，从而降低了基因组的复杂程度。目前应用比较广泛的简化基因组测序技术有限制性酶切位点相关的 DNA（restriction-site associated DNA，RAD）测序和基因分型测序（genotyping by sequencing，GBS）（Deschamps et al.，2012）。RAD 测序文库构建对基因组 DNA 片段进行酶切和随机打断，选取一端带有酶切位点，另一端为随机打断位点的片段进行建库测序（Baird et al.，2008）。而 GBS 文库构建时，直接选取两端都含有酶切位点的片段进行建库测序，不再进行随机打断（Elshire et al.，2011）。RAD 测序技术和 GBS 测序技术都通过酶切对基因组进行简化，其中 GBS 测序技术对基因组进行了更高程度的简化，更适合大规模或基因组比较大的物种的群体测序；而 RAD 测序技术一端为随机打断位点，片段随机性更高，基因组覆盖范围更广。以 RAD 测序和 GBS 测序为代表的简化基因组测序技术，通过对酶切获得的片段进行高通量测序，能够降低基因组的复杂度，操作简便，同时不受参考基因组的限制，可快速鉴定出高密度的 SNP，被广泛应用于遗传图谱构建、群体遗传学和群体进化等方面的研究。本节将以构建 Illumina HiSeq 测序平台的 GBS 和 RAD 测序文库构建为例，着重介绍文库构建的方法及注意事项。

目的

制备适用于 Illumina HiSeq 测序平台的 DNA 测序文库。

流程

GBS 文库构建流程：检测基因组 DNA 的完整性和浓度→基因组 DNA 的消化→

adapter 准备、连接→纯化连接产物→片段大小选择→PCR 扩增 DNA 片段→检验 DNA 文库质量。

RAD 文库构建流程：检测基因组 DNA 的完整性和浓度→基因组 DNA 的消化→adapter1 连接→连接产物随机打断→片段大小选择→末端补平→adapter2 连接→PCR 扩增 DNA 片段→检验 DNA 文库质量。

试剂与耗材

推荐使用的试剂盒和试剂（以 *Msp* I/*Pst* I 双酶切为例）如下。

成分	备注
NEB Restriction enzyme（REs）*Msp* I	货号：R0106L，−20℃保存
NEB Restriction enzyme（REs）*Pst* I	货号：R3140L，−20℃保存
NEB T4 DNA Ligase	货号：M0202L，−20℃保存
Beckman Agencourt AMPure XP	货号：A63881，4℃保存
Agilent DNA 1000 Reagents	货号：1110，4℃保存
Agilent High Sensitivity DNA Reagents	货号：1220，4℃保存
NEB Taq 2X Master Mix	货号：M0270S/L，−20℃保存
Adapter Primer	自己合成制备
KAPA Library Quantification Kits	货号：KK4824，−20℃保存
QuantiFluor dsDNA system	货号：E2670，4℃保存
NEB Next® DNA Library Prep Master Mix Set 1	货号：E6040 S/L，−20℃保存
Qubit dsDNA BR Assay Kit	Life Technologies，货号：Q32850
QIAquick PCR Purification Kit	QIAGEN，货号：28106
QIAquick Gel Extraction Kit	QIAGEN，货号：28706

试剂盒之外应准备的设备和试剂耗材如下。

成分	备注
安捷伦生物分析仪（Agilent Bioanalyzer 2100）	
Teal-time PCR 仪	Bio-Rad
DNA 打断用仪器（Covaris）	
DNA 定量仪器 Qubit	
振荡混匀器（Vortexer）	
电泳仪	
PCR 仪	
SyBr Gold Nucleic acid gel stain	Invitrogen，货号：S11494
Qubit assay tubes	Life Technologies，货号：Q32856
6× gel loading dye	BioLabs，货号：B7021S
Certified low-range ultra agarose	Bio-Rad，货号：161-3107

续表

成分	备注
Microseal 'A' film	BioRad，货号：MSA-5001
Microseal 'B' adhesive seals	BioRad，货号：MSB-1001
BenchTop 100 bp DNA ladder	Promega，货号：G829B
0.2 ml 透明 96 孔 PCR 板	货号：Axygen-PCR-96M2-HS-C
MicroTube（6×16mm），AFA fiber with crimp-cap	Covaris，货号：520052
50 × TAE Buffer	
无水乙醇	
移液器和低吸附吸头	
18 MΩ 超纯水	

一、GBS 测序建库

（一）建库准备

1. adapter 杂交退火

1× Elution Buffer（EB）- 10 mmol/L Tris-HCl，pH 8.0～8.5

10× Adapter Buffer（AB）- 500 mmol/L NaCl，100 mmol/L Tris-HCl

1）用 1× Elution Buffer 将单链接头（single-stranded adapter）稀释至 100 µmol/L。

2）制备 100 µl 浓度为 10 µmol/L 的 barcoded 双链接头 1（double-stranded adapter 1）。

成分	体积（µl）
单链接头 top（100 µmol/L）	10
单链接头 bot（100 µmol/L）	10
10 × AB	10
H_2O	70
总体积	100

3）将 barcoded 接头溶液分装至 96 孔板，置于 PCR 仪上，运行如下程序：95℃，5 min；以 1℃/min 的速率冷却至 25℃（70 个循环），4℃保存。

4）吸取 70 µl H_2O 至新的 96 孔板中，每孔中加 30 µl 样品稀释至 100 µl（3：10），终浓度为 3 µmol/L。用 Qubit 定量，约 50 ng/µl。

5）吸取 145 µl H_2O 至新的 96 孔板中，每孔中分别加入 5 µl 样品稀释至 150 µl，终浓度为 1.6 ng/µl（0.1 µmol/L）。

6）在 PCR 管中用同样的退火方法制作 10 µmol/L 的 reverse Y-adapter

（adapter 2）。

7）配制工作液，在新的 96 孔板中加入以下试剂。

成分	体积（μl）
barcoded adapter1（0.1 μmol/L）	20
Adapter2（10 μmol/L）	30
1×AB	50
总体积	100

8）每孔中含有 0.02 μmol/L（特异）barcode adapter1 和 3 μmol/L（通用）adapter 2。

注意：振荡混匀，–20℃保存。缓冲液中不能含有 EDTA。

2. DNA 浓度的均一化

1）测定 DNA 浓度，推荐用 PicoGreen 或 Qubit。DNA 浓度必须在 20～150 ng/μl。如果 DNA 浓度过高，需将 DNA 进行稀释。

2）将 DNA 浓度均一化为 20 ng/μl。

（二）建库操作

实验准备：从–20℃冰箱中取出 10×NEB Buffer、限制性内切酶和群体基因组 DNA（浓度为 20 ng/μl）置于冰上，待融化后混匀，微离心后待用。

1. 限制性酶解

1）配制 Restriction Master Mix，混匀，96 孔板每孔分装 5 μl。

成分	体积（μl）
1×NEB CutSmart Buffer	1
Pst I（20 000 units/ml）	0.3
Msp I（20 000 units/ml）	0.3
H$_2$O	3.4
总体积	5

2）96 孔板上，每孔加入 5 μl 浓度为 20 ng/μl 的 DNA，反应终体积为 10 μl，离心，混匀，离心。

3）PCR 仪上运行 37℃，2 h；4℃，保持。

注意：酶解后最好直接进行连接反应，不要将酶解产物长时间放置。

2. 连接反应

1）上述 10 μl 酶解产物中每孔依次加入 3 μl adapter 工作液（0.02 μmol/L adapter1 和 3 μmol/L adapter 2）和 7 μl Ligation Master Mix，反应终体积为 20 μl，混匀，轻离心。

成分	体积（μl）
10× T4 DNA Ligase Buffer	2
T4 DNA Ligase（400 000 units/ml）	0.5
H_2O	4.5
总体积	7

2）置于 PCR 仪上 22℃温育 2 h，65℃ 15 min，4℃保存。

3. 样品纯化及浓缩

上述 96 孔板中连接产物每孔取出 5 μl，混合（共 480 μl），转移至新的 5.0 ml 离心管中。连接产物纯化浓缩（MinElute PCR Purification Kit，QIAGEN）。

1）取 2.4 ml（5 倍体积）PB 溶液至 480 μl 的连接产物中，混匀。检查混合液的颜色是否为黄色，如果混合液的颜色变为橙色或者紫色，加入 3 mol/L 的乙酸钠（pH 5.0），混匀，至混合液的颜色为黄色。

2）取一个 MinElute 滤膜管置于 2 ml 的套管中。

3）将混合液分 5 次加入滤膜管中（每次加入 600 μl），12 000 r/min，离心 1 min，弃收集管中的液体。

4）加入 750 μl 漂洗液（PE）至滤膜管中，12 000 r/min，离心 1 min，弃液体。

5）滤膜管放回离心机，13 000 r/min，再次离心 2 min。

6）将滤膜管放入新的 1.5 ml 离心管中，开盖，室温静置 3～5 min，使残留的乙醇挥发干净。

7）加入 20 μl EB 溶液至滤膜中央，室温静置 5 min，13 000 r/min，离心 2 min。

8）为提高 DNA 洗脱效率，可将离心管中的洗脱液再次加入滤膜中，13 000 r/min，离心 2 min，收集洗脱液。产物–20℃保存。

注意：此处可暂停实验，样品可置于–20℃保存。

4. 样品文库片段选择（2%琼脂糖凝胶）

1）配制 2%琼脂糖凝胶：大块胶最多可跑 4 个样品，称取 1.6 g 琼脂糖加入 80 ml 1×TAE 溶液，加热溶解后加入 10 μl EB 溶液。

2）加样：20 μl 样品中加入 4 μl 6× Loading Buffer。Marker 每个点样孔加 10 μl，用重悬液补至 20 μl 后加入 4 μl 6×Loading Buffer。两头点样孔各加 10 μl 6× Loading Buffer。样品和样品间及样品和 Marker 间均要空出一个点样孔，以免交叉污染。

3）100 V 电压跑胶 1 h，切胶，回收长度为 300～600 bp 的目的片段。

4）胶回收（注意：一定要注意防护紫外线，戴好防护面具）。

a）根据切下来的胶的重量，加入 6 倍体积 QG 溶液（0.1 g 加 600 μl）。室温放置，确保胶完全溶解。

b）加入等体积异丙醇，混匀。

c）将样品加入滤膜管中，离心 1 min（每次最多加入 750 μl，可分多次离心），弃液体。

d）再次加入 500 μl QG 溶液至滤膜管中，离心 1 min，弃液体。

e）加入 750 μl 漂洗液（PE），放置 2～5 min，离心 1 min，弃液体。

f）滤膜管再次离心 1 min。

g）将滤膜管放入新的离心管中，加入 25 μl EB 溶液，静置 2 min，离心 1 min。

h）再次将液体加回滤膜中，再次离心 1 min，弃滤膜。

注意：此处可暂停实验，样品可置于-20℃保存。

5. PCR 扩增 DNA 片段

1）取 0.2 ml 离心管，按如下反应体系加入反应试剂和模板 DNA，混匀，轻离心。

成分	体积（μl）
DNA	10
NEB 2× Taq Master Mix	12.5
10 μmol/L Forward & Reverse Illumina_PE Primers	1
H$_2$O	1.5
总体积	25

2）放入 PCR 仪中，运行如下程序。

72℃，5 min；

98℃，30 s；

18 个循环：98℃，10 s；65℃，30 s；72℃，30 s；

72℃，5 min；

4℃，保持。

6. PCR 扩增产物纯化

1）将上述 25 μl PCR 产物转移至 1.5 ml 离心管中，加入等体积 AMPure XP beads（加每个样品前都要再次混匀磁珠）。用移液器吸打至少 10 次，混匀样品。室温放置 10 min。

2）样品放在磁力架上，室温静置 5 min。

3）配制 80%乙醇（每次都要新鲜配制）。

4）用 200 μl 移液器移除样品中的液体，并立刻加入 200 μl 80%乙醇，上下吹打两次，磁力架上静置 30 s。

5）将乙醇吸出后，再次加入 200 μl 80%乙醇，上下吹打两次，磁力架上静置 30 s。

6）吸干样品中的液体，在磁力架上晾干 3～10 min，至残留的乙醇挥发完毕。

7）取下样品管，加入 27 μl EB Buffer（MinElute PCR Purification Kit, QIAGEN），枪头吹打至磁珠全部混匀，室温静置 10 min。

8）放置在磁力架上 5 min。

9）吸出 25 μl 液体至新的 1.5 ml 离心管中，–20℃保存。

7. 文库质控

（1）Qubit 定量

使用注意事项如下。

a）Qubit 标准样品（4℃保存）需要在使用前提前取出，室温下放置 30 min。

b）温度变化会影响测量结果，检测时不要手握管壁。

1）准备 Qubit 检测工作液。

每个样品中需要加入 199 μl 缓冲液（buffer）和 1 μl 染料（dye）的混合液。此外，还需要做两个标准样品 standard 1 和 standard 2。因此，需要准备的工作液数量为：待测样品数+2 个标准样品数+1 管（假设为 n 管）。

	×1（μl）	×n（μl）
缓冲液（buffer）	199	199×n
染料（dye）	1	1×n

注：工作液总体积超过 1.5 ml 时，用 5～15 ml 管配制

2）配制样品及 standard（1 和 2）的检测体系。

样品（μl）	1	NA
standard（μl）	NA	10
工作液（μl）	199	190
总体积（μl）	200	200

注：检测管为 Invitrogen 提供的 0.5 ml 专用管；检测前一定要将检测液涡旋混匀

3）待检测样品室温放置 2 min。

4）打开 Qubit 2.0 Fluorometer。根据使用试剂的不同，选择 DNA→ DNA Broad Range 或 DNA High Sensitivity。

5）制作标准曲线。将 standard 1 放入样品孔，盖上盖子后按 Read 键读值。同样放入 standard 2 读值，得到标准曲线。

6）放入待测样品，盖上盖子后按 Read 键，测出管内浓度。按 Calculator Stock

Conc.键，选择加入的原始样品体积和所需浓度单位，得出原始样品浓度。

7）如果 DNA 浓度超出标准曲线范围，可将样品稀释 10 倍（浓度过高）或加入更多体积的样品（浓度过低）再进行测量。

（2）Agilent 2100 检测文库片段大小

A. 准备 Gel-Dye Mix

1）将蓝盖染料（DNA dye concentrate）和红盖 DNA 胶（DNA gel matrix）室温放置 30 min。

2）涡旋染料，将 25 μl 染料加入胶中。

3）涡旋混匀，移入滤膜管（spin filter）中。

4）2240 g±20%离心 15 min。将液体避光 4℃保存。

B. 做胶

1）将配制好的 Gel-Dye Mix 室温避光放置 30 min。

2）确保针管的活塞在 1 ml 刻度以上，夹子的控制杆在最下档。

3）取一块新的 DNA Chip，放在制胶装置上。在标有 Ⓖ 的加样孔里加入 9 μl Gel-Dye Mix，压紧制胶装置。下推针管至夹子处，用夹子压住针管。1 min 后松开夹子，让针管自由上升。停留 5 s 后，上拉针管至 1 ml 刻度以上，然后松开制胶装置。

4）在标有 Ⓖ 标志的加样孔里各加入 9 μl Gel-Dye Mix。

5）在其他各个加样孔里各加入 5 μl Marker（12 个样品孔和 1 个 ladder 孔）。

6）在 ladder 孔里加入 1 μl DNA ladder。

7）在样品孔里依次加入 1 μl 样品。

8）2000 r/min 涡旋 1 min。

C. 跑胶

将 Chip 放入 Agilent 2100 跑胶。选择 DNA 1000 Chip 对应程序，编辑样品名称。选择"Start"开始运行。

D. 结果

按照上述操作构建的合格文库，如图 2.13 Agilent 2100 检测结果显示，图谱基线无上抬（基线为 0），文库片段长度 400～700 bp，片段主峰 500 bp。如果检测不到峰，可以改用 High Sensitivity DNA Chip 检测；如果基线不平有上抬，说明文库片段选择时有 300～600 bp 外的片段污染。

（3）检验文库 DNA 浓度（Real-time PCR，qPCR）

A. 准备 qPCR/Primer Mix

将 1 ml Illumina GA Primer Premix（10×）添加到 5 ml KAPA SYBR® FAST qPCR Master Mix（2×）中，混匀。

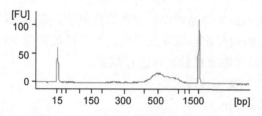

图 2.13　Agilent 2100 检测文库片段大小

B. 稀释文库 DNA

用 PCR-grade water 将文库 DNA 稀释。

1）稀释 2500 倍：将 0.5 μl 文库 DNA 加入 1250 μl 水中。

2）稀释 5000 倍：取 650 μl 稀释 2500 倍的文库 DNA 加入 650 μl 水中。

3）稀释 10 000 倍：取 650 μl 稀释 5000 倍的文库 DNA 加入 650 μl 水中。

4）稀释 5000 倍和 10 000 倍的文库 DNA 作为备用模板。

C. 反应体系

成分	体积（μl）
qPCR/primer mix	6
文库或标准品（Std1～Std5）	4
总体积	10

D. 准备 qPCR 专用 96 孔板

按下表加样，并在 qPCR 仪上按下图设置。设置 Std1～Std5 为标准品，并分别标明其浓度，设置 S1～S10 为未知，设置 NTC 为阴性对照（negative control，NTC）。

注意：每一个 96 孔板都必须有阴性对照，每次扩增时都必须检测 NTC，在正常情况下，NTC 应该没有扩增。

	1	2	3	4	5	6	7	8	9	10	11	12
A	Std1 20 pmol/L	Std1 20 pmol/L	Std1 20 pmol/L	S2 10k	S2 10k	S2 10k	S6 10k	S6 10k	S6 10k	S10 10k	S10 10k	S10 10k
B	Std2 2 pmol/L	Std2 2 pmol/L	Std2 2 pmol/L	S3 5k	S3 5k	S3 5k	S7 5k	S7 5k	S7 5k	S11 5k	S11 5k	S11 5k
C	Std3 0.2 pmol/L	Std3 0.2 pmol/L	Std3 0.2 pmol/L	S3 10k	S3 10k	S3 10k	S7 10k	S7 10k	S7 10k	S11 10k	S11 10k	S11 10k
D	Std4 0.02 pmol/L	Std4 0.02 pmol/L	Std4 0.02 pmol/L	S4 5k	S4 5k	S4 5k	S8 5k	S8 5k	S8 5k	S12 5k	S12 5k	S12 5k
E	Std5 0.002 pmol/L	Std5 0.002 pmol/L	Std5 0.002 pmol/L	S4 10k	S4 10k	S4 10k	S8 10k	S8 10k	S8 10k	S12 10k	S12 10k	S12 10k
F	S1 5k	S1 5k	S1 5k	S5 5k	S5 5k	S5 5k	S9 5k	S9 5k	S9 5k	S13 5k	S13 5k	S13 5k
G	S1 10k	S1 10k	S1 10k	S5 10k	S5 10k	S5 10k	S9 10k	S9 10k	S9 10k	S13 10k	S13 10k	S13 10k
H	S2 5k	S2 5k	S2 5k	S6 5k	S6 5k	S6 5k	S10 5k	S10 5k	S10 5k	NTC	NTC	NTC

E. qPCR 扩增程序

变性：95℃，5 min；

35 个循环：变性 95℃，30 s；

退火/延伸/数据采集 60℃，45 s。

F. 数据分析

Bio-Rad CFX Manager 2.1 软件打开 Data 文件。

在 Quantification 界面检测实验重复性好坏，去掉重复间差异超过 0.5 个循环的值。

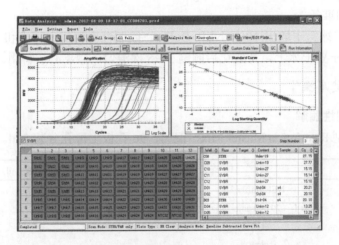

在 Quantification Data 界面选取所有数值，复制到 Excel 表格。

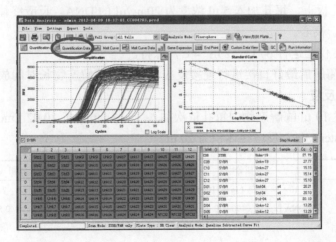

在 Excel 中保留 Starting Quantity（SQ）和 SQ Mean 项，并根据 SQ Mean 项（pmol/L）乘以相应稀释倍数（5000 或 10 000）计算出原文库 DNA 浓度（pmol/L）。

注意：文库 DNA 浓度至少要达到 2 nmol/L。

二、RAD-seq 测序建库

（一）建库准备

1. DNA 浓度的均一化

1）测定 DNA 浓度，推荐用 PicoGreen 或 Qubit。DNA 浓度必须为 20～150 ng/μl。如果 DNA 浓度过高，则需将 DNA 进行稀释。

2）将 DNA 浓度均一化为 20 ng/μl。

2. 试剂准备

从–20℃冰箱中取出 10 × NEB Buffer、限制性内切酶 *Msp* I 和 10×T4 DNA Ligase Buffer 置于冰上，待融化后颠倒 3～5 次混匀，微离心后待用。

（二）建库操作

1. 限制性酶解

1）配制 Restriction Master Mix，混匀，96 孔板上每孔分装 5 μl。

成分	体积（μl）
1× NEB Buffer 3.1	1
Pst I（20 000 units /ml）	1
H₂O	3
总体积	5

2）96 孔板上，每孔加入 5 μl 浓度为 20 ng/μl 的 DNA，反应终体积为 10 μl，离心，混匀，离心。

3）PCR 仪上运行 37℃，2 h；4℃，保持。

注意：酶解后最好直接进行连接反应，不要将酶解产物长时间放置。

2. 连接反应

1）上述 10 μl 酶解产物中每孔依次加入 3 μl adapter 1（0.02 μmol/L）和 7 μl Ligation Master Mix，反应终体积为 20 μl。

成分	体积（μl）
10× T4 DNA Ligase Buffer	2
T4 DNA Ligase（400 000 units/ml）	0.5
H₂O	4.5
总体积	7

2）置于 PCR 仪上 16℃温育 2.5 h，65℃，20 min；4℃，保持。

3. 样品纯化及浓缩

上述 96 孔板每孔取出 5 μl 连接产物，混合（共 480 μl），转移至新的 5.0 ml 离心管中。连接产物浓缩（MinElute PCR Purification Kit，QIAGEN）。

1）取 2.4 ml（5 倍体积）PB 溶液至 480 μl 的连接产物中，混匀。检查混合液的颜色是否为黄色，如果混合液的颜色变为橙色或者紫色，加入 3 mol/L 的乙酸钠（pH 5.0），混匀，至混合液的颜色为黄色。

2）取一个 MinElute 滤膜管置于 2 ml 的套管中。

3）将混合液分 5 次加入滤膜管中（每次加入 600 μl），12 000 r/min，离心 1 min，弃收集管中的液体。

4）加入 750 μl 漂洗液（PE）至滤膜管中，12 000 r/min，离心 1 min，弃液体。

5）滤膜管放回离心机，13 000 r/min，再次离心 2 min。

6）将滤膜管放入新的 1.5 ml 离心管中，开盖，室温静置 3～5 min，使残留的乙醇挥发干净。

7）加入 50 μl EB 溶液至滤膜中央，室温静置 5 min，13 000 r/min，离心 2 min。

8）为提高 DNA 洗脱效率，可将离心管中的洗脱液再次加入滤膜中，13 000 r/min，离心 2 min，收集洗脱液。产物-20℃保存。

注意：此处可暂停实验，样品可置于-20℃保存。

4. 打断基因组 DNA（Covaris S2 DNA fragment system，最终 DNA 片段小于 1.5 kb）

1）提前预热 Covaris S2 仪器。

a）打开排气和循环冷却装置，确保里面有充足的双蒸水或去离子水。

b）水槽中加蒸馏水，确保传感器放下后，水位在"RUN"刻度 10～15。

c）打开软件，排气 30 min。软件界面全部为对号（√）时可进行使用。

2）取 50 μl 样品至 Covaris microTube 中，注意一定不要有气泡产生。打开样品盖，将样品置于固定支架中间，确保样品管对准传感器的聚焦处，关上样品盖。

3）点击软件 Run 界面的 Method，点击 New 新建或在列表中选择一个已有的操作方法后点击 Edit。按需要设置参数。点击 Run 按钮，运行程序。具体如下（一般打断为 300 bp）。

Target Base Pair（Peak）	150	200	300	400	500	800	1000	1500
Duty Factor（%）	10	10	10	10	5	5	5	2
Peak Incident Power（W）	175	175	140	140	105	105	105	140
Cycles per Burst	200	200	200	200	200	200	200	200
Time（s）	430	180	80	55	80	50	40	15

4）完毕后取出 50 μl 样品至新的 1.5 ml 离心管中。

5）关闭软件和机器

a）先关闭排气系统。

b）将传感器移出水面。清空水槽中的水后，放回水槽和传感器，点 Degas Pump，10 s 后泵自动停止。取出水槽再次把水清干，并用无绒纸把水槽和传感器擦干。关闭软件，然后关闭仪器主机。注意：一定要确保水槽内干燥。

5. 检验打断 DNA 的片段大小（Agilent Bioanalyzer/Agilent DNA 1000 Kit）

具体操作参照本节 GBS 建库"Agilent 2100 检测文库片段大小"部分，基因组打断后片段主峰应在目的片段峰值附近。

6. beads 选择片段大小（以选择插入片段长度为 300 bp 为例）

1）取 51 μl EB Buffer（Qiagen MinElute PCR Purification Kit），加入 49 μl 打断产物中，至总体积 100 μl，混匀。

2）加入 60 μl AMPure XP beads（加每个样品前都要再次混匀磁珠），用移液器上下吸打 10 次，充分混匀。室温静置 10 min，置磁力架上，静置 5 min。吸取 160 μl 上清至新的 1.5 ml 离心管中。

3）加入 20 μl AMPure XP beads（加每个样品前都要再次混匀磁珠），用移液器上下吸打 10 次，充分混匀。室温静置 10 min，置磁力架上，静置 5 min。

4）用 200 μl 移液器移除样品中的液体，立刻加入 200 μl 80%乙醇，上下吹打两次，磁力架上静置 30 s。

5）将乙醇吸出后，再次加入 200 μl 80%乙醇，上下吹打两次，磁力架上静置 30 s。

6）吸干样品中的液体，在磁力架上晾干 3～10 min，至残留的乙醇挥发完毕。

7）取下样品管，加入 28 μl EB Buffer，枪头吹打至磁珠全部混匀，室温静置 10 min。

8）放置在磁力架上 5 min。

9）吸出 26 μl 液体至新的 1.5 ml 离心管中。

7. DNA 片段末端补平（end repair of fragmented DNA）

1）NEB End Repair Reaction Buffer（10×）和 NEB End Repair Enzyme Mix 置于冰上解冻。热循环仪（thermal cycler）20℃预热。

2）每个样品（26 μl DNA 片段）中加入 3.5 μl NEB End Repair Reaction Buffer（10×）和 1.5 μl NEB End Repair Enzyme Mix，混匀样品。

3）样品放置在预热的 PCR 仪上，运行 20℃，30 min；65℃，30 min；4℃，保持。

注意：此处可暂停实验，样品可置于–20℃保存。

8. adapter 2 连接

1）向末端补平产物中依次加入如下试剂。

成分	体积（μl）
Blunt/TA ligase Master Mix	7.5
Common Adapter（10 μmol/L）	4
Ligation enhancer	0.5
总体积	43

2）轻混匀，离心，置于 PCR 仪上，运行 20℃，30 min；4℃，保持。

9. beads 纯化

1）将上述 43 μl 连接产物转移至新的 1.5 ml 离心管中，加入等体积 AMPure XP beads（加每个样品前都要再次混匀磁珠）。用移液器吸打至少 10 次，混匀样品。室温放置 10 min。

2）样品放在磁力架上，室温静置 5 min。

3）配制 80%乙醇（每次都要新鲜配制）。

4）用 200 μl 移液器移除样品中的液体，并立刻加入 200 μl 80%乙醇，上下吹打两次，磁力架上静置 30 s。

5）将乙醇吸出后，再次加入 200 μl 80%乙醇，上下吹打两次，磁力架上静置 30 s。

6）吸干样品中的液体，在磁力架上晾干 3～10 min，至残留的乙醇挥发完毕。

7）取下样品管，加入 27 μl EB Buffer（MinElute PCR Purification Kit，QIAGEN），枪头吹打至磁珠全部混匀，室温静置 10 min。

8）样品放置在磁力架上，静置 5 min。

9）吸出 25 μl 液体至新的 1.5 ml 离心管中，–20℃保存。

10. PCR 扩增 DNA 片段

1）取新的 0.2 ml 离心管，按如下反应体系加入反应试剂和模板 DNA，混匀，轻离心。

成分	体积（μl）
DNA	10
NEB 2× Taq Master Mix	12.5
10 μmol/L Forward & Reverse Illumina_PE Primers	1
H2O	1.5
总体积	25

2）放入 PCR 仪中，运行以下程序。

72℃，5 min；

98℃，30 s；

18 个循环：98℃，10 s；65℃，30 s；72℃，30 s；

72℃，5 min；

4℃，保持。

11. PCR 扩增后纯化

1）将上述 25 μl PCR 产物转移至 1.5 ml 离心管中，加入等体积 AMPure XP beads（加每个样品前都要再次混匀磁珠）。用移液器吸打至少 10 次，混匀样品。室温放置 10 min。

2）样品放在磁力架上，室温静置 5 min。

3）配制 80%乙醇（每次都要新鲜配制）。

4）用 200 μl 移液器移除样品中的液体，并立刻加入 200 μl 80%乙醇，上下吹打两次，磁力架上静置 30 s。

5）将乙醇吸出后，再次加入 200 μl 80%乙醇，上下吹打两次，磁力架上静置 30 s。

6）吸干样品中的液体，在磁力架上晾干 3～10 min，至残留的乙醇挥发完毕。

7）取下样品管，加入 27 μl EB Buffer（Qiagen MinElute PCR Purification Kit），枪头吹打至磁珠全部混匀，室温静置 10 min。

8）样品放置在磁力架上，静置 5 min。

9）吸出 25 μl 液体至新的 1.5 ml 离心管中，−20℃保存。

12. 文库质控

（1）Qubit 定量

具体操作参照本节 GBS 建库"Qubit 定量"部分。

（2）Agilent 2100 检测文库片段大小

具体操作参照本节 GBS 建库"Agilent 2100 检测文库片段大小"部分，按照上述操作构建的合格文库，如图 2.14 Agilent 2100 检测结果显示，图谱基线无上抬（基线为 0），文库片段长度 300～620 bp，片段主峰约 500 bp。如果检测不到峰，则可以改用 High Sensitivity DNA Chip 检测；如果基线不平有上抬，则说明文库片段选择时有 300～600 bp 外的片段污染。

（3）检验文库 DNA 浓度（Real-time PCR，qPCR）

具体操作参照本节 GBS 建库"检验文库 DNA 浓度"部分。文库 DNA 浓度至少要达到 2 nmol/L。

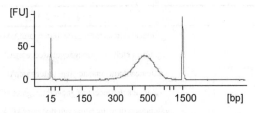

图 2.14　Agilent 2100 检测文库片段大小

附　　录

1. adapter 和 primer 序列（Poland et al.，2012）

1.1　adapter1

包含 *Pst* I 酶切位点（TGCA|*G*）和 barcode（XXXXX）的 *Pst* I adapter1 序列：

5′ CACGACGCTCTTCCGATCTXXXXX*TGCA* GNNNNNNN 3′

3′ GTGCTGCGAGAAGGCTAGAXXXXX *TGCA*CNNNNNNNN 5′

Pst I adapter1　引物序列：

Pst I adapter1_top　cacgacgctcttccgatctXXXXX*tgca*

Pst I adapter1_bot　XXXXXagatcggaagagcgtcgtg

1.2 adapter 2

含 *Msp* I　（C|CGG）酶切位点的 Y 型 *Msp*I adapter2：

5′ nnnnnnnnC *CG*AGATCGGAAGAGCGGGGACTTTAAGC

3′nnnnnnnnGGC TCTAGCCTTCTCGCCAAGTCGTCCTTACGGCTCTGGCTAG

Msp I adapter 2 引物序列：

Msp I adapter 2_top *cg*AGATCGGAAGAGCGGGGACTTTAAGC

Msp I adapter 2_bot GATCGGTCTCGGCATTCCTGCTGAACCGCTCTTCCG ATCT

2. Illumina primers

Illumina primers 序列包含能与 flow cells 表面互补结合的区域，同时包含与 adapter 1（下划线标记的区域）和 adapter 2（灰色标记的区域）互补的区域，adapter、primer 和 barcode 总长度约 125 bp。

＞IlluminaF_PE（Tm=70℃）58 bp（Tm=57℃）AATGATACGGCGACCACCG AGATCTACACTCTTTCCCTACACGACGCTCTTCCGATCT

＞IlluminaR_PE（Tm=70℃）46 bp（Tm=62℃）CAAGCAGAAGACGGCATA CGAGATCGGTCTCGGCATTCCTGCTGAA

3. *Pst* I adapter1 引物序列

adapter 名称	序列（5′→3′）
A01_AAGTGA_top	gatctacactctttccctacacgacgctcttccgatctAAGTGAtgca
B01_AATCG_top	gatctacactctttccctacacgacgctcttccgatctAATCGtgca
C01_ACAGA_top	gatctacactctttccctacacgacgctcttccgatctACAGAtgca
D01_ACCA_top	gatctacactctttccctacacgacgctcttccgatctACCAtgca
E01_AGAATGA_top	gatctacactctttccctacacgacgctcttccgatctAGAATGAtgca
F01_AGGAG_top	gatctacactctttccctacacgacgctcttccgatctAGGAGtgca
G01_AGTCAAGA_top	gatctacactctttccctacacgacgctcttccgatctAGTCAAGAtgca
H01_AGTGTTAA_top	gatctacactctttccctacacgacgctcttccgatctAGTGTTAAtgca
A02_AGTTAAT_top	gatctacactctttccctacacgacgctcttccgatctAGTTAATtgca
B02_ATCATACCT_top	gatctacactctttccctacacgacgctcttccgatctATCATACCTtgca
C02_ATGG_top	gatctacactctttccctacacgacgctcttccgatctATGGtgca
D02_ATGTTCAAT_top	gatctacactctttccctacacgacgctcttccgatctATGTTCAATtgca
E02_ATTACA_top	gatctacactctttccctacacgacgctcttccgatctATTACAtgca
F02_CACGACCA_top	gatctacactctttccctacacgacgctcttccgatctCACGACCAtgca
G02_CAGGCCACT_top	gatctacactctttccctacacgacgctcttccgatctCAGGCCACTtgca
H02_CAGGCG_top	gatctacactctttccctacacgacgctcttccgatctCAGGCGtgca
A03_CCACCA_top	gatctacactctttccctacacgacgctcttccgatctCCACCAtgca
B03_CCACTGG_top	gatctacactctttccctacacgacgctcttccgatctCCACTGGtgca
C03_CCATCCACT_top	gatctacactctttccctacacgacgctcttccgatctCCATCCACTtgca
D03_CCTG_top	gatctacactctttccctacacgacgctcttccgatctCCTGtgca
E03_CGACG_top	gatctacactctttccctacacgacgctcttccgatctCGACGtgca
F03_CGATGCGT_top	gatctacactctttccctacacgacgctcttccgatctCGATGCGTtgca
G03_CGCTCA_top	gatctacactctttccctacacgacgctcttccgatctCGCTCAtgca
H03_CTCACT_top	gatctacactctttccctacacgacgctcttccgatctCTCACTtgca
A04_CTCGTCGT_top	gatctacactctttccctacacgacgctcttccgatctCTCGTCGTtgca
B04_CTTCCTCT_top	gatctacactctttccctacacgacgctcttccgatctCTTCCTCTtgca
C04_GACAG_top	gatctacactctttccctacacgacgctcttccgatctGACAGtgca
D04_GACATCCA_top	gatctacactctttccctacacgacgctcttccgatctGACATCCAtgca
E04_GACTCGG_top	gatctacactctttccctacacgacgctcttccgatctGACTCGGtgca
F04_GAGCGAA_top	gatctacactctttccctacacgacgctcttccgatctGAGCGAAtgca
G04_GATGA_top	gatctacactctttccctacacgacgctcttccgatctGATGAtgca
H04_GCGCCACT_top	gatctacactctttccctacacgacgctcttccgatctGCGCCACTtgca
A05_GCTAACA_top	gatctacactctttccctacacgacgctcttccgatctGCTAACAtgca
B05_GGAG_top	gatctacactctttccctacacgacgctcttccgatctGGAGtgca
C05_GGCCGA_top	gatctacactctttccctacacgacgctcttccgatctGGCCGAtgca
D05_GTATA_top	gatctacactctttccctacacgacgctcttccgatctGTATAtgca

续表

adapter 名称	序列（5′→3′）
E05_GTGCACCA_top	gatctacactctttccctacacgacgctcttccgatctGTGCACCAtgca
F05_TATGGA_top	gatctacactctttccctacacgacgctcttccgatctTATGGAtgca
G05_TATTCCACT_top	gatctacactctttccctacacgacgctcttccgatctTATTCCACTtgca
H05_TCAT_top	gatctacactctttccctacacgacgctcttccgatctTCATtgca
A06_TCCGCA_top	gatctacactctttccctacacgacgctcttccgatctTCCGCAtgca
B06_TCTCA_top	gatctacactctttccctacacgacgctcttccgatctTCTCAtgca
C06_TGCGAGA_top	gatctacactctttccctacacgacgctcttccgatctTGCGAGAtgca
D06_TGCTGAA_top	gatctacactctttccctacacgacgctcttccgatctTGCTGAAtgca
E06_TGGC_top	gatctacactctttccctacacgacgctcttccgatctTGGCtgca
F06_TTGACCAG_top	gatctacactctttccctacacgacgctcttccgatctTTGACCAGtgca
G06_TTGCGTCT_top	gatctacactctttccctacacgacgctcttccgatctTTGCGTCTtgca
H06_TTGTAG_top	gatctacactctttccctacacgacgctcttccgatctTTGTAGtgca
A01_AAGTGA_bot	TCACTTagatcggaagagcgtcgtgtagggaaagagtgtagatc
B01_AATCG_bot	CGATTagatcggaagagcgtcgtgtagggaaagagtgtagatc
C01_ACAGA_bot	TCTGTagatcggaagagcgtcgtgtagggaaagagtgtagatc
D01_ACCA_bot	TGGTagatcggaagagcgtcgtgtagggaaagagtgtagatc
E01_AGAATGA_bot	TCATTCTagatcggaagagcgtcgtgtagggaaagagtgtagatc
F01_AGGAG_bot	CTCCTagatcggaagagcgtcgtgtagggaaagagtgtagatc
G01_AGTCAAGA_bot	TCTTGACTagatcggaagagcgtcgtgtagggaaagagtgtagatc
H01_AGTGTTAA_bot	TTAACACTagatcggaagagcgtcgtgtagggaaagagtgtagatc
A02_AGTTAAT_bot	ATTAACTagatcggaagagcgtcgtgtagggaaagagtgtagatc
B02_ATCATACCT_bot	AGGTATGATagatcggaagagcgtcgtgtagggaaagagtgtagatc
C02_ATGG_bot	CCATagatcggaagagcgtcgtgtagggaaagagtgtagatc
D02_ATGTTCAAT_bot	ATTGAACATagatcggaagagcgtcgtgtagggaaagagtgtagatc
E02_ATTACA_bot	TGTAATagatcggaagagcgtcgtgtagggaaagagtgtagatc
F02_CACGACCA_bot	TGGTCGTGagatcggaagagcgtcgtgtagggaaagagtgtagatc
G02_CAGGCCACT_bot	AGTGGCCTGagatcggaagagcgtcgtgtagggaaagagtgtagatc
H02_CAGGCG_bot	CGCCTGagatcggaagagcgtcgtgtagggaaagagtgtagatc
A03_CCACCA_bot	TGGTGGagatcggaagagcgtcgtgtagggaaagagtgtagatc
B03_CCACTGG_bot	CCAGTGGagatcggaagagcgtcgtgtagggaaagagtgtagatc
C03_CCATCCACT_bot	AGTGGATGGagatcggaagagcgtcgtgtagggaaagagtgtagatc
D03_CCTG_bot	CAGGagatcggaagagcgtcgtgtagggaaagagtgtagatc
E03_CGACG_bot	CGTCGagatcggaagagcgtcgtgtagggaaagagtgtagatc
F03_CGATGCGT_bot	ACGCATCGagatcggaagagcgtcgtgtagggaaagagtgtagatc
G03_CGCTCA_bot	TGAGCGagatcggaagagcgtcgtgtagggaaagagtgtagatc
H03_CTCACT_bot	AGTGAGagatcggaagagcgtcgtgtagggaaagagtgtagatc

续表

adapter 名称	序列（5'→3'）
A04_CTCGTCGT_bot	ACGACGAGagatcggaagagcgtcgtgtagggaaagagtgtagatc
B04_CTTCCTCT_bot	AGAGGAAGagatcggaagagcgtcgtgtagggaaagagtgtagatc
C04_GACAG_bot	CTGTCagatcggaagagcgtcgtgtagggaaagagtgtagatc
D04_GACATCCA_bot	TGGATGTCagatcggaagagcgtcgtgtagggaaagagtgtagatc
E04_GACTCGG_bot	CCGAGTCagatcggaagagcgtcgtgtagggaaagagtgtagatc
F04_GAGCGAA_bot	TTCGCTCagatcggaagagcgtcgtgtagggaaagagtgtagatc
G04_GATGA_bot	TCATCagatcggaagagcgtcgtgtagggaaagagtgtagatc
H04_GCGCCACT_bot	AGTGGCGCagatcggaagagcgtcgtgtagggaaagagtgtagatc
A05_GCTAACA_bot	TGTTAGCagatcggaagagcgtcgtgtagggaaagagtgtagatc
B05_GGAG_bot	CTCCagatcggaagagcgtcgtgtagggaaagagtgtagatc
C05_GGCCGA_bot	TCGGCCagatcggaagagcgtcgtgtagggaaagagtgtagatc
D05_GTATA_bot	TATACagatcggaagagcgtcgtgtagggaaagagtgtagatc
E05_GTGCACCA_bot	TGGTGCACagatcggaagagcgtcgtgtagggaaagagtgtagatc
F05_TATGGA_bot	TCCATAagatcggaagagcgtcgtgtagggaaagagtgtagatc
G05_TATTCCACT_bot	AGTGGAATAagatcggaagagcgtcgtgtagggaaagagtgtagatc
H05_TCAT_bot	ATGAagatcggaagagcgtcgtgtagggaaagagtgtagatc
A06_TCCGCA_bot	TGCGGAagatcggaagagcgtcgtgtagggaaagagtgtagatc
B06_TCTCA_bot	TGAGAagatcggaagagcgtcgtgtagggaaagagtgtagatc
C06_TGCGAGA_bot	TCTCGCAagatcggaagagcgtcgtgtagggaaagagtgtagatc
D06_TGCTGAA_bot	TTCAGCAagatcggaagagcgtcgtgtagggaaagagtgtagatc
E06_TGGC_bot	GCCAagatcggaagagcgtcgtgtagggaaagagtgtagatc
F06_TTGACCAG_bot	CTGGTCAAagatcggaagagcgtcgtgtagggaaagagtgtagatc
G06_TTGCGTCT_bot	AGACGCAAagatcggaagagcgtcgtgtagggaaagagtgtagatc
H06_TTGTAG_bot	CTACAAagatcggaagagcgtcgtgtagggaaagagtgtagatc

注：大写字母表示 barcode 序列，top adapter 中 barcode 序列后接 Pst I 黏性末端 tgca

三、简化基因组测序案例举例

案例：利用玉米 F_2 群体构建玉米雄穗和雌穗结构 QTL 定位的高密度 bin-map（Chen et al.，2014）

论文：Chen Z, Wang B, Dong X, et al. 2014. An ultra-high density bin-map for rapid QTL mapping for tassel and ear architecture in a large F（2）maize population. BMC Genomics, 15(1): 433.

发表单位：中国农业大学

研究目的

运用第二代简化基因组测序技术，在基因组水平上鉴定与玉米雄穗和雌穗结构相关的 QTL，以期对玉米分子设计育种提供参考。

方法流程

1）取材：以雄穗无次级分支的'787'和分支发达的'chang7-2'玉米材料为亲本，构建了 F$_2$ 子代群体 708 株。调查雄穗分支数、穗行数、雌穗长度和雌穗花丝颜色 4 个性状。

2）建库：用 *Ape*KI 单酶切构建插入片段为 170~350 bp 的 GBS 文库。

3）测序：用 Illumina HiSeq2000 测序平台对 708 株玉米进行高通量测序，读长为双端 100 bp（PE100），平均测序深度约 0.04×，亲本'chang7-2'测序深度 27×，'787'测序深度 1×。

4）数据分析：①群体 SNP 检测及基因分型；②群体遗传图谱构建；③QTL 定位。

研究结果

1）对两个亲本和 708 个 F$_2$ 子代群体进行 GBS 测序。F$_2$ 子代共获得 551 114 523 条 reads，平均每个样本 755 987 条 reads，平均测序深度 0.04×。F$_2$ 子代平均每个样本检测到 15 836 个高质量 SNP，SNP 密度约为 1 个 SNP/130 kb。

2）利用高质量 SNP 构建 bin-map，bin-map 含 6533 个 bin 标记，遗传图谱图距为 1396 cM，每个 bin 平均为 0.2 cM。

3）以花丝颜色作为目标性状检测遗传图谱能否用于 QTL 定位。定位的 QTL 区间为 700 kb，包含 3 个 bin 标记，表明构建的遗传图谱准确可靠。

4）控制雄穗和雌穗结构的 QTL 定位：定位到 10 个控制雄穗和雌穗结构的 QTL，7 个与已发表的 QTL 一致，控制雄穗分支数的 7 个 QTL 分别定位于 1 号、3 号、4 号、5 号、7 号、8 号和 9 号染色体上，两个控制雌穗长度的 QTL 定位于 4 号和 5 号染色体上。qTBN5 和 qTBN7 两个 QTL 区间内，可能有两个与玉米花发育相关的基因。

（王 静 陈浩峰）

第五节　目标序列捕获测序建库

新一代测序技术的发展，促进了其在各个领域的广泛应用。全基因组重测序是应用最为普遍的测序方法，但是目前它的成本仍然很高，而且对很多研究对象来说，在实践中并不需要对其全基因组进行测序，只需要对特定的基因组区域进行测序即可达到研究目的。为了高效、低成本地开展科学研究，研究者把目光聚焦到了候选基因组区段或候选基因上，如外显子、SNP 区域或与疾病及表型相关的区域，对它们进行目标序列捕获测序。具体做法是，将感兴趣的基因组区域定制成特异性探针，与基因组 DNA 进行杂交，将目标基因组区域的 DNA 片段进行富集后，再利用新一代测序技术进行测序。这种新的方法与传统的 PCR 扩增方法相比，不仅通量高，而且能节省大量的时间及成本。

本章主要介绍两种适用于 Illumina HiSeq 测序平台的目标序列捕获测序文库构建方法。

一、建库准备

（一）推荐使用的试剂盒

Illumina TruSeq DNA Sample Prep Kit、Agilent Sure Select^{XT} Reagent Kit、KAPA Library Preparation Kit、NimbleGen SeqCap EZ Library、Agencourt AMPure XP Kit、QIAquick PCR Purification Kit（QIAGEN）、Qubit dsDNA BR Assay Kit（Life Technologies）。

（二）试剂盒之外应准备的耗材和试剂

耗材	2.5 μl、10 μl、200μl 和 1000 μl 的移液器及枪头（低吸附）
	200 μl PCR 管（低吸附）
	1.5 ml 离心管（低吸附）
	96 孔 PCR 板
	RNase free 8 连管及管盖（如样品较多，需要使用多通道排枪时）
试剂	去离子水
	无水乙醇（分析纯）
	Agilent RNA 6000 Nano reagents（货号：1427）
	Agilent DNA 1000 reagents（货号：1110）
	high sensitivity DNA reagents（货号：1220）

（三）设备

用途	名称
样品定量	核酸定量仪器 Thermo Scientific™ NanoDrop 2000/2000c
	DNA 定量仪器 Qubit
	实时荧光定量（Real-time）PCR 仪
样品反应	PCR 仪
	振荡混匀器（Vortexer）
样品检测	安捷伦生物分析仪（Agilent Bioanalyzer 2100）

二、建库流程

目标序列捕获有不同的建库试剂盒可供选择，目前比较常用的试剂盒有 Agilent Sure Select^{XT} Reagent Kit 和 NimbleGen SeqCap EZ Library 等，它们都是以构建好的 DNA 文库为基础的，但推荐使用的试剂盒及后续的捕获方法有所差别。

（一）Agilent Sure Select^{XT} Reagent Kit 建库方法

1. 目的

利用 Agilent Sure Select^{XT} Reagent Kit 构建目标序列捕获测序文库。

2. 流程

检测 DNA 样品质量和浓度→DNA 样品随机打断→DNA 片段末端补平→DNA 片段 3′端加 A 尾→DNA 片段加接头→PCR 扩增→检验 DNA 文库的质量→杂交→捕获→加接头→PCR 扩增→检验捕获文库的质量。

3. 推荐使用的试剂盒

Illumina TruSeq DNA Sample Prep Kit、Agilent Sure Select^{XT} Reagent Kit。

4. Agilent Sure Select^{XT} Reagent Kit 建库实验操作

（1）检测 DNA 浓度

1）用 1%琼脂糖凝胶检测样品 DNA 的完整性，确保 DNA 无降解，无 RNA 残留。然后分别用 NanoDrop 和 Qubit 进行定量。

跑胶时应注意：做胶前用 1×TAE 溶液加热清洗配胶瓶；尽量用齿稍宽一些的梳子；加已知浓度的双链 DNA 标准样品作为对照。

2）用 Thermo Scientific™ NanoDrop 2000/2000c 分光光度计对 DNA 样品进行定量并检测其纯度。OD260/280 值表示 DNA 的纯度，如果 DNA 样品较纯，其 OD260/280＞1.8。若 OD260/230＞2.0，则说明蛋白质和小分子杂质的污染较少。如果 DNA 样品含有过多的蛋白质或糖类杂质，可用 DNA 纯化或提取试剂盒进行纯化后，再进行下一步实验。

Thermo Scientific™ NanoDrop 2000/2000c 分光光度计的使用方法如下。

基座检测空白循环：建议把空白对照当成样品来检测，这样可以确认仪器性能完好并且基座上没有样品残留，按下列操作来运行空白循环。

a）在软件中打开将要进行的操作模式，将空白对照加入基座，放下样品臂。

b）点击"Blank"进行空白对照检测并保存参比图谱。

c）重新加空白对照到基座上，把它当成样品来检测，点击"Measure"进行检测，结果应该是近似为一条水平线，吸光值变化应不超过 0.04 A（10 mm 光程）。

d）用无尘纸擦拭基座，清除残留液体，重新进行上述操作，直到检测光谱图的变化不超过 0.04 A（10 mm 光程）。

注意：在检测多个样品时，根据软件状态栏中记录的空白校准时间，建议每隔 30 min 进行一次空白校准。最后一次做空白检测的时间将显示在软件下面的状态栏上。

基座基本使用说明如下。

a）抬起样品臂，用无尘纸擦拭基座，清除残留液体，将样品加入基座。

b）放下样品臂，使用电脑上的软件开始吸光值检测。在上、下两个光纤之间会自动拉出一个样品柱，然后点击"Measure"对样品 DNA 进行检测。

c）当检测完成后，抬起样品臂，并用干净的无尘纸向一个方向把上、下基座上的样品擦干净。这样可以避免样品在基座上的残留。

d）如果电脑连接了打印机，可以将所有样品的浓度及吸光值打印出来。

3）用 Qubit 对 DNA 进行定量。

使用注意事项如下。

a）Qubit 标准样品（4℃保存）需要在使用前提前取出，室温下放置 30 min。

b）温度变化会影响测量结果，检测时不要手握管壁。

Qubit 定量步骤如下。

a）准备 Qubit 检测工作液。

每个样品中需要加入 199 μl 缓冲液（buffer）和 1 μl 染料（dye）的混合液。此外，还需要做两个标准样品 standard 1 和 standard 2。因此，需要准备的工作液数量为：待测样品数+2 个标准样品数+1 管（假设为 n 管）。

	×1（μl）	×n（μl）
缓冲液（buffer）	199	199×n
染料（dye）	1	1×n

注：工作液总体积超过 1.5 ml 时，用 5～15 ml 管配制

b）配制样品及标样 standard（1 和 2）的检测体系。

	样品	标样
样品（μl）	1	N/A
标样（standard）（μl）	N/A	10
工作液（μl）	199	190
总体积（μl）	200	200

注：检测管为 Invitrogen 提供的 0.5 ml 专用管；检测前一定要将检测液涡旋混匀

c）待检测样品室温放置 2 min。

d）打开 Qubit 2.0 Fluorometer。根据使用试剂的不同，选择 DNA→ DNA Broad Range 或 DNA High Sensitivity。

e）制作标准曲线。将 standard1 放入样品孔，盖上盖子后按 Read 键读值。同样放入 standard 2 读值，得到标准曲线。

f）放入待测样品，盖上盖子后按 Read 键，测出管内浓度。按 Calculator Stock Conc.键，选择加入的原始样品体积和所需浓度单位，得出原始样品浓度。

如果 DNA 浓度超出标准曲线范围，可将样品稀释 10 倍（浓度过高）或加入更多体积的样品（浓度过低）再进行测量。

（2）随机打断基因组 DNA

1）连接冷却水装置：冷却水装置必须用系统提供的软管与系统连接。冷却水入口连接在仪器背部标有 "IN" 的管口处，出口连接在标有 "OUT" 的管口处。

2）在仪器使用前要提前预热系统。

a）打开排气和循环冷却装置，确保冷却水箱里面有充足的双蒸水或去离子水。

b）向有机玻璃水槽中注入蒸馏水，确保传感器放下后，水位在 "RUN" 刻度 10～15。

c）打开控制软件，排气 30 min。软件界面全部为对号（√）时可使用仪器。

3）取 3 μg gDNA 样品，用重悬液（RSB）将总体积补至 50 μl，混匀离心。将其置于 Covaris microTube 中，注意，在加样过程中要慢，一定不要有气泡产生。打开样品盖，将样品置于固定支架中间，确保样品管对准传感器的聚焦处，关上样品盖。

4）点击软件 Run 界面的 Method，点击 New 新建或在列表中选择一个已有的操作方法后点击 Edit。按需要设置参数。具体如下（一般 DNA 打断长度为 200～300 bp）。

目的片段（峰值，bp）	150	200	300	400	500	800	1000	1500
Peak Incident Power（W）	175	175	140	140	105	105	105	140
Duty Factor（%）	10	10	10	10	5	5	5	2
Cycles per Burst	200	200	200	200	200	200	200	200
Time（s）	430	180	80	55	80	50	40	15

5）点击 Run 按钮，运行程序。结束后取出 50 μl 样品。

6）关闭软件和机器。

a）先关闭排气系统。

b）将传感器移出水面。清空水槽中的水后，放回水槽和传感器，点击 Degas Pump，10 s 后泵自动停止。取出水槽再次把水清干，并用无绒纸把水槽和传感器擦干。关闭软件，然后关闭仪器主机。

注意：一定要确保水槽内干燥。

（3）DNA 片段末端补平

1）将纯化用磁珠（beads）室温放置 30 min 备用。热循环仪（thermal cycler）20℃预热。

2）每个样品（48 μl DNA 片段）中加入 52 μl End Repair Master Mix，配制体系如下。

试剂	体积（μl）
去离子水	35.2
10×End Repair Buffer（clear cap）	10
dNTP Mix（green cap）	1.6
T4 DNA Polymerase（purple cap）	1
Klenow DNA Polymerase（yellow cap）	2
T4 Polynucleotide Kinase（orange cap）	2.2
总体积	52

3）混匀样品，放置在预热的热循环仪中，20℃反应 30 min，4℃保持（盖子不加热）。

4）磁珠涡旋混匀，每个样品中加入 180 μl 磁珠（加每个样品前都要再次混匀磁珠）。用 200 μl 移液器吸打 10 次，混匀样品。样品室温放置 5 min。

5）将样品放在磁力架上，室温静置 5 min。

6）配制 80%乙醇（每次都要用无水乙醇新鲜配制，在当日内使用）。

7）用 200 μl 移液器移除上清液（不要搅动磁珠），并立刻加入 200 μl 80%乙醇，吹打两次，磁力架上静置 30 s。

8）将乙醇吸出后，再次加入 200 μl 80%乙醇，吹打两次，磁力架上静置 30 s。

9）吸干样品中的液体，在磁力架上晾干 10 min。

10）取下样品管，加入 32 μl 超纯水，枪头吹打至磁珠全部混匀。

11）室温放置 2 min 后，再次放置在磁力架上 5 min。

12）吸出 30 μl 液体至新的 1.5 ml 离心管（或 96 孔板）中。

（4）3′端加 A 尾

1）将纯化用磁珠（beads）室温放置 30 min 备用。热循环仪 37℃预热。

2）每个样品（30 μl DNA 片段）中加入 20 μl Adenylation Master Mix，配制体系如下。

试剂	体积（μl）
去离子水	11
10×Klenow Polymerase Buffer（blue cap）	5
dATP（green cap）	1
Exo（−）Klenow（red cap）	3
总体积	20

3）混匀样品，放置在预热的热循环仪中，37℃反应 30 min，4℃保持（盖子不加热）。

4）磁珠涡旋混匀，每个样品中加入 90 μl 磁珠（加每个样品前都要再次混匀磁珠）。用 200 μl 移液器吸打 10 次，混匀样品。样品室温混合 5 min。

5）样品放在磁力架上，室温静置 5 min。

6）配制 80%乙醇（每次都要用无水乙醇新鲜配制，在当日内使用）。

7）用 200 μl 移液器移除上清液（不要搅动磁珠），并立刻加入 200 μl 80%乙醇，吹打两次，磁力架上静置 30 s。

8）将乙醇吸出后，再次加入 200 μl 80%乙醇，吹打两次，磁力架上静置 30 s。

9）吸干样品中的液体，在磁力架上晾干 10 min。

10）取下样品管，加入 15 μl 超纯水，枪头吹打至磁珠全部混匀。

11）室温放置 2 min 后，再次放置在磁力架上 5 min。

12）吸出 13 μl 液体至新的 1.5 ml 离心管（或 96 孔板）中。

注意：请立即进行下一步加接头操作。

（5）加接头

1）将纯化用磁珠（beads）室温放置 30 min 备用。热循环仪（thermal cycler）20℃预热。

2）每个样品（13 μl DNA 片段）中加 37 μl Ligation Master Mix，配制体系

如下。

试剂	体积（μl）
去离子水	15.5
5×T4 DNA Ligase Buffer（green cap）	10
SureSelect Adapter Oligo Mix（brown cap）	10
T4 DNA Ligase（red cap）	1.5
总体积	37

3）混匀样品，放置在预热的热循环仪中，20℃反应 15 min，4℃保持（盖子不加热）。

4）磁珠涡旋混匀，每个样品中加入 90 μl 磁珠（加每个样品前都要再次混匀磁珠）。用 200 μl 移液器吸打 10 次，混匀样品。样品室温混合 5 min。

5）样品放在磁力架上，室温静置 5 min。

6）配制 80%乙醇（每次都要用无水乙醇新鲜配制，在当日内使用）。

7）用 200 μl 移液器移除上清液（不要搅动磁珠），并立刻加入 200 μl 80%乙醇，吹打两次，磁力架上静置 30 s。

8）将乙醇吸出后，再次加入 200 μl 80%乙醇，吹打两次，磁力架上静置 30 s。

9）吸干样品中的液体，在磁力架上晾干 10 min。

10）取下样品管，加入 32 μl 超纯水，枪头吹打至磁珠全部混匀。

11）室温放置 2 min 后，再次放置在磁力架上 5 min。

12）吸出 30 μl 液体至新的 1.5 ml 离心管（或 96 孔板）中。

（6）PCR 方法增加最终文库的量

1）将纯化用磁珠（beads）室温放置 30 min 备用。热循环仪（thermal cycler）20℃预热。

2）取 15 μl 步骤（5）中 12）的 DNA，加入 35 μl PCR Reaction Mix，配制体系如下。

试剂	体积（μl）
去离子水	21
SureSelect Primer（brown cap）	1.25
SureSelect ILM Indexing Pre-Capture PCR Reverse Primer	1.25
5×Herculase II Reaction Buffer（clear cap）	10
100 mmol/L dNTP Mix（green cap）	0.5
Herculase II Fusion DNA Polymerase（red cap）	1
总体积	35

3）混匀样品，放置在预热的热循环仪中，PCR 程序设置如下。

98℃，2 min；

4～6 个循环：98℃，30 s；65℃，30 s；72℃，1 min；

72℃，10 min；

4℃，保持。

注意：不同类型的 DNA 样本文库，循环数有所差异，但大部分 DNA 文库使用 5 个循环扩增基本可以满足后续捕获实验的要求，而且也不会引入偏差或非特异扩增。如果出现得率太低或者太高的情况（或者有非特异扩增出现），就需要调节扩增循环数。

4）磁珠涡旋混匀，每个样品中加入 90 μl 磁珠（加每个样品前都要再次混匀磁珠）。用 200 μl 移液器吸打 10 次，混匀样品。样品室温混合 5 min。

5）样品放在磁力架上，室温 5 min。

6）配制 80%乙醇（每次都要用无水乙醇新鲜配制，在当日内使用）。

7）用 200 μl 移液器移除上清液（不要搅动磁珠），并立刻加入 200 μl 80%乙醇，吹打两次，磁力架上静置 30 s。

8）将乙醇吸出后，再次加入 200 μl 80%乙醇，吹打两次，磁力架上静置 30 s。

9）吸干样品中的液体，在磁力架上晾干 10 min。

10）取下样品管，加入 30 μl 超纯水，枪头吹打至磁珠全部混匀。

11）室温放置 2 min 后，再次放置在磁力架上 5 min。

12）吸出 28 μl 液体至新的 1.5 ml 离心管（或 96 孔板）中。

（7）检验 DNA 文库质量

A. 准备 Gel-Dye Mix

1）将蓝盖染料（High Sensitivity DNA dye concentrate）和红盖 DNA 胶（High Sensitivity DNA gel matrix）室温放置 30 min。

2）涡旋染料，将 25 μl 染料加入胶中。

3）涡旋混匀，移入滤膜管（spin filter）中。

4）2240 g±20%离心 15 min。将液体避光 4℃保存。

B. 做胶

1）将配制好的 Gel-Dye Mix 室温避光放置 30 min。

2）确保针管的活塞在 1 ml 刻度以上，夹子的控制杆在最下档。

3）取一块新的 DNA Chip，放在制胶装置上。在标有 🇬 的加样孔里加入 9 μl Gel-Dye Mix，压紧制胶装置。下推针管至夹子处，用夹子压住针管。1 min 后松开夹子，让针管自由上升。停留 5 s 后，上拉针管至 1 ml 刻度以上，然后松开制胶装置。

4）在标有🔲标志的加样孔里各加入 9 μl Gel-Dye Mix。

5）在其他各个加样孔里各加入 5 μl Marker（11 个样品孔和 1 个 ladder 孔）。

6）在 ladder 孔里加入 1 μl High Sensitivity DNA ladder。

7）在样品孔里依次加入 1 μl 样品。

8）2000 r/min 涡旋 1 min。

C. 跑胶

将 Chip 放入 Agilent 2100 跑胶。选择 High Sensitivity DNA 对应程序，编辑样品名称。

注意：在加样过程中要慢，一定不要有气泡产生。打开样品盖，将样品置于固定支架中间，确保样品管对准传感器的聚焦处，关上样品盖。

（8）Qubit 定量

同本节"二、（一）"中 Agilent Sure Select^{XT} Reagent Kit 建库方法（1）中相关步骤。

（9）qPCR 检测 DNA 浓度

1）准备 qPCR/Primer Mix。

将 1 ml Illumina GA Primer Premix（10×）添加到 5 ml KAPA SYBR$^{®}$ FAST qPCR Master Mix（2×）中，混匀。

2）稀释文库 DNA。

用 PCR-grade water 将文库 DNA 稀释。

a）稀释 2500 倍：将 0.5 μl 文库 DNA 加入 1250 μl 水中。

b）稀释 5000 倍：取 600 μl 稀释 2500 倍的文库 DNA 加入 600 μl 水中。

c）稀释 10 000 倍：取 600 μl 稀释 5000 倍的文库 DNA 加入 600 μl 水中。

d）稀释 5000 倍和 10 000 倍的文库 DNA 作为备用模板。

3）反应体系如下。

成分	体积（μl）
qPCR/Primer Mix	6
文库或标准品（Std1～Std 5）	4
总体积	10

4）准备 qPCR 专用 96 孔板，如下表所示进行加样，其中 Std1～Std5 为标准品，并分别标明其浓度，设置 S1～S10 为未知（unknown），设置 NTC 为阴性对照（negative control）。注意：每一个 96 孔板都必须有阴性对照，每次扩增是都必须检测 NTC，NTC 应该是没有扩增的。并在 Real-time PCR 仪上设置程序：95℃，5 min；95℃，30 s，60℃，45 s，35 个循环；72℃，10 min；4℃，保持。

	1	2	3	4	5	6	7	8	9	10	11	12
A	Std1 20 pmol/L	Std1 20 pmol/L	Std1 20 pmol/L	S2 10k	S2 10k	S2 10k	S6 10k	S6 10k	S6 10k	S10 10k	S10 10k	S10 10k
B	Std2 2 pmol/L	Std2 2 pmol/L	Std2 2 pmol/L	S3 5k	S3 5k	S3 5k	S7 5k	S7 5k	S7 5k	S11 5k	S11 5k	S11 5k
C	Std3 0.2 pmol/L	Std3 0.2 pmol/L	Std3 0.2 pmol/L	S3 10k	S3 10k	S3 10k	S7 10k	S7 10k	S7 10k	S11 10k	S11 10k	S11 10k
D	Std4 0.02 pmol/L	Std4 0.02 pmol/L	Std4 0.02 pmol/L	S4 5k	S4 5k	S4 5k	S8 5k	S8 5k	S8 5k	S12 5k	S12 5k	S12 5k
E	Std5 0.002 pmol/L	Std5 0.002 pmol/L	Std5 0.002 pmol/L	S4 10k	S4 10k	S4 10k	S8 10k	S8 10k	S8 10k	S12 10k	S12 10k	S12 10k
F	S1 5k	S1 5k	S1 5k	S5 5k	S5 5k	S5 5k	S9 5k	S9 5k	S9 5k	S13 5k	S13 5k	S13 5k
G	S1 10k	S1 10k	S1 10k	S5 10k	S5 10k	S5 10k	S9 10k	S9 10k	S9 10k	S13 10k	S13 10k	S13 10k
H	S2 5k	S2 5k	S2 5k	S6 5k	S6 5k	S6 5k	S10 5k	S10 5k	S10 5k	NTC	NTC	NTC

5）数据分析。

Bio-Rad CFX Manager 2.1 软件打开 Data 文件。

在 Quantification 界面检测实验重复性，去掉重复间差异超过 0.5 个循环的值。

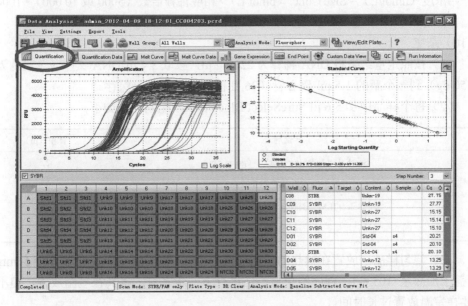

在 Quantification Data 界面选取所有数值，复制到 Excel 表格。

在 Excel 中保留 Starting Quantity（SQ）和 SQ Mean 项，计算文库浓度：

Size Conc.（pmol/L）= SQ Mean 项（pmol/L）×452÷片段长度

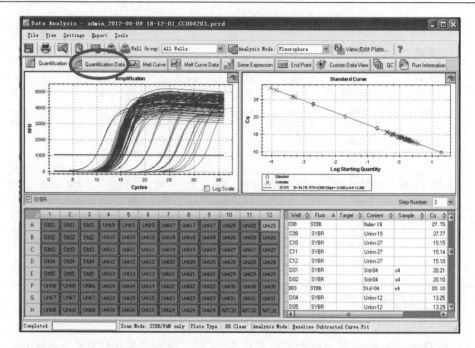

原始浓度（nmol/L）= Size Conc.（pmol/L）×相应稀释倍数（5000 或 10 000）÷1000

　　注意：文库浓度至少要达到 2 nmol/L。

（10）杂交

　　1）按照定量结果将 DNA 稀释为 221 ng/µl，吸取 3.4 µl DNA 文库（总量约为 750 ng）到一个新的 1.5 ml 离心管（96 孔板）中，在冰上保存。

　　2）每个样品中加 5.6 µl SureSelect Block Mix，配制体系如下。

试剂	体积（µl）
SureSelect Indexing Block 1（green cap）	2.5
SureSelect Block 2（blue cap）	2.5
SureSelect ILM Indexing Block 3（brown cap）	0.6
总体积	5.6

　　3）混匀样品，放置在预热的热循环仪中，95℃反应 5 min，65℃至少 5 min（盖子加热至 105℃）。程序结束后，在进行下一步之前，将其在室温放置，但不要在室温放置过长时间。

　　4）加入 20 µl Capture Library Hybridization Mix，配制方法如下。

　　a）首先配制 Hybridization Buffer，体系如下。

试剂	体积（μl）
SureSelect Hyb 1（orange cap or bottle）	6.63
SureSelect Hyb 2（red cap）	0.27
SureSelect Hyb 3（yellow cap or bottle）	2.65
SureSelect Hyb 4（black cap or bottle）	3.45
总体积	13

b）其次根据捕获文库的大小，适当稀释 RNase Block，体系如下。

捕获文库大小	RNase Block 稀释比例（RNase Block：水） （parts RNase Block：parts water）	杂交反应中最终加入的体积（μl）
≥3.0 Mb	25%（1：3）	2
<3.0 Mb	10%（1：9）	5

c）根据捕获文库的大小配制 Capture Library Hybridization Mix，体系如下。

试剂	体积（μl）
Hybridization Buffer mixture	13
25% RNase Block Solution /10% RNase Block Solution	2/5
Capture Library ≥3 Mb/Capture Library <3 Mb	5/2
总体积	20

5）混匀样品，放置在预热的热循环仪中，65℃，杂交 16～24 h（盖子加热至 105℃）。

（11）捕获

1）将 SureSelect Wash Buffer 2 放置在 65℃条件下预热。

2）使用前彻底混匀 MyOne Streptavidin T1 magnetic beads。

3）清洗磁珠。

a）向磁珠中加入 200 μl SureSelect Binding Buffer。

b）使用移液器吹吸混匀磁珠。

c）将离心管放置在磁力架上，室温静置 5 min，吸取上清并丢弃；

d）重复 a）到 c）两次，总共清洗磁珠 3 次。

4）使用 200 μl SureSelect Binding Buffer 重悬磁珠。

5）将全部杂交反应体系加入 200 μl 磁珠中，枪头吹打至磁珠全部混匀。

6）在 Nutator 混匀仪上室温混匀 30 min，确保样品充分混匀，瞬时离心。

7）样品放在磁力架上，室温静置 5 min，用 200 μl 移液器移除上清液（不要搅动磁珠）。

8）使用 SureSelect Wash Buffer 2 洗涤磁珠（注意：整个洗涤磁珠过程温度控制在 65℃是很关键的，可以确保捕获的特异性）。

a）加入 200 μl 65℃预热的 SureSelect Wash Buffer 2 重悬磁珠。

b）放置在预热的热循环仪中，65℃处理 10 min。

c）放置在磁力架上，室温静置 5 min，吸取上清并丢弃。

d）重复步骤 a）到步骤 c）两次，共洗涤 3 次。

e）最后一次洗涤完成后确保所有的清洗缓冲液被吸出。

9）加入 30 μl 无核酸酶水重悬磁珠，在下一步使用前放置冰上保存。

（12）测序前的加标签（Indexing）

1）每个样品使用不同的 Index，进行 PCR 扩增。将纯化用磁珠（beads）室温放置 30 min 备用。热循环仪（thermal cycler）20℃预热。

2）在新的 1.5 ml 离心管（96 孔板）中分装 31 μl PCR Reaction Mix。配制体系如下。

试剂	体积（μl）	
	8 bp indexes	6 bp indexes
去离子水	18.5	22.5
5×Herculase II Reaction Buffer（clear cap）	10	10
Herculase II Fusion DNA Polymerase（red cap）	1	1
100 mmol/L dNTP Mix（green cap）	0.5	0.5
SureSelect ILM Indexing Post-Capture Forward PCR Primer（orange cap）	1	1
总体积	31	35

3）对于 8 bp Indexes 加入 5 μl Indexing primer，对于 6 bp indexes 加入 1 μl Indexing primer。

4）加入 14 μl 步骤（11）的 8）中带有磁珠的捕获 DNA 文库（使用前重悬磁珠，剩余文库可保存于−20℃备用）。

5）混匀样品，放置在预热的热循环仪中，PCR 程序设置如下。

98℃，2 min；

10～16 个循环：98℃，30 s；57℃，30 s；72℃，1 min；

72℃，10 min；

4℃，保持。

注意：循环数根据实验目的及捕获大小进行调整，1 kb～0.5 Mb，16 个循环；0.5～1.49 Mb，14 个循环；>1.5 Mb，12 个循环；外显子文库，10～12 个循环；OneSeq 文库，10 个循环。

6）磁珠涡旋混匀，每个样品中加入 90 μl 磁珠（加每个样品前都要再次混匀磁珠）。用 200 μl 移液器吸打 10 次，混匀样品。样品室温混合 5 min。

7）样品放在磁力架上，室温 5 min。

8）配制 80%乙醇（每次都要用无水乙醇新鲜配制，在当日内使用）。

9）用 200 μl 移液器移除上清液（不要搅动磁珠），并立刻加入 200 μl 80%乙醇，吹打两次，磁力架上静置 30 s。

10）将乙醇吸出后，再次加入 200 μl 80%乙醇，吹打两次，磁力架上静置 30 s。

11）吸干样品中的液体，在磁力架上晾干 10 min。

12）取下样品管，加入 30 μl 无核酸酶水，枪头吹打至磁珠全部混匀。

13）室温放置 2 min 后，再次放置在磁力架上 5 min。

14）吸出液体至新的 1.5 ml 离心管（或 96 孔板）中。

（13）捕获 DNA 文库质控

按照本节 Agilent Sure Select^{XT} Reagent Kit 建库方法中（7）、（8）和（9）所示步骤对捕获 DNA 文库的质量和浓度进行检测。主峰为 250～350 bp 即为合格。

（14）混池（pooling）

1）为保证混池中的不同文库分子质量相同，请使用下列公式计算不同文库混池时所需的体积。

$$体积 = \frac{V(f) \times C(f)}{\# \times C(i)}$$

式中，$V(f)$ 代表混池最终体积；$C(f)$ 代表混池后最终浓度；#代表 Index 数量；$C(i)$ 代表每个文库的初始浓度。

举例如下。

样品	$V(f)$（μl）	$C(i)$（nmol/L）	$C(f)$（nmol/L）	#	体积（μl）
1	20	20	10	4	2.5
2	20	10	10	4	5
3	20	17	10	4	2.9
4	20	25	10	4	2
Low TE					7.6

2）调整最后混池文库的浓度。

如混池文库体积小于最终体积，则使用 Low TE 补足体积。

如混池文库体积大于最终体积，则使用冻干仪浓缩体积。

（二）NimbleGen SeqCap EZ Library 建库方法

1. 目的

利用 NimbleGen SeqCap EZ Library 构建目标序列捕获测序文库。

2. 流程

检测 DNA 样品质量和浓度→DNA 样品随机打断→DNA 片段末端补平→DNA 片段 3′端加 A 尾→DNA 片段加接头→LM-PCR 扩增→检验 DNA 文库的质量→杂交→

捕获→LM-PCR 扩增→检验捕获文库的质量。

3. 推荐使用的试剂盒

KAPA Library Preparation Kit、NimbleGen SeqCap EZ Library。

4. NimbleGen SeqCap EZ Library 建库实验操作

（1）检测 DNA 浓度

同本节"二、（一）"中 Agilent Sure Select^{XT} Reagent Kit 建库方法（1）。KAPA Library Preparation Kit 建议 DNA 起始量为 100 ng。

（2）随机打断基因组 DNA

同本节"二、（一）"中 Agilent Sure Select^{XT} Reagent Kit 建库方法（2）。

（3）DNA 片段纯化和末端补平

A. DNA 纯化

1）将纯化用磁珠（beads）室温放置 30 min 备用。

2）向打断产物中加入 80 μl 水、180 μl beads（加每个样品前都要再次混匀磁珠）。用移液器吸打至少 10 次，混匀样品。室温放置 5 min。

3）将样品放在磁力架上，室温放置 5 min。

4）配制 70%乙醇（每次都要用无水乙醇新鲜配制，在当日内使用）。

5）用 200 μl 移液器移除样品中的液体，并立刻加入 200 μl 70%乙醇，上下吹打两次，磁力架上静置 30 s。

6）将乙醇吸出后，再次加入 200 μl 70%乙醇，吹打两次，磁力架上静置 30 s。

7）吸干样品中的液体，在磁力架上晾干 10 min。

8）取下样品管，加入 52 μl 超纯水，枪头吹打至磁珠全部混匀。

9）室温放置 2 min 后，再次放置在磁力架上 5 min。

10）吸出 50 μl 液体至新的 1.5 ml 离心管（或 96 孔板）中。

B. DNA 末端补平

1）将纯化用磁珠（beads）室温放置 30 min 备用。热循环仪（thermal cycler）20℃预热。

2）每个样品（50 μl DNA 片段）中加入 20 μl End Repair Master Mix，配制体系如下。

试剂	体积（μl）
PCR-grade water	8
10× KAPA End Repair Buffer	7
KAPA End Repair Enzyme Mix	5
总体积	20

3）混匀样品，放置在预热的热循环仪中，20℃反应 30 min，4℃保持。

4）磁珠涡旋混匀，每个样品中加入 120 μl 磁珠（加每个样品前都要再次混匀磁珠）。用 200 μl 移液器吸打 10 次，混匀样品。样品室温放置 5 min。

5）将样品放在磁力架上，室温 15 min。

6）配制 80%乙醇（每次都要用无水乙醇新鲜配制，在当日内使用）。

7）用 200 μl 移液器移除上清液（不要搅动磁珠），并立刻加入 200 μl 80%乙醇，吹打两次，磁力架上静置 30 s。

8）将乙醇吸出后，再次加入 200 μl 80%乙醇，吹打两次，磁力架上静置 30 s。

9）吸干样品中的液体，在磁力架上晾干 10 min。

（4）3′端加 A 尾

1）热循环仪 20℃预热。

2）每个样品（DNA-beads 混合物）中加入 50 μl A-Tailing Master Mix，配制体系如下。

试剂	体积（μl）
PCR-grade water	42
10× KAPA A-Tailing Buffer	5
KAPA A-Tailing Enzyme	3
总体积	50

3）混匀样品，放置在预热的热循环仪中，30℃反应 30 min，4℃保持。

4）磁珠涡旋混匀，每个样品中加入 90 μl PEG/NaCl SPRI 溶液。用 200 μl 移液器吸打 10 次，混匀样品。样品室温放置 15 min。

5）样品放在磁力架上，室温放置 5 min。

6）配制 80%乙醇（每次都要用无水乙醇新鲜配制，在当日内使用）。

7）用 200 μl 移液器移除上清液（不要搅动磁珠），并立刻加入 200 μl 80%乙醇，吹打两次，磁力架上静置 30 s。

8）将乙醇吸出后，再次加入 200 μl 80%乙醇，吹打两次，磁力架上静置 30 s。

9）吸干样品中的液体，在磁力架上晾干 10 min。

注意：一定要立即进行下一步。

（5）接头连接和片段大小选择

A. 接头连接

1）将纯化用磁珠（beads）室温放置 30 min 备用。热循环仪（thermal cycler）20℃预热。

2）每个样品（DNA-beads 混合物）中加 47 μl Ligation Master Mix，配制体系

如下。

试剂	体积（µl）
PCR-grade water	32
5× KAPA Ligation Buffer	10
KAPA T4 DNA Ligase	5
总体积	47

3）混匀样品，加入 3 µl SeqCap Library Adapter，用 200 µl 移液器吸打 10 次，混匀样品。

4）放置在预热的热循环仪中，20℃反应 15 min，4℃，保持。

B. 片段大小选择

1）每个样品中加入 50 µl PEG/NaCl SPRI 溶液。用 200 µl 移液器吸打 10 次，混匀样品。样品室温放置 15 min。

2）样品放在磁力架上，室温放置 5 min。

3）配制 80%乙醇（每次都要用无水乙醇新鲜配制，在当日内使用）。

4）用 200 µl 移液器移除上清液（不要搅动磁珠），并立刻加入 200 µl 80%乙醇，吹打两次，磁力架上静置 30 s。

5）将乙醇吸出后，再次加入 200 µl 80%乙醇，吹打两次，磁力架上静置 30 s。

6）吸干样品中的液体，在磁力架上晾干 10 min。

7）取下样品管，加入 100 µl 超纯水，枪头吹打至磁珠全部混匀。

8）室温放置 2 min 后，每个样品中加入 60 µl PEG/NaCl SPRI 溶液。用 200 µl 移液器吸打 10 次，混匀样品。样品室温放置 15 min，使＞450 bp 的片段与 beads 结合。

9）样品放在磁力架上，室温 5 min。

10）转移 155 µl 上清至新的 1.5 ml 离心管（96 孔板）中。

11）磁珠涡旋混匀，每个样品中加入 20 µl 磁珠（加每个样品前都要再次混匀磁珠）。用 200 µl 移液器吸打 10 次，混匀样品。样品室温混合 15 min，使＞250 bp 的片段与 beads 结合。

12）用 200 µl 移液器移除上清液（不要搅动磁珠），并立刻加入 200 µl 80%乙醇，吹打两次，磁力架上静置 30 s。

13）将乙醇吸出后，再次加入 200 µl 80%乙醇，吹打两次，磁力架上静置 30 s。

14）吸干样品中的液体，在磁力架上晾干 10 min。

15）取下样品管，加入 25 µl 超纯水，枪头吹打至磁珠全部混匀。室温 2 min。

16）样品放在磁力架上，室温放置 5 min。

17）转移 23 μl 上清至新的 1.5 ml 离心管（或 96 孔板）中。

（6）LM-PCR（Ligation Mediated PCR）扩增

1）稀释引物（Pre LM-PCR Oligos 1 & 2）：离心后每个引物中加入 500 μl 超纯水，涡旋混匀，可保存于–20℃。

2）将纯化用磁珠（beads）室温放置 30 min 备用。热循环仪（thermal cycler）20℃预热。

3）在新的 1.5 ml 离心管（96 孔板）中加入 30 μl Pre-Capture LM-PCR Master Mix，配制体系如下。

试剂	体积（μl）
KAPA HiFi HotStart Ready Mix（2×）	25
Pre LM-PCR Oligos 1 & 2（5 μmol/L）	5
总体积	30

4）加入 20 μl "（5）A." 17）中 DNA 样品，吹打混匀样品。

5）放置在预热的热循环仪中，PCR 程序设置如下。

98℃，45 s；

9 个循环：98℃，15 s；60℃，30 s；72℃，30 s；

72℃，1 min；

4℃，保持。

6）磁珠涡旋混匀，每个样品中加入 90 μl 磁珠（加每个样品前都要再次混匀磁珠）。用 200 μl 移液器吸打 10 次，混匀样品。样品室温放置 15 min。

7）样品放在磁力架上，室温 5 min。

8）配制 80%乙醇（每次都要用无水乙醇新鲜配制，在当日内使用）。

9）用 200 μl 移液器移除上清液（不要搅动磁珠），并立刻加入 200 μl 80%乙醇，吹打两次，磁力架上静置 30 s。

10）将乙醇吸出后，再次加入 200 μl 80%乙醇，吹打两次，磁力架上静置 30 s。

11）吸干样品中的液体，在磁力架上晾干 10 min。

12）取下样品管，加入 52 μl 超纯水，枪头吹打至磁珠全部混匀。

13）室温放置 2 min 后，再次放置在磁力架上 5 min。

14）吸出 50 μl 至新的 1.5 ml 离心管（或 96 孔板）中。

（7）检验 DNA 文库质量

同本节 "二、（一）" 中 Agilent Sure Select[XT] Reagent Kit 建库方法（1）相关步骤和（7）。1.7≤OD260/280≤2.0 且总量＞1.0 μg，片段平均大小如图 2.15 所示，150～500 bp 即为合格（选自 SeqCap EZ Library SR User's Guide）。

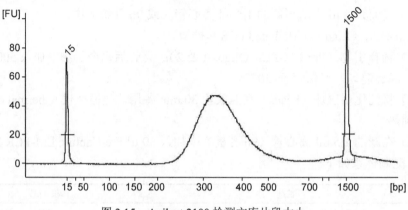

图 2.15　Agilent 2100 检测文库片段大小

（8）杂交

1）将样品等量混合（总量大于 1.25 μg）。

2）取 1 μg 加入新的 1.5 ml 离心管中，随后加入 5 μl COT Human DNA（1 mg/ml）。

3）加入 2 000 pmol（2 μl）Multiplex Hybridization Enhancing Oligo Pool，配制方法如下。

组成	总量
TS-HE Universal Oligo 1	1000 pmol（1000 μmol/L，1 μl）
TS-INV-HE Index 2 Oligo	250 pmol（1000 μmol/L，0.25 μl）
TS-INV-HE Index 4 Oligo	250 pmol（1000 μmol/L，0.25 μl）
TS-INV-HE Index 6 Oligo	250 pmol（1000 μmol/L，0.25 μl）
TS-INV-HE Index 8 Oligo	250 pmol（1000 μmol/L，0.25 μl）
总	2000 pmol（1000 μmol/L，2 μl）

a）稀释引物：短暂离心；TS-HE Universal Oligo 中加入 120 μl 超纯水，TS-INV-HE Index Oligo 中加入 10 μl 超纯水（浓度均为 1000 μmol/L）；涡旋混匀，离心。

b）配制 Multiplex Hybridization Enhancing Oligo Pool：按照 DNA 文库 Index 选择相应的 HE Index Oligo，等比例混合；然后按照 TS-HE Universal Oligo1 为 50%，不同 HE Index Oligo 混合物为 50%的比例混合引物，使混合液 Oligo 总量为 2000 pmol。以 DNA 文库 Index 分别为 2、4、6、8 时混合 Multiplex Hybridization Enhancing Oligo Pool 为例。

4）盖上管盖，扎开一个小洞，置于真空浓缩机上（加热至 60℃）。

5）待晾干后，加入 7.5 μl 2× Hybridization Buffer 和 3 μl Hybridization Component A。

6）用封口膜封住管盖上的小洞，涡旋混匀，离心。

7）95℃处理 10 min 使 DNA 变性，离心。

8）吸取液体转移至含有 4.5 μl EZ Library 的 PCR 管中（总体积为 15 μl），涡旋混匀，离心。

9）放置在热循环仪中，47℃反应 16～20 h，盖子温度设置为 57℃。

（9）洗脱回收

　A. 稀释缓冲液

1）将 10×Wash Buffer（Ⅰ、Ⅱ、Ⅲ和 Stringent）和 2.5× Bead Wash Buffer 稀释为 1×工作液。

浓缩缓冲液	体积（μl）	加入超纯水体积（μl）	稀释为 1× Buffer 后的总体积（μl）
10× Stringent Wash Buffer	40	360	400
10× Wash Buffer Ⅰ	30	270	300
10× Wash Buffer Ⅱ	20	180	200
10× Wash Buffer Ⅲ	20	180	200
2.5× Bead Wash Buffer	200	300	500

2）将 Capture Beads 室温放置 30 min 备用。

3）将 400 μl 1× Stringent Wash Buffer 和 100 μl 1× Wash Buffer Ⅰ 47℃预热。

　B. 清洗 Capture Beads

1）涡旋混匀，按照用量取相应体积的 Capture Beads 置于新的 1.5 ml 离心管中（每个样品 100 μl）。

2）置于磁力架上，室温放置 5 min。

3）用 200 μl 移液器移除全部上清液（不要搅动磁珠），并立刻加入两倍体积的 1× Bead Wash Buffer，涡旋混匀，磁力架上静置 5 min，吸出上清。

4）再次加入两倍体积的 1×Bead Wash Buffer，涡旋混匀，磁力架上静置 5 min，吸出上清。

5）加入等体积的 1× Bead Wash Buffer，枪头吹打至磁珠全部混匀。

6）转移至新的 0.2 ml 的离心管中，室温放置 2 min 后，再次放置在磁力架上 5 min。

7）用 200 μl 移液器移除全部上清液（不要搅动磁珠）。

　C. Capture Beads 与 DNA 结合

1）将步骤（8）中 9）的 15 μl 杂交产物加入清洗好的 Capture Beads 中。

2）用 200 μl 移液器吸打 10 次，混匀样品。

3）放置在热循环仪中，47℃反应 45 min，盖子温度设置为 57℃，其中每隔

15 min 涡旋混匀一次。

D. 清洗 Capture Beads-DNA 混合物

1）加入 100 μl 提前预热（47℃）的 1×Wash BufferⅠ，涡旋混匀，转移至新的 1.5 ml 离心管中。

2）置于磁力架上，室温放置 5 min。

3）用 200 μl 移液器移除全部上清液（不要搅动磁珠），并立刻加入 200 μl 提前预热的 1× Stringent Wash Buffer，吸打 10 次，47℃反应 5 min。

4）重复步骤 2）和 3），共清洗两次。

5）置于磁力架上，室温 5 min，用 200 μl 移液器移除全部上清液。

6）加入 200 μl 1× Wash BufferⅠ（室温），涡旋 2 min，离心。

7）置于磁力架上，室温 5 min，用 200 μl 移液器移除全部上清液。

8）加入 200 μl 1× Wash BufferⅡ（室温），涡旋 1 min，离心。

9）置于磁力架上，室温 5 min，用 200 μl 移液器移除全部上清液。

10）加入 200 μl 1× Wash BufferⅢ（室温），涡旋 30 s，离心。

11）置于磁力架上，室温放置 5 min，用 200 μl 移液器移除全部上清液。

12）加入 50 μl 超纯水，吸打混匀，可保存于–20℃。

（10）LM-PCR 方法增加最终文库的量

1）稀释引物（Post LM-PCR Oligos 1 & 2）：离心后每个引物中加入 480 μl 超纯水，涡旋混匀，可保存于–20℃。

2）将纯化用磁珠（beads）室温放置 30 min 备用。热循环仪（thermal cycler）20℃预热。

3）在新的 1.5 ml 离心管（96 孔板）中加入 30 μl Post-Capture LM-PCR Master Mix，配制体系如下。

试剂	体积（μl）
KAPA HiFi HotStart Ready Mix（2×）	25
Pre LM-PCR Oligos 1 & 2（5 μmol/L）	5
总体积	30

4）加入 20 μl 步骤（9）中 D 12）Capture Beads-DNA 混合物（加之前一定要涡旋混匀），吹打混匀样品。

5）放置在预热的热循环仪中，PCR 程序设置如下。

98℃，45 s；

14 个循环：98℃，15 s；60℃，30 s；72℃，30 s；

72℃，1 min；

4℃，保持。

6）磁珠涡旋混匀，每个样品中加入 90 μl 磁珠（加每个样品前都要再次混匀磁珠）。用 200 μl 移液器吸打 10 次，混匀样品。样品室温放置 15 min。

7）样品放在磁力架上，室温 5 min。

8）配制 80%乙醇（每次都要用无水乙醇新鲜配制，在当日内使用）。

9）用 200 μl 移液器移除上清液（不要搅动磁珠），并立刻加入 200 μl 80%乙醇，吹打两次，磁力架上静置 30 s。

10）将乙醇吸出后，再次加入 200 μl 80%乙醇，吹打两次，磁力架上静置 30 s。

11）吸干样品中的液体，在磁力架上晾干 10 min。

12）取下样品管，加入 52 μl 超纯水，枪头吹打至磁珠全部混匀。

13）室温放置 2 min 后，再次放置在磁力架上 5 min。

14）吸出 50 μl 至新的 1.5 ml 离心管（或 96 孔板）中。

（11）文库质控

按照本节 Agilent Sure Select^{XT} Reagent Kit 建库方法中（7）、（8）和（9）所示步骤对捕获 DNA 文库的质量和浓度进行检测。

Agilent 2100 检测结果如图 2.16 所示（选自 SeqCap EZ Library SR User's Guide），片段平均大小为 150～500 bp 即为合格。

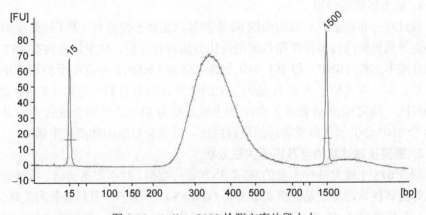

图 2.16　Agilent 2100 检测文库片段大小

三、目标序列测序建库案例

案例：异源六倍体小麦单体型图谱揭示了其部分同源基因组选择模式的不同（Jordan et al., 2015）

论文：Jordan K W, Wang S, Lun Y, et al., 2015. A haplotype map of allohexaploid wheat reveals distinct patterns of selection on homoeologous genomes. Genome Biology, 16(1): 48.

发表单位：堪萨斯州立大学植物病理学系

测序单位：加州大学戴维斯分校 DNA 技术研究中心

研究目的

运用第二代基因组重测序技术，在基因组水平上鉴定异源六倍体小麦部分同源基因组的选择变异及其影响，以期对小麦表型变异的分子机理研究提供参考依据。

方法流程

1）取材：62 个不同的异源六倍体小麦品种（系），其中包括 26 个地方品种、29 个栽培品种、6 个育成品系和 1 个人工合成的六倍体小麦。

2）建库：在 NEBNext DNA 建库试剂盒构建插入片段为 300 bp 文库的基础上，利用 NimbleGen SeqCap EZ 试剂盒进行外显子捕获建库。

3）测序：利用 Illumina HiSeq2000 测序平台对 62 个不同的异源六倍体小麦品种（系）进行高通量测序，读长为双端 100 bp（PE100），A、B 和 D 三个拷贝的平均测序深度均大于 8×。

4）数据分析：①遗传多样性分析；②重要抗病性状的全基因组关联分析；③遗传变异模式分析。

研究结果

1. 遗传多样性分析

通过对分布在全世界范围内的 62 个异源六倍体小麦品种（系）的深度测序可对小麦种质资源遗传多样性和基因组进化方式进行分析，结果显示约有 157 万个单核苷酸多态性（SNP）和 161 719 个插入缺失（InDel）存在于所检测的小麦品种（系）中，并且位于 A 和 B 基因组上的变异数约为 D 基因组的 2.5 倍。此外，在编码区，同义 SNP 和非同义 SNP 的个数分别为 83 622 个和 76 361 个，其中有 1600 个 SNP 会引起蛋白质翻译的提前终止，可能会对基因功能产生影响。

2. 重要抗病性状的全基因组关联分析

结合 678 个地方品种小麦的 90 K SNP 芯片数据，对小麦条锈病、叶锈病和秆锈病等抗病性状进行全基因组关联分析（GWAS），发现了一系列显著的关联位点。进一步分析发现 *Lr67* 和 *Yr51* 等位点是已定位的抗病基因，但位于 7A 上的抗条锈病位点还未见报道。

3. 遗传变异模式分析

利用 XP-CLR 和 PHS 方法进行遗传变异模式分析，结果显示小麦基因组在自然选择和人工驯化过程中经历了选择性清除，即"净化选择"，并且被选择的区域通常与 *Q* 和 *Tg* 等控制小麦重要农艺性状的基因紧密连锁。

研究结论

本研究通过对 62 个全球范围内的异源六倍体小麦品种（系）外显子的高通量

测序,分析了小麦种质资源遗传差异及其影响,并产生了第一个小麦单体型图谱,提高了小麦复杂性状基因定位的精度。此外,研究结果也表明小麦在形成和进化过程中,部分同源基因组经历了定向选择,发生了突变的区域通常与控制重要农艺性状的位点紧密连锁。与此同时,多倍化事件通过拓宽选择区域来增加有利变异,进一步提高了小麦的抗逆性和适应性。

(韩 瑶　陈浩峰)

第六节　单细胞测序建库

细胞是生物体的基本单位,常规的基因组测序是通过提取大量组织细胞 DNA 或 RNA 进行测序,无法检测细胞间的差异,而单细胞测序可以避免这种情况。单细胞测序通过对单个细胞进行测序,解决了用组织样本测序或样本少时无法解决的细胞异质性难题,为研究者从单细胞水平解析生物体发育及调节机制提供了有效的研究手段。本节将以文库构建前单细胞 DNA 和 RNA 的扩增为例,着重介绍单细胞 DNA 和 RNA 扩增的方法及注意事项。

一、单细胞 DNA 测序建库流程

(一)实验设计

测序平台选择:针对不同的物种和不同的测序过程,我们可以选择不同型号的 Illumina 测序仪。

(二)目的

制备适用于 Illumina HiSeq2500 测序平台的 DNA 测序文库。

(三)流程

细胞裂解(或基因组 DNA 纯化)→基因组 DNA 的变性→基因组 DNA 扩增→DNA 测序文库构建。

(四)试剂及设备

名称	货号
QIAGEN REPLI-g Single Cell Kit	150343
KAPA Library Quantification Kits	KK4824
DNA 打断用仪器(Covaris)	S220

续表

名称	货号
Real-time PCR 仪	Bio-Rad
PCR 仪	
离心机	
涡旋仪	
TE buffer（10 mmol/L Tris-HCl；1 mmol/L EDTA，pH 8.0）	
SyBr Gold Nucleic acid gel stain	Invitrogen，S11494
Qubit assay tubes	Life Technologies，Q32856
6× gel loading dye	BioLabs，B7021S
Certified low-range ultra agarose	Bio-Rad，161-3107
Microseal 'A' film	BioRad，MSA-5001
Microseal 'B' adhesive seals	BioRad，MSB-1001
BenchTop 100 bp DNA ladder	Promega，G829B
0.2 ml 透明 96 孔 PCR 板	Axygen-PCR-96M2-HS-C
MicroTube（6mm×16mm），AFA fiber with crimp-cap	Covaris，520052
50× TAE buffer	
无水乙醇	
移液器和低吸附吸头	
离心管和 PCR 管	

（五）操作步骤

1. 基因组 DNA 扩增（amplification of genomic DNA from single cell）

（1）注意事项

1）本操作适用于脊椎动物细胞、细菌细胞（革兰氏阳性菌和革兰氏阴性菌）、植物细胞（无细胞壁的）、分离细胞和组织培养的细胞。但不适用于甲醛溶液固定细胞和石蜡包埋细胞。

2）本试剂盒可用于 1～1000 个细胞的全基因组扩增。

3）实验操作应在无核酸的环境中进行，操作过程中应避免外源 DNA 的污染。

4）由于 REPLI-g WTA Single Cell Reaction 反应过程中随机引物会产生高分子质量的引物二聚体，不加扩增模板的阴性对照也可产生约 10 μg cDNA。这些 DNA 不会影响目标产物的质量。

5）REPLI-g sc DNA Polymerase 置于冰上解冻，其他试剂可在室温条件下解冻。

6）Buffer D2 保存时间不得长于 3 个月。

（2）实验准备

1）稀释 Buffer DLB：取 500 μl H$_2$O，加入 Buffer DLB 中，涡旋混匀。稀释的 Buffer DLB 可在–20℃保存 6 个月。

2）所有 buffer 和反应试剂需要提前涡旋混匀，轻离心。

3）温育设备（如水浴、温育模块、PCR 仪等）提前调至 30℃，如果用 PCR 仪加热，PCR 仪盖子调至 70℃。

（3）操作步骤

1）配制可进行 12 次反应量的 Buffer D2（Denature Buffer），如果反应少于 12 个，剩余的 Buffer D2 可在–20℃条件下保存 3 个月。

成分	体积（μl）（12 个反应）
DTT，1 mol/L	3
Buffer DLB（已稀释）	33
总体积	36

2）取新的 200 μl PCR 管，加入 4 μl PBS 细胞悬浮液，如果悬浮液体积低于 4 μl，需加入 PBS 使总体积为 4 μl。

3）加入 3 μl Buffer D2，轻混，短暂离心。观察细胞组织的位置，细胞组织不能附着于液面以上的管壁。

4）65℃温育 10 min。

5）加入 3 μl Stop Solution，轻混，短暂离心。将样品管保存于冰上。

6）取 REPLI-g sc DNA Polymerase，置于冰上解冻。其他试剂在室温条件下解冻。试剂解冻后，涡旋混匀 10 s 以上，短暂离心。

7）按下表顺序依次加入反应试剂，加入水和 REPLI-g sc Reaction Buffer 后（加 REPLI-g sc DNA Polymerase 前），短暂混匀离心。加 REPLI-g sc DNA Polymerase，短暂混匀离心，样品管放置于冰上。

成分	体积/反应（μl/个）
H$_2$O sc	9
REPLI-g sc Reaction Buffer	29
REPLI-g sc DNA Polymerase	2
总体积	40

8）取 40 μl Master Mix，加入变性的 DNA 样品管中。

9）30℃温育 8 h。

10）65℃温育 3 min，灭活 REPLI-g sc DNA Polymerase。如果用 PCR 仪温育，

PCR 仪盖子温度设置为 70℃。

11）扩增完毕的 DNA 样品可放置于 4℃短期保存，也可以在-20℃长期保存。扩增完毕，50 µl 扩增体系 DNA 的产量可达 40 µg。扩增的 DNA 样品尽量避免反复冻融，DNA 储存浓度在 100 ng/µl 以上。

（4）纯化后的基因组 DNA 扩增（amplification of purified genomic DNA）

A. 注意事项

1）本操作适用于 10 ng 以上基因组 DNA 的扩增。如果 DNA 完整性很好、纯度很高，更低量的 DNA（如 1～10 ng 真核生物 DNA 或 10～100 pg 细菌 DNA）也可以作起始模板。

2）试剂盒应放置于无核酸的环境中，操作过程中应避免外源 DNA 的污染。

3）为保证扩增产物的质量，基因组 DNA 长度需要在 2 kb 以上且部分片段长度达 10 kb 以上。

4）由于 REPLI-g WTA Single Cell Reaction 反应过程中随机引物产生高分子质量的引物二聚体，不加扩增模板的阴性对照也可产生约 10 µg cDNA。这些 DNA 不会影响目标产物的质量。

5）REPLI-g sc DNA Polymerase 置于冰上解冻，其他试剂可在室温条件下解冻。

6）Buffer D1 和 Buffer N1 保存时间不得长于 3 个月。

B. 实验准备

1）稀释 Buffer DLB：取 500 µl H$_2$O，加入 Buffer DLB 中，涡旋混匀。稀释的 Buffer DLB 可在-20℃保存 6 个月。

2）所有 buffer 和反应试剂需要提前涡旋混匀，轻离心。

3）温育设备（如水浴、温育模块、PCR 仪等）提前调至 30℃，如果用 PCR 仪加热，PCR 仪盖子调至 70℃。

C. 操作步骤

1）配制可进行 12 次反应量的 Buffer D1（Denaturation Buffer）和 Buffer N1（Neutralization Buffer），如果反应少于 12 个，剩余的 Buffer D1 和 Buffer N1 可在-20℃条件下保存 3 个月。

Buffer D1:

成分	体积（µl）（12 个反应）
Reconstituted Buffer DLB	7
去离子水	25
总体积	32

Buffer N1:

成分	体积（μl）（12 个反应）
Stop Solution	9
去离子水	51
总体积	60

2）取新的 200 μl PCR 管，加入 2.5 μl 模板 DNA。如设阳性对照样品，可以 10 ng 基因组 DNA（如 QIAGEN REPLI-g Human Control Kit）为模板，加 PBS 至总体积为 2.5 μl。

3）加入 2.5 μl Buffer D1，轻混，短暂离心。

4）室温条件下温育 3 min。

5）加入 5 μl Buffer N1，轻混，短暂离心。将样品管保存于冰上。

6）取 REPLI-g sc DNA Polymerase，放置于冰上解冻。其他试剂在室温条件下解冻。试剂解冻后，涡旋混匀 10 s 以上，短暂离心。

7）按下表顺序依次加入反应试剂，加入水和 REPLI-g sc Reaction Buffer 后（加 REPLI-g sc DNA Polymerase 前），短暂混匀，离心。加 REPLI-g sc DNA Polymerase，短暂混匀，离心，样品管放置于冰上。

成分	体积/反应（μl/个）
H$_2$O sc	9
REPLI-g sc Reaction Buffer	29
REPLI-g sc DNA Polymerase	2
总体积	40

8）取 40 μl Master Mix，加入变性的 DNA 样品管中。

9）30℃温育 8 h。

10）65℃温育 3 min，灭活 REPLI-g sc DNA Polymerase。如果用 PCR 仪温育，PCR 仪盖子温度设置为 70℃。扩增完毕的 DNA 样品可放置于 4℃短期保存，也可以在-20℃长期保存。扩增完毕，50 μl 扩增体系 DNA 的产量可达 40 μg。扩增的 DNA 样品尽量避免反复冻融，DNA 储存浓度在 100 ng/μl 以上。

2. 文库构建

（1）打断基因组 DNA（Covaris S2 DNA fragment system，最终 DNA 片段小于 1.5 kb）

1）提前预热机器。

2）打开排气和循环冷却装置，确保里面有充足的双蒸水或去离子水。

3）水槽中加蒸馏水，确保传感器放下后，水位在"RUN"刻度 10~15。

4）打开软件，排气 30 min。软件界面全部为对号"√"时可进行使用。

5）取 50 μl 样品至 Covaris microTube 中，注意一定不要有气泡产生。打开样品盖，将样品置于固定支架中间，确保样品管对准传感器的聚焦处，关上样品盖。

6）点击软件 Run 界面的 Method，点击 New 新建或在列表中选择一个已有的操作方法后点击 Edit。按需要设置参数。点击 Run 按钮，运行程序。具体如下（一般打断为 300 bp）。

Target Base Pair（Peak）	150	200	300	400	500	800	1000	1500
Duty Factor（%）	10	10	10	10	5	5	5	2
Peak Incident Power（W）	175	175	140	140	105	105	105	140
Cycles per Burst	200	200	200	200	200	200	200	200
Time（s）	430	180	80	55	80	50	40	15

7）完毕后取出 50 μl 样品至新的 1.5 ml 离心管中。

8）关闭软件和机器。

  a）先关闭排气系统。

  b）将传感器移出水面。清空水槽中的水后，放回水槽和传感器，点击 Degas Pump，10 s 后泵自动停止。取出水槽再次把水清干，并用无绒纸把水槽和传感器擦干。关闭软件，然后关闭仪器主机。

注意：一定要确保水槽内干燥。

（2）检验打断 DNA 的质量（Agilent Bioanalyzer/Agilent DNA 1000 Kit）

1）准备 Gel-Dye Mix。

  a）将蓝盖染料（DNA dye concentrate）和红盖 DNA 胶（DNA gel matrix）室温放置 30 min。

  b）涡旋染料，将 25 μl 染料加入胶中。

  c）涡旋混匀，移入滤膜管（spin filter）中。

  d）2240 g±20% 离心 15 min。将液体避光 4℃ 保存。

2）做胶。

  a）将配制好的 Gel-Dye Mix 室温避光放置 30 min。

  b）确保制胶装置（priming station）上部加压注射器的活塞在 1 ml 刻度以上，用以控制活塞高度的控制杆在最下一档（在每次实验之前均需检查，确保控制杆在正确的位置）。

  c）取一块新的 DNA 1000 芯片，放在制胶装置上。在标有 Ⓖ 的加样孔里加入 9 μl Gel-Dye Mix，压紧制胶装置直到听到"啪"的一响，

说明注射器与芯片接口已经密闭。下推注射器至控制杆处，用控制
杆压住针管。1 min 后松开控制杆，让注射器活塞自由上升。停留
5 s 后，上拉针管至 1 ml 刻度以上，然后松开制胶装置。

    d）在标有◨标志的加样孔里各加入 9 μl Gel-Dye Mix。

    e）在其他各个加样孔里各加入 5 μl Marker（12 个样品孔和 1 个 ladder 孔，每个孔都必须加入 Marker，否则会出错）。

    f）在 ladder 孔里加入 1 μl DNA ladder。

    g）在样品孔里依次加入 1 μl 待测样品。

    h）在 IKA 涡旋器中以 2000 r/min 涡旋 1 min。

  3）将 Chip 放入 Agilent 2100 仪器中检测。选择 DNA 1000 对应程序，编辑样品名称。

  4）点击 "Start" 开始运行，大约 7 min 后才可以在监视器屏幕上看到样品的峰。

（3）beads 选择片段大小（以选择插入片段长度为 300 bp 为例）

  1）取 51 μl EB Buffer（Qiagen MinElute PCR Purification Kit），加入 49 μl 打断产物中，至总体积 100 μl，混匀。

  2）加入 60 μl AMPure XP beads（加每个样品前都要再次混匀磁珠），用移液器上下吸打 10 次，充分混匀。室温静置 10 min，置磁力架上，静置 5 min。吸取 160 μl 上清至新的 1.5 ml 离心管中。

  3）吸取 20 μl AMPure XP beads（加每个样品前都要再次混匀磁珠），用移液器上下吸打 10 次，充分混匀。室温静置 10 min，置磁力架上，静置 5 min。

  4）用 200 μl 移液器移除样品中的液体，立刻加入 200 μl 80%乙醇，上下吹打两次，磁力架上静置 30 s。

  5）将乙醇吸出后，再次加入 200 μl 80%乙醇，上下吹打两次，磁力架上静置 30 s。

  6）吸干样品中的液体，在磁力架上晾干 3～10 min，至残留的乙醇挥发完毕。

  7）取下样品管，加入 28 μl EB Buffer，枪头吹打至磁珠全部混匀，室温静置 10 min。

  8）放置在磁力架上 5 min。

  9）吸出 26 μl 液体至新的 1.5 ml 离心管中。

（4）测序文库的构建

  DNA 测序文库构建可根据需要选择不同的试剂盒。目前，DNA 建库试剂盒分为 PCR 扩增建库和 PCR-free 建库两类，详情如下表所列。

类别	试剂盒	货号
PCR 扩增	Illumina TruSeq DNA Sample Prep Kit	FC-121-2001，FC-121-2002，FC-121-2003
	NEBNext® DNA Library Prep Kit for Illumina	NEB #E6040 S/L，NEB#E7335，NEB#E7350
	NEBNext® UltraTM DNA Library Prep Kit for Illumina	NEB #E7370 S/L
	Qiagen GeneRead DNA Library I Core Kit	180432
PCR-free	Qiagen REPLI-g® Single Cell DNA Library Kit	150354

如果扩增 DNA 质量高，且总量达 1 μg 以上，为减少文库 PCR 扩增引入的碱基错误和扩增偏好性，可以采用 PCR-free 建库试剂盒进行文库构建，具体操作步骤如下（根据 Qiagen 试剂盒操作编写）。

A. 末端修复

1）根据下表依次加入反应试剂，配制末端修复反应体系。

成分	体积或总量
DNA/cDNA	1 μg
无 RNA 酶水	根据需要调整
End-Repair Buffer，10×	2.5 μl
End-Repair Enzyme Mix	2 μl
总体积	25 μl

2）设置 PCR 反应程序，25℃孵育 30 min，然后 75℃孵育 20 min 使酶失活。

B. 末端补平

1）根据下表依次加入反应试剂，配制加 A 尾的反应体系。

成分	体积（μl）
末端已修复的 DNA/cDNA	25
A-Addtion Buffer，10×	3
Klenow Fragment（3′→5′外切酶活性）	3
总体积	31

2）设置 PCR 程序，37℃孵育 30 min，然后 75℃孵育 10 min 使酶失活。

C. 接头连接

1）根据下表依次加入反应试剂，配制接头连接反应体系（注意避免接头之间的交叉污染）。

成分	体积（μl）
末端已修复并加 A 尾的 DNA/cDNA	31
Ligation Buffer，2×	45
GeneRead™ Adapter（即用型）	2.5*
T4 DNA 连接酶	4
无 RNA 酶水	可变
总体积	90

*也可根据其他品牌的接头产品并根据使用说明加入相应的用量

2）设置 PCR 反应程序（无热盖），25℃孵育 10 min。

D. 片段大小选择及文库质控

根据文库插入片段长度要求，用磁珠（AMPure XP beads）进行纯化和片段大小选择。文库质控参照 DNA 文库质控操作步骤进行。

二、单细胞 RNA 测序建库流程（根据 Qiagen 方法编写）

（一）实验设计：测序平台选择

针对不同的物种和不同的测序过程，我们可以选择不同型号的 Illumina 测序仪。

（二）目的

制备适用于 Illumina HiSeq 测序平台的单细胞 RNA 测序文库。

（三）流程

细胞裂解（或 RNA 的纯化）→去除基因组 DNA→反转录→cDNA 连接→cDNA 扩增→RNA 测序文库构建。

（四）试剂及设备

名称	货号
QIAGEN REPLI-g WTA Single Cell Kit（24）	150063
KAPA Library Quantification Kits	KK4824
DNA 打断用仪器（Covaris）	
Real-time PCR 仪	Bio-Rad
PCR 仪	
离心机	
涡旋仪	
TE Buffer（10 mmol/L Tris-HCl；1 mmol/L EDTA，pH 8.0）	
SyBr Gold Nucleic acid gel stain	Invitrogen，S11494
Qubit assay tubes	Life Technologies，Q32856
6× gel loading dye	BioLabs，B7021S
Certified low-range ultra agarose	Bio-Rad，161-3107
Microseal 'A' film	BioRad，MSA-5001
Microseal 'B' adhesive seals	BioRad，MSB-1001
BenchTop 100 bp DNA ladder	Promega，G829B
0.2 ml 透明 96 孔 PCR 板	Axygen-PCR-96M2-HS-C
MicroTube（6mm×16mm），AFA fiber with crimp-cap	Covaris，520052
50 × TAE Buffer	
无水乙醇	
移液器和低吸附吸头	
离心管和 PCR 管	

（五）操作步骤

1. 单细胞 RNA 反转录扩增[amplification of the 3′regions of mRNA（poly A+）from single cell]

（1）注意事项

1）本操作适用于脊椎动物细胞（如人细胞、鼠细胞、分离细胞及培养细胞等），但不适用于细菌细胞、有细胞壁的植物细胞、甲醛溶液固定细胞和石蜡包埋细胞。

2）该试剂盒可用于 1~1000 个细胞的转录扩增。由于本试剂盒采用 oligo dT primer，只对含有 poly A 的 RNA（主要为 mRNA）进行扩增，扩增产物大部分为含有 poly A 的 3′端（700~1500 nt），距离 3′端 1500 nt 以上，靠近 5′端的区域扩增产物明显降低。

3）实验操作应在无核酸的环境中进行，操作过程中应避免外源 DNA 或 RNA 的污染。

4）由于 REPLI-g WTA Single Cell Reaction 反应过程中随机引物产生高分子质量的引物二聚体，不加扩增模板的阴性对照也可产生约 10 μg cDNA。这些 DNA 不会影响目标产物的质量。

5）该试剂盒不适用于 tRNA 和 miRNA 等 small RNA 的转录扩增。

（2）实验准备

1）Quantiscript RT Mix、Ligation Mix 和 REPLI-g SensiPhi Amplification Mix 必须用前新鲜配制，不能长期保存。

2）所有 buffer 溶液和反应试剂需要提前涡旋混匀，轻离心。

3）Quantiscript RT Enzyme Mix、Ligase Mix 和 REPLI-g SensiPhi DNA Polymerase 必须放置于冰上解冻。其余试剂可在室温条件下解冻。

4）温育设备（如水浴、温育模块、PCR 仪等）提前调至 30℃，如果用 PCR 仪加热，PCR 仪盖子调至 70℃。

（3）操作步骤

1）取新的 200 μl PCR 管，加入 7 μl PBS 悬浮细胞，如果细胞体积低于 7 μl，加水至总体积为 7 μl。

2）迅速加入 4 μl Lysis Buffer，轻混匀，短暂离心。观察细胞组织的位置，细胞组织不能附着于液面以上的管壁。

3）样品管置于 PCR 仪上，运行程序：24℃，5 min；95℃，3 min；4℃，保持。

4）加 2 μl gDNA Wipeout Buffer，涡旋混匀，短暂离心。

5）PCR 仪上，42℃温育 10 min。

6）按下表依次加入反应试剂，涡旋混匀，短暂离心，配制 Quantiscript RT Mix。

取 6 μl Quantiscript RT Mix 加入细胞裂解液中，涡旋混匀，短暂离心。

成分	体积/反应（μl/个）
RT/Polymerase Buffer	4
Oligo dT Primer	1
Quantiscript RT Enzyme Mix	1
总体积	6

7）置于 PCR 仪上，42℃温育 60 min；95℃，3 min；样品管放置于冰上。

8）按下表依次加入反应试剂，涡旋混匀，短暂离心，配制 Ligation Mix。取 10 μl Ligation Mix 加入样品管中，涡旋混匀，短暂离心。

成分	体积/反应（μl/个）
Ligase Buffer	8
Ligase Mix	2
总体积	10

9）24℃温育 30 min，95℃ 5 min，终止反应。

10）按下表依次加入反应试剂，涡旋混匀，短暂离心，配制 REPLI-g SensiPhi Amplification Mix。取 30 μl REPLI-g SensiPhi Amplification Mix 到连接产物中，涡旋混匀，短暂离心。

成分	体积/反应（μl/个）
REPLI-g sc Reaction Buffer	29
REPLI-g SensiPhi DNA Polymerase	1
总体积	30

11）30℃温育 2 h。

12）65℃ 5 min 终止反应。样品扩增产物片段长度 2～70 kb，可以在 -30～ -15℃储存，保存浓度建议在 100 ng/μl 以上。

2. 单细胞 RNA 扩增（Amplification of Total RNA from Single Cell）

（1）注意事项

1）本操作适用于脊椎动物细胞（如人细胞、鼠细胞、分离细胞及培养细胞等），但不适用于细菌细胞、有细胞壁的植物细胞、甲醛溶液固定细胞和石蜡包埋细胞。

2）该试剂盒可用于 1～1000 个细胞的转录扩增。

3）本操作对全转录本（包含或不含 poly A+尾的 RNA、lnc RNA、linc RNA 及 rRNA）进行扩增。rRNA 含量约 90%以上，扩增产物用于探针杂交时不会影响实验结果，但用于转录组文库构建时需考虑 rRNA 含量的影响。

4）由于 cDNA 的扩增采用随机引物，扩增的 cDNA 是片段化的产物，不是全长的序列。

5）试剂盒应放置于无核酸的环境中，操作过程中应避免外源 DNA 或 RNA 的污染。

6）由于 REPLI-g WTA Single Cell Reaction 反应过程中随机引物产生高分子质量的引物二聚体，不加扩增模板的阴性对照也可产生约 10 μg cDNA。这些 DNA 不会影响目标产物的质量。

7）该试剂盒不适用于 tRNA 和 miRNA 等 small RNA 的转录扩增。

（2）实验准备

1）Quantiscript RT Mix、Ligation Mix 和 REPLI-g SensiPhi Amplification Mix 必须用前新鲜配制，不能长期保存。

2）所有 buffer 和反应试剂需要提前涡旋混匀，轻离心。

3）Quantiscript RT Enzyme Mix、Ligase Mix 和 REPLI-g SensiPhi DNA Polymerase 须放置于冰上解冻。其余试剂可在室温条件下解冻。

4）温育设备（如水浴、温育模块、PCR 仪等）提前调至 30℃，如果用 PCR 仪加热，PCR 仪盖子调至 70℃。

（3）操作步骤

1）取新的 200 μl PCR 管，加入 7 μl PBS 悬浮细胞，如果细胞体积低于 7 μl，加水至总体积为 7 μl。

2）迅速加入 4 μl Lysis Buffer，轻混匀，短暂离心。观察细胞组织的位置，细胞组织不能附着于液面以上的管壁。

3）样品管置于 PCR 仪上，运行 24℃，5 min；95℃，3 min；4℃，保持。

4）加 2 μl gDNA Wipeout Buffer，涡旋混匀，短暂离心。

5）PCR 仪上，42℃温育 10 min。

6）按下表依次加入反应试剂，涡旋混匀，短暂离心，配制 Quantiscript RT Mix。取 7 μl Quantiscript RT Mix 加入细胞裂解液中，涡旋混匀，短暂离心。

成分	体积/反应（μl/个）
RT/Polymerase Buffer	4
Random Primer	1
Oligo dT Primer	1
Quantiscript RT Enzyme Mix	1
总体积	7

7）PCR 仪上，42℃温育 60 min，95℃，3 min，样品管放置于冰上。

8）按下表依次加入反应试剂，涡旋混匀，短暂离心，配制 Ligation Mix。取 10 μl Ligation Mix 加入样品管中，涡旋混匀，短暂离心。

成分	体积/反应（μl/个）
Ligase Buffer	8
Ligase Mix	2
总体积	10

9）24℃温育 30 min，95℃ 5 min，终止反应。

10）按下表依次加入反应试剂，涡旋混匀，短暂离心，配制 REPLI-g SensiPhi Amplification Mix。取 30 μl REPLI-g SensiPhi Amplification Mix 到连接产物中，涡旋混匀，短暂离心。

成分	体积/反应（μl/个）
REPLI-g sc Reaction Buffer	29
REPLI-g SensiPhi DNA Polymerase	1
总体积	30

11）30℃温育 2 h。

12）65℃ 5 min 终止反应。样品扩增产物片段长度 2～70 kb，可以在–30～ –15℃储存，保存浓度建议在 100 ng/μl 以上。

3. 纯化后的 RNA 扩增（amplification of purified RNA）

（1）注意事项

1）该试剂盒可用于不同组织来源的 RNA（10 pg～100 ng），如脊椎动物、植物、细菌、真菌，但不适用于片段化的 RNA。

2）本操作对全转录本进行扩增，起始的 RNA 可以为总 RNA、poly A+ RNA（如用 Oligotex mRNA Kits 分离）或 rRNA-depleted RNA（如用 GeneRead rRNA Depletion Kit 分离）。

3）实验操作应在无核酸的环境中进行，操作过程中应避免外源 DNA 或 RNA 的污染。

4）由于 REPLI-g WTA Single Cell Reaction 反应过程中随机引物产生高分子质量的引物二聚体，不加扩增模板的阴性对照也可产生约 10 μg cDNA。这些 DNA 不会影响目标产物的质量。

5）该试剂盒不适用于 small RNA（如 tRNA 或 miRNA）的转录组扩增。

（2）实验准备

1）Quantiscript RT Mix、Ligation Mix 和 REPLI-g SensiPhi Amplification Mix

必须用前新鲜配制，不能长期保存。

2）所有 buffer 和反应试剂需要提前涡旋混匀，轻离心。

3）Quantiscript RT Enzyme Mix、Ligase Mix 和 REPLI-g SensiPhi DNA Polymerase 必须放置于冰上解冻。其余试剂可在室温条件下解冻。

（3）操作步骤

1）取新的 200 μl PCR 管，加入 8 μl 纯化的 RNA，如果样品体积低于 8 μl，加水至总体积为 8 μl。

2）加入 3 μl RNA Denaturation Buffer，轻混匀，短暂离心。

3）样品管置于 PCR 仪上，95℃ 3 min。

4）根据下表 RNA 样品情况，选择 Amplification of Total RNA from Single Cell 或 Amplification of the 3′Regions of mRNA（Poly A+）from Single Cell 进行步骤 4 及后续的操作流程。

起始模板	操作步骤	扩增区域
Total RNA	Amplification of Total RNA from Single Cell	All mRNA and rRNA regions from a sample
Total RNA	Amplification of the 3′ Regions of mRNA（Poly A+）from Single Cell	mRNA（poly A+；3′regions are over represented）
Poly A+ RNA	Amplification of Total RNA from Single Cell	All regions of mRNA within the poly A+ region
mRNA-enriched RNA（rRNA-depleted）	Amplification of Total RNA from Single Cell	All regions of an enriched mRNA sample

4. 文库构建

（1）打断基因组 DNA（Covaris S2 DNA fragment system，最终 DNA 片段小于 1.5 kb）

1）提前预热机器。

a）打开排气和循环冷却装置，确保里面有充足的双蒸水或去离子水。

b）水槽中加入蒸馏水，确保传感器放下后，水位在"RUN"刻度 10～15。

c）打开软件，排气 30 min。软件界面全部为对号"√"时可进行使用。

2）取 50 μl 样品至 Covaris microTube 中，注意一定不要有气泡产生。打开样品盖，将样品置于固定支架中间，确保样品管对准传感器的聚焦处，关上样品盖。

3）点击软件 Run 界面的 Method，点击 New 新建或在列表中选择一个已有的操作方法后点击 Edit。按需要设置参数。点击 Run 按钮，运行程序。具体如下（一般打断为 300 bp）。

设定片段长度（峰值）	150	200	300	400	500	800	1000	1500
Duty Factor（%）	10	10	10	10	5	5	5	2
Peak Incident Power（W）	175	175	140	140	105	105	105	140
Cycles per Burst	200	200	200	200	200	200	200	200
Time（s）	430	180	80	55	80	50	40	15

4）完毕后取出 50 µl 样品至新的 1.5 ml 离心管中。

5）关闭软件和机器。

　　a）先关闭排气系统。

　　b）将传感器移出水面。清空水槽中的水后，放回水槽和传感器，点击 "Degas Pump"，10 s 后泵自动停止。取出水槽再次把水清干，并用无绒纸把水槽和传感器擦干。关闭软件，然后关闭仪器主机。

　　注意：一定要确保水槽内干燥。

（2）检验打断 DNA 的质量（Agilent Bioanalyzer/Agilent DNA 1000 Kit）

1）准备 Gel-Dye Mix。

　　a）将蓝盖染料（DNA dye concentrate）和红盖 DNA 胶（DNA gel matrix）室温放置 30 min。

　　b）涡旋染料，将 25 µl 染料加入胶中。

　　c）涡旋混匀，移入滤膜管（spin filter）中。

　　d）2240 g±20% 离心 15 min。将液体避光 4℃保存。

2）做胶。

　　a）将配制好的 Gel-Dye Mix 室温避光放置 30 min。

　　b）确保制胶装置（priming station）上部的加压注射器的活塞在 1 ml 刻度以上，用以控制活塞高度的控制杆在最下一档（在每次实验之前均需检查，确保控制杆在正确的位置）。

　　c）取一块新的 DNA 1000 芯片，放在制胶装置上。在标有 🄖 的加样孔里加入 9 µl Gel-Dye mix，压紧制胶装置直到听到"啪"的一响，说明注射器与芯片接口已经密闭。下推注射器至控制杆处，用控制杆压住针管。1 min 后松开控制杆，让注射器活塞自由上升。停留 5 s 后，上拉针管至 1 ml 刻度以上，然后松开制胶装置。

　　d）在标有 🄖 标志的加样孔里各加入 9 µl Gel-Dye Mix。

　　e）在其他各个加样孔里各加入 5 µl Marker（12 个样品孔和 1 个 ladder 孔，每个孔都必须加入 Marker，否则会出错）。

　　f）在 ladder 孔里加入 1 µl DNA ladder。

　　g）在样品孔里依次加入 1 μl 待测样品。

　　h）在 IKA 涡旋器中以 2000 r/min 涡旋 1 min。

　3）将 Chip 放入 Agilent 2100 仪器中检测。选择 DNA 1000 对应程序，编辑样品名称。

　4）点击"Start"开始运行，大约 7 min 后才可以在监视器屏幕上看到样品的峰。

（3）beads 选择片段大小（以选择插入片段长度为 300 bp 为例）

　1）取 51 μl EB Buffer（Qiagen MinElute PCR Purification Kit），加入 49 μl 打断产物中，至总体积 100 μl，混匀。

　2）加入 60 μl AMPure XP beads（加每个样品前都要再次混匀磁珠），用移液器上下吸打 10 次，充分混匀。室温静置 10 min，置磁力架上，静置 5 min。吸取 160 μl 上清至新的 1.5 ml 离心管中。

　3）吸取 20 μl AMPure XP beads（加每个样品前都要再次混匀磁珠），用移液器上下吸打 10 次，充分混匀。室温静置 10 min，置磁力架上，静置 5 min。

　4）用 200 μl 移液器移除样品中的液体，立刻加入 200 μl 80%乙醇，上下吹打两次，磁力架上静置 30 s。

　5）将乙醇吸出后，再次加入 200 μl 80%乙醇，上下吹打两次，磁力架上静置 30 s。

　6）吸干样品中的液体，在磁力架上晾干 3～10 min，至残留的乙醇挥发完毕。

　7）取下样品管，加入 28 μl EB Buffer，枪头吹打至磁珠全部混匀，室温静置 10 min。

　8）放置在磁力架上 5 min。

　9）吸出 26 μl 液体至新的 1.5 ml 离心管中。

（4）测序文库的构建

　　后续 DNA 测序文库构建可根据需要选择不同的试剂盒。目前，DNA 建库试剂盒分为 PCR 扩增建库和 PCR-free 建库两类，详情如下表所列。

类别	试剂盒	货号
PCR 扩增	Illumina TruSeq DNA Sample Prep Kit	FC-121-2001，FC-121-2002，FC-121-2003
	NEBNext® DNA Library Prep Kit for Illumina	NEB #E6040 S/L，NEB#E7335，NEB#E7350
	NEBNext® UltraTM DNA Library Prep Kit for Illumina	NEB #E7370 S/L
	Qiagen GeneRead DNA Library I Core Kit	180432
PCR-free	Qiagen REPLI-g® Single Cell DNA Library Kit	150354

　　如果扩增 DNA 质量高，且总量达 1 μg 以上，可以采用 PCR-free 建库试剂

盒（Qiagen）进行文库构建，具体操作步骤同单细胞 DNA 测序建库流程测序文库构建。

三、单细胞测序研究案例举例

案例：利用基于单孢子测序的四分体分析解析玉米重组机制（Li et al.，2015）

论文：Li X, Li L, Yan J. 2015. Dissecting meiotic recombination based on tetrad analysis by single-microspore sequencing in maize. Nat Commun, 6: 6648.

研究目的

运用第二代基因组重测序技术，分离四分体的 4 个小孢子并进行单细胞测序，通过基因型分析揭示了玉米遗传重组机制。

方法流程

1）取材：取玉米 'SK' 和 '郑 58' 材料的 F_1 代幼雄穗分离四分体孢子，共计分离 24 个四分体 96 个小孢子，进行二代测序；'SK' 和 '郑 958' 材料 RIL 群体进行 maize SNP50 芯片检测。

2）建库：四分体单个小孢子 DNA 先用 Qiagen REPLI-g Single Cell Kit 扩增，扩增后的 DNA 用 Illumina TruSeq DNA Sample Prep v2 Kit 建库。

3）测序：用 Illumina HiSeq2000 测序平台对四分体小孢子进行高通量测序，平均测序深度约 $1.4\times$。

4）数据分析：①单倍型分析；②交换位点在基因组和基因区的分布分析。

研究结果

1）96 个玉米小孢子平均测序深度约 $1.4\times$，共产生 38 亿条 reads，基因组覆盖度约 41%，分析获得 599 154 个高质量 SNP，平均每个孢子 SNP 数为 271 524。利用获得的高质量的 SNP 构建出了一个高分辨率重组图谱。

2）交叉重组不均匀地分布于整个玉米基因组，与非基因间隔区相比，基因区更有可能发生交叉重组，尤其在注释基因的 5′端和 3′端区域常见。直接检测结果表明，基因交换更有可能发生在交叉重组区域。

3）研究人员在玉米群体水平上观察到负重组位点干扰和复杂的染色单体干扰。

研究结论

本研究通过对玉米 24 个四分体 96 个小孢子全基因组 $1.4\times$深度的测序分析，获得了近 599 154 个高质量的 SNP 标记，构建了接近单碱基水平的重组图谱，首次准确计算出玉米一个细胞一次减数分裂发生重组交换的平均次数，定位了多个重组热点区域。该研究丰富了遗传重组理论知识，为作物的遗传育种提供了有价值的信息。

（王　静　陈浩峰）

参 考 文 献

Agilent Technologies. Agilent DNA 1000 Kit Guide.2012.

Agilent Technologies. Agilent DNA 7500 and DNA 12000 Kit Guide. 2013.

Agilent Technologies. Agilent High sensitivity DNA Kit Quick Start Guide.2009.

Agilent Technologies. Agilent RNA 6000 Nano Kit Quick Start Guide.2013.

Baird N A, Etter P D, Atwood T S, et al. 2008. Rapid SNP discovery and genetic mapping using sequenced RAD markers. PLoS One, 3(10): e3376.

Chen Z, Wang B, Dong X, et al. 2014. An ultra-high density bin-map for rapid QTL mapping for tassel and ear architecture in a large F(2)maize population. BMC Genomics, 15: 433.

Covaris. DNA Shearing with microTUBEs(<1.5 kb fragments)S220/E220 protocol. 2010.

Covaris. Quick Guide: DNA Shearing with S220/E220 Focused-ultrasonicator. 2013.

Deschamps S, Llaca V, May G D. 2012. Genotyping-by-sequencing in plants. Biology, 1(3): 460-483.

Elshire R J, Glaubitz J C, Sun Q, et al. 2011. A robust, simple genotyping-by-sequencing (GBS)approach for high diversity species. PLoS One, 6(5): e19379.

Illumina. Nextera DNA Library Preparation Guide.2012.

Illumina. Nextera Mate Pair Sample Preparation Guide. 2013.

Illumina. TruSeq DNA Methylation Library Preparation Guide. 2014.

Illumina. TruSeq DNA PCR-Free Library Preparation Guide. 2015.

Illumina. TruSeq DNA Sample Preparation Guide.2011.

Illumina. TruSeq® RNA Sample Preparation v2 Guide. 2012.

Illumina. TruSeq® Small RNA Sample Preparation Guide. 2014.

Illumina. TruSeq® Stranded mRNA Sample Preparation Guide.2013.

Illumina. TruSeq® Stranded Total RNA Sample Preparation Guide. 2013.

Illumina: Nextera Mate Pair Sample Preparation Guide, 2013.

Invitrogen. Qubit 2.0 Fluorometer User Manual. 2010.

Jordan K W, Wang S, Lun Y, et al. 2015. A haplotype map of allohexaploid wheat reveals distinct patterns of selection on homoeologous genomes. Genome Biol, 16: 48.

KAPA. Library Quantification kit for Illumina sequencing platforms. Version 4.11.

Lai J, Li R, Xu X, et al. 2010. Genome-wide patterns of genetic variation among elite maize inbred lines. Nat Genet, 42(11): 1027-1030.

Li A, Liu D, Wu J, et al. 2014. mRNA and small RNA transcriptomes reveal insights into dynamic homoeolog regulation of allopolyploid heterosis in nascent hexaploid wheat. Plant Cell, 26(5): 1878-1900.

Li X, Li L, Yan J. 2015. Dissecting meiotic recombination based on tetrad analysis by single-microspore sequencing in maize. Nat Commun, 6: 6648.

Lu T, Zhu C, Lu G, et al. 2012. Strand-specific RNA-seq reveals widespread occurrence of novel cis-natural antisense transcripts in rice. BMC Genomics, 13: 721.

NEB. NEBNext® ChIP-Seq Library Prep Master Mix Set for Illumina® Instruction Manual. 2012.

NEB. NEBNext® DNA Library Prep Master Mix Set for Illumina® Instruction Manual. 2012.

Poland J A, Brown P J, Sorrells M E, et al. 2012. Development of high-density genetic maps for barley and wheat using a novel two-enzyme genotyping-by-sequencing approach. PLoS One, 7(2): e32253.

Zhou Z, Jiang Y, Wang Z, et al. 2015. Resequencing 302 wild and cultivated accessions identifies genes related to domestication and improvement in soybean. Nature Biotechnology, 33(4): 408-414.

第三章　Illumina 仪器操作

第一节　簇生成操作流程

Illumina 测序的第二步是文库扩增成簇过程（Cluster Generation），成簇是在 Illumina 特定的仪器——cBot 上实现的，这一步在 HiSeq 系列测序仪的高通量测序模式中是必需的；MiSeq、NextSeq500 测序仪及 HiSeq 的快速测序模式成簇过程与测序过程均可在测序仪上完成，因此不需要运行 cBot，但如果 HiSeq 的快速模式中两条泳道（lane）中的样品不同时，则仍需要做 cBot。

测序文库在包含 8 个泳道的芯片（flow cell）上与固化在泳道玻片壁上的寡核苷酸特异性互补结合，经桥式扩增（bridge amplification）将待测 DNA 片段的文库扩增到 1000 个拷贝左右，并且每个拷贝都具有相同的 DNA 序列。测序文库的成簇过程实际上是一个信号放大过程，从而使测序仪的光学成像系统可以清楚地捕捉每次合成测序的激光激发荧光信号，得到序列数据。

本节以 Illumina TruSeq Version3 Cluster Generation Kit 和 Version 4 Cluster Generation Kit 为例，着重阐述在 cBot 仪器上进行双端测序的成簇反应操作过程及注意事项。

一、实验准备

1. 试剂

Illumina TruSeq PE Cluster Kit（V3 或 V4）、Tris-HCl 10 mmol/L（pH 8.5，含 0.1% Tween 20）、2 mol/L NaOH。

2. 设备

Illumina cBot、离心机（Thermo Scientific，Model CL2）、移液枪及枪头。

3. 上机文库的质量检验

仪器：实时荧光定量 PCR 仪，Agilent Bioanalyzer。

质检内容：检验文库浓度与插入片段的大小。

质检标准：文库终浓度应不小于 2 nmol/L，体积不小于 10 μl。文库 DNA 插入片段大小为预期大小，且没有接头和引物二聚体。

二、cBot 仪器操作过程

1. 试剂盒

Illumina TruSeq PE Cluster Generation Kit V3（或 V4）-HS（货号：PE- 401-3001
或 PE- 401-4001），包含以下成分。

Box 1，PE cluster kit reagents（−20℃保存）：

- One 96-well cBot single-read cluster generation reagent plate
- HT1（Hybridization Buffer）
- Box 2，multiplexing reagents（−20℃保存）：
- HP3（2 mol/L NaOH for denaturing DNA）
- HT2（Wash Buffer）
- HP8（Index Sequencing Primer）

其他组分：

- HiSeq V3（或 V4）PE flow cell（in orange lid 50 ml tube）（4℃保存）
- cBot Manifold for HiSeq 室温保存
- HiSeq Accessory Kit 室温保存

建议：①上机前一天，取出 Box 1 于 4℃冷藏箱过夜融化；实验前 1 h，取出
Box 2 中的试剂整管放入常温水浴中融化。②实验前，将试剂盒信息记录在"cluster
generation on the cBot"表格上备案留底。

2. 准备测序模板

Illumina 推荐的测序文库储存浓度为 2 nmol/L。当文库浓度高于 2 nmol/L 时，
可用缓冲液（Tris-HCl 10 mmol/L，pH 8.5，含 0.1% Tween 20）将其稀释至 2 nmol/L。

缓冲液的制备方法：取 500 μl 1 mol/L Tris-HCl（pH 8.5，Emerald BioSystmes，
货号：EBS-1TRIS85-250，或同级产品），加入超纯水至总体积 50 ml。然后加入
50 μl 分子生物学级别的 Tween 20（VWR，货号 BDH4210-500 ml，或同级产品），
保存于 4℃冰箱。

选择合适的文库上机浓度：选择合适的文库上机浓度非常重要！浓度过低，
会导致仪器测序能力的浪费，直接造成经济损失；而浓度过高，又会使簇密度过
大，超过测序仪器的分辨率，从而降低测序数据的质量甚至导致测序失败。一般
来说，选择上机文库模板浓度为 7～8 pmol/L 时可以使芯片上的簇密度达到 750～
850 K/mm^2。在这个密度条件下，可以使测序数据产出和数据质量都达到较为理
想的状态。

值得注意的是，对于不同类型甚至同一类型的不同单机，即使操作人员选择
相同的上机浓度，其成簇密度也可能存在差异。所以，操作人员应通过自己的上

机实践经验来修正某一台特定仪器的上机浓度，而不宜照搬其他同型测序仪的上机浓度数值。

　　TruSeq V3 试剂推荐的成簇密度为 750～850 K/mm^2，在使用 TruSeq V4 试剂时，应适当增加上机浓度，其簇密度可以达到 850～950 K/mm^2。根据作者的经验，如果样品为碱基平衡性较好的 DNA 重测序或 RNA 转录组测序样品，其簇密度可以增加到 1000 K/mm^2，V4 最高可达到 1300～1400 K/mm^2。在上述簇密度水平下，不仅能够得到较高的数据产出，而且也可以保证较高的数据质量。对于 ChIP 测序，甲基化测序或扩增子测序的样品，不宜追求过高的成簇密度，选用系统推荐的 750～850 K/mm^2 成簇密度即可。

　　测序模板的准备分以下两步：①文库变性；②将变性后的文库稀释至上机所需浓度。具体操作步骤如下。

（1）文库变性

　　1）在 200 µl 的 PCR 管中混合以下成分，涡旋混匀。

成分	体积（µl）
文库 DNA（2 nmol/L）	10
NaOH（0.1 mol/L）	10

　　注意：0.1 mol/L NaOH 需新鲜配制，并用 pH 试纸检测 pH 在 13～14。

　　2）用小型台式离心机以 280 g 离心 1 min。

　　3）室温静置 5 min，使文库解离为单链。

　　4）转移 20 µl 变性模板至 980 µl 预先冷处理的 HT1 缓冲液中（Hybridization Buffer，在试剂盒 Box1 中）。

　　5）将变性后的模板（20 pmol/L）置于冰上，待用。

（2）稀释变性后的文库

　　1）将装有 HT1 缓冲液的离心管置于室温水浴中融化。

　　2）按照下表选择合适的浓度稀释模板。

模板终浓度（pmol/L）	6	7	7.5	8	10	12	13
20 pmol/L 变性模板体积（µl）	300	350	375	400	500	600	650
HT1 缓冲液体积（µl）	700	650	625	600	500	400	350

　　3）颠倒离心管数次混匀溶液，短暂离心。

　　4）将稀释好的模板置于冰上待用。

3. 测序模板中加入标准样品 PhiX

Illumina 选用 PhiX 病毒的基因组作为测序结果的阳性对照。PhiX 病毒具有基因组小（能够快速组装并估算错误率），碱基平衡性好（约 45% GC 和 55% AT）及 DNA 参考序列完整等优点。因此，利用 PhiX 病毒构建的碱基平衡性极好的对照文库，有助于更好地完成碱基不平衡和序列多样性差的文库测序。Illumina PhiX Control v3 是已经构建好的浓度为 10 nmol/L 的 DNA 文库（参照 Illumina.com 资料）。

1）将 PhiX 标样稀释为 2 nmol/L。

成分	体积（μl）
PhiX 文库（10 nmol/L）	2
Tris-HCl（10 nmol/L，pH 8.5，含 0.1% Tween 20）	8

2）加入 10 μl NaOH（0.1 mol/L），使其变性，此时模板浓度为 1 nmol/L。

3）涡旋混匀，以 280 g 离心 1 min。

4）室温静置 5 min，使 PhiX 标样模板解离为单链。

5）转移 20 μl 变性模板至 980 μl 预先冷处理的 HT1 缓冲液中（Hybridization Buffer，在试剂盒 Box1 中），此时模板浓度为 20 pmol/L。

6）根据下表稀释 PhiX 至所需终浓度。

PhiX 终浓度（pmol/L）	6	7	8	10	12	13
20 pmol/L 变性 PhiX 标准文库体积（μl）	300	350	400	500	600	650
HT1 缓冲液体积（μl）	700	650	600	500	400	350

7）将变性后的 PhiX 标样置于冰上待用。

8）根据实际需要按下表所示比例混合 DNA 模板和 PhiX 标样。一般情况下，在样品中掺入 1% 的 PhiX 标样即可。而当模板为 ChIP DNA、甲基化样品或扩增产物时，由于其碱基的极度不平衡性，为了保证测序质量，一般会把掺入标样的比例适当增加。

PhiX 标样所占比例（%）	0.5	1	1.5	2.5	3	4	5
变性后的 DNA 模板体积（μl）	995	990	985	975	970	960	950
需要加的 PhiX 标样体积（μl）	5	10	15	25	30	40	50

9）在 8 连管上标记 1～8 数字。

10）取已变性并加了标样的模板溶液 120 μl，依次加入 8 连管中。

注意：这一步要格外小心，避免 1～8 条 lane 的样品交叉污染。

11）将 8 连管置于冰上待用，并在测序实验记录单上记录样品的位置和浓度。

4. 运行 cBot 仪器

（1）开机

打开 cBot，在触摸屏上点击 "User Name"，显示键盘。输入使用者的名字，点击"Start"开始预清洗。

（2）预清洗

cBot 系统自检，保证前次测序的测序芯片（flow cell）和导液管（manifold）已经被移除。

1）打开 cBot 仪器盖，在后部的清洗水槽内注入 12 ml 去离子水，关上盖子。

2）点击"Wash"开始清洗。

3）清洗完毕后，用"Kim Wipe"无尘纸把水槽中剩余的水吸干，注意不要来回擦，以免纸屑堵住小孔。

4）确保水被吸干后，在"Wash reservoir is dry"选项框里打"√"，点击"Next"继续。

（3）选择运行程序

1）点击"Experiment Name"，显示键盘。

2）输入实验名称，点击"Enter"。

3）在实验运行程序列表中选择合适的程序，点击"Next"继续。

（4）安装反应试剂

1）取出 cBot 试剂盒中的 96 孔板。颠倒几次检查试剂是否完全融化。如未融化，则放入室温水浴中约 20 min 使之完全融化。

2）小心按压板上的试剂管，确保试剂管都牢固地固定在蓝色底座板上。

建议：将试剂管提前取出融化，并确认每一排的试剂编号与蓝色底座板上标号一一对应。另外，确保每一排的试剂液面高度一致，并用记号笔标记液面高度。

3）以 1000 r/min 在离心机上快速离心一次。

4）点击"Scan Reagent ID"后，仪器下方的条形码读取器开启，红色激光闪亮即为读取试剂板一侧的信息。

5）使用 V3 试剂时，需要揭掉板上第 10 行 HP5 试剂上的红色封膜，在选择框里打"√"，表示封膜已经揭掉。

6）（可选项）根据经验，导液管（manifold）一边的塑料针头在个别情况下不能穿透试剂上封口的铝箔，建议用一个新的 PCR 96 孔板对准试剂的 96 孔板，轻敲以穿透铝箔，切忌用力过猛。

7）拉开 cBot 内固定试剂的白色夹子，将试剂板放入试剂槽内。保证第一排试剂向外（即操作者方向），试剂板上的缺角位于右前方。

8）放开夹子确保试剂板摆放平稳。在选择框里打"√"表示试剂已经放置稳妥，点击"Next"继续放置测序芯片。

（5）安装测序芯片（flow cell）

1）抬起固定芯片的夹子，用无尘纸蘸水清洗放置芯片的热槽，擦干。注意不要把水滴入仪器。

2）点击"Scan Flow Cell ID"图标，开启条形码扫描器。

3）扫描读取测序芯片保存管上的条形码，听到"嘀"声说明读取成功，同时芯片信息出现在屏幕上。这时特别需要注意管盖的颜色，橙黄色用于双端测序，紫色用于单端测序，二者不可混用。

4）用塑料镊子从保存管中取出芯片，如遇阻碍，可轻轻挤压管壁以便取出芯片。

5）手握芯片边缘，用去离子水清洗芯片，用无尘纸轻轻擦干芯片，向一个方向擦拭直到完全擦干。在此过程中尽可能使芯片的背面朝上，即颜色稍深、有小孔的一面朝上。

6）将芯片有孔的一面朝上放置到cBot的热槽上（可以用塑料镊子探知小孔在哪一面）。芯片缺角与热槽缺角对准，否则芯片不能平稳安放。在选择框中打"√"表示芯片已放置稳妥。点击"Next"继续。

（6）安装导液管（manifold）

确保使用的导液管与芯片来自同一个成簇试剂盒。不同大小的芯片对应的导液管不同。

1）从包装盒中取出导液管，确保一端的针形吸管完好，无弯曲和损坏的情况，另一端黑色的橡胶垫片也完好无损。

2）将导液管上的小孔对准热槽旁边的导向金属柱安装至芯片上方，针形吸管的一端指向操作者的方向。

3）小心轻缓地左右推动导液管，使之与芯片完好地契合，保证导液管上的小孔与芯片的小孔对齐，否则液流不畅。

4）关闭芯片和导液管上方的夹子，固定导液管，确认夹子闭锁完全。

5）连接导液管的内方接口和清洗槽的连接口，用夹子固定。

6）将导液管带有针形吸管的一端固定在热槽外侧的面板上，固定的小孔对准导向金属柱。确保针形吸管垂直朝下。

7）在屏幕的4个选择框内打"√"以示导液管安装完毕。点击"Next"继续。

（7）安装测序模板管

1）点击"Enter Template Name"，屏幕上出现键盘。键入测序模板名称，点击"Enter"。

2）将装有测序模板的8连管放入紧邻试剂板外侧的八孔基座。注意：8连管安放的顺序是从右到左，即编号1在最右边，编号8在最左边。

3）在选择框中打"√"以示模板已经装好。

4）如果实验中选用用户自选的测序引物，请参照步骤（8）"安装用户自选引物"。如果没有，关闭 cBot 盖板。继续步骤（9）的操作。

（8）（可选项）安装用户自选引物

1）点击 "Enter Primer Name"，屏幕上出现键盘。键入模板名称，点击 "Enter"。

2）将装有测序模板的 8 连管放入紧邻试剂板外侧的八孔基座，注意：8 连管安放的顺序是从右到左，即编号 1 在最右边，编号 8 在最左边。

3）在选择框中打 "√" 以示模板已经装好。

4）关闭 cBot 盖板。点击 "Next" 继续步骤（9）的操作。

（9）运行前自检

仪器自检过程包括检查各种成分的成功安装及液流是否正常。自检大约需要 3 min。如果自检通过，则屏幕上 "Start" 按钮变亮，可以进行下一步。如不通过，则可以有如下选择。

1）点击 "Re-Run the precheck"，再进行自检。

2）如果依然不通过，请检查导液管与芯片是否正确联通，是否有液体漏出，如有，则需要重新安装芯片和导液管。

（10）运行 cBot 仪器

1）点击 "Start" 开始成簇反应。HiSeq V4、HiSeq 3000/4000 PE 或 HiSeq X-Ten 运行时间大约为 3 h；HiSeq Rapid v2 或 TruSeq Rapid 运行时间大约为 1 h；TruSeq v2 或 TruSeq v3 运行时间为 4～5 h。

2）反应完成后，cBot 保持芯片温度在 20℃，芯片可以在仪器上放置过夜。

3）如果杂交反应完成后不需要立即测序，可以将芯片放回原装保存管中保存。在 2～8℃ 中可以安全地存放 10 天。如果保存时间超过 10 天，可以在测序前进行重杂交（见步骤 "6. cBot 重杂交过程" 操作说明）。

5. cBot 卸载与清洗维护

（1）杂交后 cBot 的卸载

1）杂交反应完成后，点击 "Unload" 继续。

2）按住 cBot 盖子的右上角，慢慢打开盖子。

3）先取下导液管前部的针形吸管部分，再打开后部洗槽的连接部分。

4）打开芯片上端的夹子，导液管完全剥离。

5）取下导液管。注意：拿下导液管时，要非常小心地用塑料镊子分开芯片和导液管，否则可能会导致芯片粘在导液管上，在移动过程中坠地摔碎。

6）小心地从热槽上取下芯片，放入原装管内（有缓冲液），于 2～8℃ 冷藏冰箱中存放。

7）抬起试剂板左边的杠杆，取下试剂板，检查每个管中的试剂液面有无异常。盖上盖子，用记号笔写下使用日期，放入 2～8℃ 冷藏箱中保存。用过的试剂盒需要保留一段时间，以备检查或者在重杂交时使用。

8）取下装有模板的 8 连管，检查液面是否均一，如用 V3 试剂，剩余液体大约为 30 μl，如用 V4 试剂，剩余液体大约为 60 μl。

9）在选择框中打"√"表示所有的试剂都已经卸载。这时"Wash"按钮被活化，可以进行运行后的清洗。

（2）cBot 运行后的清洗

1）用去离子水清洗热槽，去除可能残留在其上的盐，用无尘纸擦干。

2）在热槽后面的洗槽内注入不少于 12 ml 去离子水，注意不要超过槽的边缘。

3）关上盖子，在选择框内打"√"，"Wash"按钮被激活。

4）点击"Wash"开始清洗。

5）清洗完毕后，用"Kim Wipe"无尘纸把水槽中剩余的水吸干，注意不要来回擦，以免纸屑堵住小孔。

6）在热槽后面的洗槽内注入 12 ml 0.1 mol/L NaOH（需事先过滤好或用 Sigma 公司的 10 mol/L NaOH 溶液稀释配制）。

7）关上盖子，在选择框内打"√"，"Wash"按钮被激活。

8）点击"Wash"开始清洗。

9）清洗完毕后，用"Kim Wipe"无尘纸将水槽中剩余的 NaOH 吸干，注意不要来回擦，以免纸屑堵住小孔。

10）再重复步骤 2）～5）两次。

11）确保水被吸干后，在"Wash reservoir is dry"选项框里打"√"，点击"Exit"退出程序。

6. cBot 重杂交过程（可选项）

（1）重杂交的原因

在测序过程中，不可预见的原因可能会造成测序反应停止，如停电、测序仪液流故障、光学系统故障，或者杂交反应之后，芯片在 4℃冰箱内储存超过一周。在重新启动测序反应时，都需要做芯片的重杂交。

（2）重杂交所需试剂

重杂交所需的试剂是 cBot 杂交试剂的一部分，如在 V3 的杂交试剂中，就是其中的 Row1-HI1、Row7-HT2、Row10-HP5 及 Row11-HP6（以下以 V3 杂交进行举例）。可以使用 cBot 杂交完毕后保留的剩余试剂（保留时间不要超过一周）。需检查每个试剂管，保证 Row1-HT1（Hybridization Buffer）每管至少 200 μl；Row7-HT2（Wash Buffer）每管至少 400 μl；Row10-HP5（0.1 mol/L NaOH）使用新鲜配制的溶液，每管至少 300 μl；Row11-HP6（Sequencing Primer）每管至少 300 μl。

　　如果以上试剂不足（NaOH 除外，可以自己配制），可以使用新打开的 cBot 杂交试剂。过后可联系 Illumina 技术人员予以补齐。

（3）重杂交选择的程序

　　在操作菜单上选择 Repeat_Hyb_v8.0。

（4）重杂交操作

　　1）试剂解冻后，在 cBot 操作屏幕上选择"Scan Reagent ID"扫描试剂的条形码。装载试剂到试剂槽，具体操作参考"4. 运行 cBot 仪器"中（4）。

　　2）安装需要重杂交的芯片和导液管到 cBot 上，具体操作参考"4. 运行 cBot 仪器"中（5）、（6）。

　　3）点击"Start"开始重杂交反应，整个过程大约需要 13 min。

　　4）重杂交反应完成后，即可进行测序。

（于 莹　李 珍　陈浩峰）

第二节　测序仪 HiSeq 操作流程

一、目的

　　成簇过程完成后，测序芯片（flow cell）就可以从 cBot 上取出，放到测序仪上进行测序（HiSeq 快速模式下，可选择 on-board cluster generation，直接在测序仪上做簇生成及测序反应）。

　　Illumina 测序平台使用边合成边测序（sequencing by synthesis，SBS）技术和 3′端可逆屏蔽终结子技术（3′-blocked reversible terminator），简单地说就是 4 种带有不同荧光标记的特殊核苷酸（A、C、G 和 T）与 DNA 合成酶同时加到测序芯片的各个泳道中，在 DNA 合成酶的催化作用下，从测序引物结合部位开始合成与测序模板互补的新 DNA 链。用于测序反应的特殊核苷酸在 3′端的羟基位置被化学基团屏蔽，导致每次 DNA 链合成都只能加入一个核苷酸。一次合成反应结束后，紧随其后的是图像获取步骤，每一个簇（cluster）被激发产生不同的激发荧光，由测序仪的光学系统拍照成为图像并记录下来。特定的荧光代表特定的核苷酸，这样就得到了本次合成反应的核苷酸类型，即实现了第一步测序。图像记录完毕后，核苷酸 3′端的屏蔽基团被用化学方法切掉，3′端的羟基被活化，可以进行下一步的合成，合成的下一个核苷酸再次被拍照成为图像，周而复始，经过 125 个循环，就完成了每个簇上 DNA 模板的单向 125 bp 测序。如果要进行双向测序（paired-end sequencing），在单向测序完成后，系统输入缓冲液，洗掉合成的

DNA 链，然后合成与原有模板互补的互补链，作为反向测序的模板链，以同样的方式进行 SBS，得到的序列与前面序列反向互补。

一个簇的图像数据就是一个 DNA 序列。通常一个泳道上簇的密度可以多达 750～850 K/mm^2（HiSeq2500 可达 1000 K/mm^2 左右），这样在一张芯片上簇的数量就可以多达数亿到数十亿个。以 HiSeq2500 的高通量模式为例，每张双端测序芯片一个泳道可以得到 60～70 Gb 数据。

二、仪器

测序仪　Illumina HiSeq2500，台式离心机　Eppendorf 5424，涡旋振荡器　Genie 2，加样器和枪头，250 ml、50 ml 和 15 ml 加样管。

三、防护

普通分子生物学实验防护。

四、上机操作过程

（一）快速模式

1. 准备测序

在测序之前，保证电脑 D 盘和 E 盘剩余空间最好在 500 Gb 以上，以免影响测序数据的输出。如果磁盘剩余空间比较小，可先删除旧的测序数据再运行新的测序程序。

在测序运行前将控制测序仪的电脑重启一次以清空内存，在测序仪连续运行时这一步尤为重要。

（1）（可选项）暂停一个正在运行的测序过程

Illumina HiSeq2500 有两个测序芯片运行系统 A 和 B，可以同时进行两个独立测序过程的运行。在开始使用一个系统测序时，如果另一个系统正在运行，可以使用 "Normal Stop" 功能使其暂停，待本系统准备工作完毕，开始第一个碱基的测序时，另一个系统的测序可以重启，不影响其测序结果的连续性。

（2）进行 Volume Check

1）模式选择：选择 "Rapid Run Mode/RAPID RUN"。

2）在控制屏幕上，选择 "Sequence|New Run"，会提示是否进行 Volume Check，选择 "Yes"，将当前 flow cell 对应的废液导管 1、2、3、6、7 和 8 号放入装有 1 L 去离子水的瓶中，以防试剂泵的损坏。在 8 个清洗管内注入 50 ml 以上去离子水，Paired-end 试管架上的试剂管注入 5 ml 以上的去离子水，该 flow cell 对应的样本位置放上加有 1 ml 去离子水的 1.5 ml 离心管，点击 "Next"。

3）确认仪器上有一张旧的 TruSeq Rapid flow cell，扫描或手动输入该 flow cell 的 ID，点击"Next"。

4）选择"Pump"，确认 flow cell 中有液体流过。

5）将当前 flow cell 对应的废液导管 4 号和 5 号分别放入 15 ml 离心管中，点击"Next"，仪器开始进行 Volume Check。

6）待 Volume Check 结束后，观察废液导管 4 号和 5 号所在的 15 ml 离心管中液体的体积是否为 9.5 ml ±10%，如果液体量少于 8.5 ml 则说明仪器的液路存在问题，可联系 Illumina 工程师帮助解决。

7）Volume Check 通过，将废液导管 4 号和 5 号放回到废液桶内。

（3）输入运行参数

1）在控制屏幕上，选"Sequence|New Run"，在"integration"界面勾选"None"，点击"Next"。

2）进入"Storage"界面，选择一个输出数据的路径，并输入数据文件夹的名称，如欲节省硬盘存储空间，可在此勾选"Bin Q-Scores"一项，在"Save Auxiliary File"下拉菜单下勾选"Save All Thumbnails"，点击"Next"。

3）进入"Flow Cell Setup"界面，输入以下参数。

  a）用读码器读取（或直接手动输入）待测序的芯片条形码，此时 Flow Cell Type 下拉菜单中会自动出现 flow cell 的类型"HiSeq Rapid Flow Cell v1"或"HiSeq Rapid Flow Cell v2"。

  b）输入实验名称和操作者的名字，选择"Next"。

  c）勾选"Confirm First Base"一项，系统将在第一个碱基测完之后，产生相应的报告，实验者可以根据报告来确定是否继续进行测序。如果数据不理想，可以停止实验。勾选加了 PhiX 标样的泳道，点击"Next"。

  建议：尽量不要用一个整泳道作为对照，这样会造成仪器测序能力的浪费。可以选择在各泳道中加入少量（一般为 1%~5%）的 PhiX 标样作为对照。

4）Recipe 界面下，输入以下测序参数。

  a）选择 Index Type。例如，如果是单 Index、双端 125 bp，可以选择"Single Index"，在 Cycles 一项中输入 Read1 所需要运行的循环数 126，读取 Index 所需的循环数（默认为 7）及 Read2 所需要运行的循环数 126。

  b）选择 SBS 的试剂种类"HiSeq SBS Kit V1"或"HiSeq SBS Kit V2"，选"Next"。

5）Sample Sheet 界面下，输入以下测序参数。

  a）确定成簇的方式：如果 flow cell 未在 cBot 上成簇，就选择"On-Board Cluster Generation"；如果 flow cell 已经在 cBot 上成簇，就选择

"Template Hybridization on cBot"，点击 "Next"。

　b）　"Sample Sheet" 一项可无需输入，继续选择 "Next"。

6）Reagents 界面下，输入以下试剂参数。

　a）　读码器读取 SBS Reagent Kit 及 PE Reagent Kit 上的条形码。

　b）　选择实验者所用的 SBS Kit 循环数（如果是双端 125 bp，则选择 250 Cycles）。

　c）　点击 "Next"，检查各项测序参数信息，如果无误，点击 "Next"。如果有需要修改的地方，点击 "Back"。

2. 装载测序试剂

（1）装载 SBS 试剂

在测序实验记录表上记录每一个试剂瓶的重量。打开试剂仓门，抬起试剂吸管架，注意在移动吸管架时，要将把手向自己的方向拉，移动到位后再放手。将里面的黑色试剂架取出，按照下表依次将测序试剂放置在试剂架上。

测序试剂位置（A 架或 B 架）

试剂位置	试剂简称	试剂全称
1	IMM*	Incorporation Master Mix
2	PW1（25 ml）	Wash Buffer
3	SRM*	Scan Reagent Master Mix
4	PW1（25 ml）	Wash Buffer
5	USB	Universal Sequencing Buffer
6	USB	Universal Sequencing Buffer
7	CRM*	Cleavage Reagent Master Mix
8	PW1（25 ml）	Wash Buffer

　*　在上机之前，要提前将 IMM、CRM 及 SRM 试剂从−20℃冰箱取出，放置在 4℃冰箱中融化 16 h（或过夜）或提前 90 min 用室温的去离子水浸泡试剂管使之融化。试剂 IMM 要注意避光。第 7 号试剂 CRM 处理完毕之后，一定要更换手套。

　1）第 2 号、第 4 号、第 8 号位置放上装有 25 ml PW1 或 18 MΩ 去离子水的试剂瓶。

　2）拧开第 1 号、第 3 号、第 5 号和第 6 号试剂瓶盖，换上漏斗形的瓶盖，该瓶盖在测序配件试剂盒中（HiSeq Accessories Kit）。

　3）拧开第 7 号试剂瓶盖，换上漏斗形的瓶盖，更换手套。

　4）沿着试剂仓底部的滑轨将试剂架放入试剂仓。

　5）降下试剂吸管架，使吸管插入试剂瓶中。确保吸管插入瓶盖的漏斗孔中心，没有出现弯曲的情况。

6）勾选"PW1（25 ml）loaded in Position 2"。

（2）装载 Paired-end 试剂

1）在 HiSeq 运行记录单上记录每一管试剂的重量。

2）抬起试剂仓内最左边吸管架，取出试剂架（15 ml 小管架），按照下表依次放入试剂管。

Paired-end 试剂位置

试剂位置	试剂简称	试剂全称
10	FRM	Fast Resynthesis Mix
11	FLM2	Fast Linearization Mix 2（Read 2）
12	FLM1	Fast Linearization Mix 1（Read 1）
13	AMS	Fast Amplification Mix
14	FPM	Fast Premix
15	FDR	Fast Denaturation Reagent（contains formamide）
16	HP11	Read 2 Primer
17	HP12	i7 Index Primer
18	HP10	Read 1 Primer
19	PW1（10 ml）	Wash Buffer

3）拧下试剂管上的盖子，沿着试剂仓底部的导轨将试剂架放入试剂仓。

4）降下试剂吸管，确保吸管插入试剂管中央，没有弯曲。

5）关闭试剂仓门，点击"Next"继续。

（3）装载模板

1）在 1.5 ml 或 1.7 ml 的离心管中加入 420 μl 预先准备好的文库模板。

2）将模板放到样本装载平台上：首先抬起样本装载平台的盖子；然后取出装有水的离心管，将装有文库模板的离心管放到 A/B 位置；将离心管的盖子固定在黑色固定架下面；慢慢将样本装载平台的盖子放下，确保吸管可以插到离心管的底部。

3）勾选"Template loaded and template loading station closed"，点击"Next"继续。

如果用 cBot 做的模板杂交，此时无需进行该步骤，只需将 2 个空的 1.5 ml 离心管放在样本装载平台上。

（4）初始化试剂（Priming Reagents）运行（如果已利用 cBot 完成模板杂交，则无需进行该步骤）

A. 清洗芯片的基座

1）打开芯片仓门，将芯片控制开关拨到"OFF"处。

2）换新无尘手套,用无尘纸蘸无水乙醇或异丙醇,小心清洗芯片基座,用"Kim Wipe"无尘纸擦拭直到完全干净。仔细检查基座,确保没有灰尘和纸纤维,并且真空孔也干净无阻隔。

B. 安装用过的芯片

1）从存储缓冲液中取出一张用过的芯片（用于初始化运行的 flow cell）,扫描条形码,用去离子水冲洗干净,用无尘纸擦干。

2）将芯片放置在芯片槽内,把芯片上带有进液口和出液口的一面朝下,条形码在右边。芯片左边的箭头应指向仪器内方。

3）轻轻地将芯片推进槽,靠紧内侧和右侧的导向金属柱。

4）将芯片的真空控制杠杆拨到位置 1,这样就开启了真空泵,芯片被吸到槽上。这时杠杆变成黄色,然后变为闪烁的绿色,说明真空泵已经正常工作,可以将杠杆拨到位置 2。如果杠杆仍然是黄色,则说明真空泵工作不正常,需要重新清洗芯片槽及装载芯片。

5）当杠杆变为绿色且不再闪烁时,说明系统工作正常。如果再变回黄色,说明真空泵工作不正常,需要重新清洗芯片槽及装载芯片。

6）勾选"Vacuum Engaged",点击"Next"继续。

C. 确认液流正常

在旧的芯片安装好之后,即可进行液流的检查。操作如下。

1）从下拉列表中选择第 2 号试剂（PW1）。

2）输入下列数值。

Volume（体积）：250

Aspiration Rate（吸取速率）：1500

Dispense Rate（释放速率）：2000

3）勾选"Pump",目测通过芯片泳道的气泡,确认每条 lane 中均有液流通过。

D. 试剂启动

按照以下操作准备废液收集管。

1）在废液收集管里找出与测序芯片对应的细管,共有 8 条,将 4 号和 5 号分别插入一个 15 ml 离心管中,将 1、2、3、6、7、8 号细管放到装有 18 MΩ 去离子水的瓶中。

2）选择"Next"继续,点击"Start Prime",试剂启动开始,大约持续 10 min。

3）过程结束后,目测每个废液收集管中的液体体积应为 2.25～2.75 ml。如果超过 10%的偏差,则应停止操作,找出原因。

4）将 4 号和 5 号细管放回至废液桶内,1、2、3、6、7、8 号细管仍放在装有 18 MΩ 去离子水的瓶中。

5）点击"Next"继续安装测序芯片。

（5）安装测序芯片开始测序

A. 卸载用过的芯片

1）打开芯片仓门，慢慢地将芯片真空控制手柄拨到"OFF"位置，这时真空泵停止工作。

2）取出用过的芯片，如果有必要，取出槽两端黑色的垫片，丢弃。

B. 擦净芯片槽

1）换新手套，以无尘纸蘸乙醇或异丙醇，小心擦拭芯片槽，确保其表面洁净，试剂孔没有灰尘或其他杂物。

2）等待一段时间使其晾干，然后更换两端的黑色垫片。

建议：无需每次运行都更换垫片，一般来说测序运行 3～4 次后更换更好。

C. 清洗芯片

1）用装有去离子水的洗瓶冲洗芯片，去掉芯片上的缓冲液。

2）用手指抓住芯片的边沿，把有试剂进出孔的一面朝上，用无尘纸轻轻向一个方向擦拭，直到芯片完全洁净，如有必要可以用洗耳球吹掉芯片表面无法完全去除的浮尘。

注意：不要把芯片放在桌面上擦拭，容易折断芯片！

D. 装载测序芯片

1）扫描测序芯片管壁的条形码，将芯片装入芯片槽，有试剂进出孔的一面朝下，条形码在右侧。芯片左侧的箭头，应该指向仪器的方向。

2）轻轻地将芯片推向顶端和右侧，使其靠紧金属导向柱。

3）放开芯片，将真空控制手柄慢慢拨到位置 1，真空泵开始工作，手柄会变为黄色，然后变为闪烁的绿色。这时真空泵已经正常工作，可以将杠杆拨到位置 2。如果杠杆仍然是黄色，则说明真空泵工作不正常，需要重新清洗芯片槽及装载芯片。

4）等待约 5 s，把手柄拨到位置 2。当杠杆变为绿色且不再闪烁时，说明系统工作正常。如果再变回黄色，说明真空泵工作不正常，需要重新清洗芯片槽及装载芯片。

5）选择"Vacuum Engaged"，继续下面的操作。

E. 确认液流正常

1）在下拉试剂列表中选择 5 号试剂（USB），输入以下参数。

Volume（体积）：250

Aspiration Rate（吸取速率）：1500

Dispense Rate（释放速率）：2000

2）确保 1、2、3、6、7、8 号细管在装有 18 MΩ 去离子水的瓶中，4 号和 5 号细管在废液桶内。

3）选择"Pump"，目测检查芯片液流是否正常。

如果液流正常，点击"Next"继续。系统会提示关闭芯片仓门。在确认真空手柄是绿色之后，关闭仓门。如果有连续的小气泡流过，则说明液路存在漏气的情况，请检查垫片处是否漏气，有需要的话可以更换垫片。

选择"Vacuum Engaged"和"Door Closed"，然后点击"Next"。

点击"Start"开始测序过程。

（6）监视测序运行

测序控制软件显示运行的各种参数，操作人可以通过屏幕监测测序过程、仪器状态、液流和成像过程是否正常。

如果操作者在测序参数选择时选择了"Confirm First Base"，则测序运行到第一个循环结束时会产生一个"First Base Report"。检查报告中的参数是否正常，如果结果正常，则选择"Continue"继续测序；如果结果不正常，可以选择"Abort"退出测序。

3. 测序运行后仪器的清洗

仪器的清洗包括三步：第一步用去离子水冲洗系统；第二步用 1 mol/L NaOH 溶液清洗；第三步用去离子水再次冲洗两遍，以彻底洗掉 NaOH。

注意：在清洗之前，如果用于清洗仪器的瓶子中的水是用过的，那么应换为新的去离子水。

（1）第一次水洗

1）在 HiSeq 控制软件屏幕上选择"Wash|Maintenance"。如果需要清洗 Paired-end 的试剂管，选择"Yes"，反之选"No"。

2）更换试剂架上的 8 个 250 ml 清洗管，在管内注入 5 ml 以上去离子水，如果需要清洗 Paired-end 试管架上的进样管，也需要更换上面的 15 ml 管，在其中注入 5 ml 以上的去离子水。

3）确认在芯片槽内有用过的芯片，如果没有，则需要安装一张。

4）（可选项）如果要检查液流是否正常，可以将 4 号和 5 号废液管从废液桶中取出，插入一个 15 ml 的管中，清洗完毕后检查液体体积。对于 TruSeq 的快速模式来说，选择清洗 8 个 SBS 和 10 个 Paired-end 进样管，每条泳道的废液产出量是 9.5 ml。

5）选择"Next"进行第一步水洗。

（2）NaOH 碱洗

1）第一次水洗完毕后，倒掉 250 ml 和 15 ml 管中剩余的水，在其中注入 5 ml 1 mol/L NaOH 溶液，选择"Next"进行清洗。

2）（可选项）如果要检查液流是否正常，可以将 4 号和 5 号废液管从废液桶中取出，插入一个 15 ml 的管中，清洗完毕后检查液体体积。对于 TruSeq 的快速模式来说，选择清洗 8 个 SBS 和 10 个 Paired-end 进样管，每条泳道的废液产出量是 4.75 ml。

注意：碱洗之后，更换新管进行第二次水洗。

（3）第二次水洗

1）在 250 ml 和 15 ml 管中注入 5 ml 以上去离子水，选择"Next"进行清洗。

2）（可选项）如果要检查液流是否正常，可以将 4 号和 5 号废液管从废液桶中取出，插入一个 15 ml 的管中，清洗完毕后检查液体体积。对于 TruSeq 的快速模式来说，选择清洗 8 个 SBS 和 10 个 Paired-end 进样管，每条泳道的废液产出量是 9.5 ml。

3）（推荐项）重复一遍上述水洗过程，以彻底洗掉残留 NaOH。

（二）高通量模式

1. 准备测序

在测序之前，确保电脑 D 盘和 E 盘剩余空间最好在 1T 以上，以免影响测序数据的输出，如果磁盘剩余空间过小，可先删除旧的测序数据。

在测序运行前将控制测序仪的电脑重启一次以清空内存，在测序仪连续运行时这一步尤为重要。

（1）（可选项）暂停一个正在运行的测序过程

Illumina HiSeq2500 有两个测序芯片运行系统 A 和 B，可以同时运行两个独立的测序过程。在开始使用一个系统测序时，如果另一个系统正在运行，可以使用"Normal Stop"功能使其暂停，待本系统准备工作完毕，开始第一个碱基的测序时，另一个系统的测序可以重启，不影响其测序结果的连续性。

（2）输入运行参数

1）模式选择：选择"High Output Mode/HISEQ V4"。

2）在控制屏幕上，选择"Sequence|New Run"，在"integration"界面勾选"None"，点击"Next"。

3）进入"Storage"界面，选择一个输出数据的路径，并输入数据文件夹的名称，如欲节省空间，可勾选"Bin Q-Scores"一项，点击"Next"。

4）输入以下参数。

　　a）用读码器读取（或直接手动输入）待测序芯片的条形码，此时"Flow Cell Type"下拉菜单中会自动出现 flow cell 的类型"HiSeq Flow Cell v4"。

　　b）输入实验名称和操作者的名字，选择"Next"。

c）勾选"Confirm First Base"一项，系统将在第一个碱基测完之后，产
生对应的报告，实验者可以根据报告来确定是否继续进行测序，如果
数据不理想，可以停止实验。勾选加了 PhiX 标样的泳道，点击"Next"。
建议：尽量不要用一个整泳道作为对照，这样做会造成测序能力的浪费。
可以选择在各泳道中加入少量（一般为 1%）的 PhiX 标样作为对照。

5）输入以下测序参数。

a）选择 Index Type。例如，如果是单 Index、双端 125 bp，可以选择"Single
Index"，在"Cycles"一项中输入 Read1 所需要运行的循环数 126，读
取 Index 所需的循环数（默认为 7），以及 Read2 所需要运行的循环数
126。

b）选择 SBS 的试剂种类"HiSeq SBS Kit V4"，点击"Next"，"Sample
Sheet"一项可无需输入，继续选择"Next"。

6）输入以下试剂参数。

a）读码器读取 SBS Reagent Kit 及 PE Reagent Kit 上的条形码。

b）选择实验者所用的 SBS Kit cycle 数（如果是双端 125 bp，则选择 250
Cycles）。

c）点击"Next"，检查各项测序参数信息，如果无误，点击"Next"。如
果有需要修改的地方，点击"Back"。

2. 装载测序试剂

（1）装载 SBS 试剂

在测序实验记录表上记录每一个试剂瓶的重量。打开试剂仓门，抬起试剂吸
管架，注意在移动吸管架时，要将把手向自己的方向拉，移动到位后再放手。将
里面的黑色试剂架取出，按照下表依次将测序试剂放置在试剂架上。

测序试剂位置（A 架或 B 架）

试剂位置	试剂简称	试剂全称
1	IRM*	Incorporation Reagent Master Mix
2	PW1	250 ml PW1 或 laboratory-grade water
3	USM*	Universal Scan Mix
4	SBS Buffer 1（SB1）	High Salt Buffer
5	SBS Buffer 2（SB2）	Incorporation Buffer
6	SBS Buffer 2（SB2）	Incorporation Buffer
7	CRM*	Cleavage Reagent Mix
8	SBS Buffer 3（SB3）	Cleavage Buffer

*在上机之前，要提前将 IRM、USM 及 CRM 试剂从–20℃冰箱取出，放置在 4℃冰箱中融化 16 h（或过夜）
或提前 90 min 用室温的去离子水浸泡试剂管使之融化。试剂 IRM 要注意避光。第 7 号试剂 CRM 处理完毕之后，
一定要更换手套

1）拧开第 1 号、第 3 号、第 4 号、第 5 号、第 6 号和第 8 号试剂瓶盖，换上漏斗形的瓶盖，该瓶盖在测序配件试剂盒中（HiSeq Accessory Kit）。

2）拧开第 7 号试剂瓶盖，换上漏斗形的瓶盖，更换手套。

3）沿着试剂仓底部的滑轨将试剂架放置入试剂仓。

4）降下试剂吸管架，使吸管插入试剂瓶中。确保吸管插入瓶盖的漏斗孔中心，没有出现弯曲的情况。

（2）装载多重测序试剂

1）在 HiSeq 运行记录单上记录每一管试剂的重量。

2）抬起试剂仓内最左边吸管架，取出试剂架（15 ml 小管架），按照下表依次放入试剂管。

多重测序试剂位置

试剂位置	试剂简称	试剂全称
10	FRM	Fast Resynthesis Mix
11	FLM2	Fast Linearization Mix 2
12	PW1	10 ml PW1 或 laboratory-grade water
13	AMS	Fast Amplification Mix
14	FPM	Fast Amplification Premix
15	FDR	Fast Denaturation Reagent（contains formamide）
16	HP11	Read 2 Sequencing Primer
17	HP12	Index Sequencing Primer i7
18	PW1	10 ml PW1 或 laboratory-grade water
19	PW1	10 ml PW1 或 laboratory-grade water

3）拧开试剂管上的盖子，沿着试剂仓底部的导轨将试剂架放入试剂仓。

4）降下试剂吸管，确保吸管插入试剂管中央，没有弯曲。

5）关闭试剂仓门，点击"Next"继续。

6）勾选"PW1 loaded"及"PE reagents are loaded"按钮，点击"Next"。

（3）初始化试剂（priming reagents）运行

A. 清洗芯片的基座

1）打开芯片仓门，将芯片控制开关拨到"OFF"处。

2）换新无尘手套，用无尘纸蘸无水乙醇或异丙醇，小心清洗芯片基座，用无尘纸擦拭直到完全干净。仔细检查基座，确保没有灰尘和纸纤维，并且真空孔也干净无阻隔。

B. 安装用过的芯片

1）从存储缓冲液中取出一张用过的芯片（用于 priming 的 flow cell），扫描条形码，用去离子水冲洗干净，用无尘纸擦干。

2）将芯片放置在芯片槽内，把芯片上带有进液口和出液口的一面朝下，条形码在右边。芯片左侧的箭头应指向仪器方向。

3）轻轻地将芯片推进槽，靠紧内侧和右侧的导向金属柱。

4）将芯片的真空控制杠杆拨到位置 1，这样就开启了真空泵，芯片被吸到槽上。若杠杆变成黄色，然后变为闪烁的绿色，说明真空泵已经正常工作，可以将杠杆拨到位置 2。 如果杠杆仍然是黄色，说明真空泵工作不正常，需要重新清洗芯片槽及装载芯片。

5）当杠杆变为绿色且不再闪烁时，说明系统工作正常。如果再变回黄色，说明真空泵工作不正常，需要重新清洗芯片槽及装载芯片。

6）选择"Vacuum Engaged"选择框，并点击"Next"继续。

C. 确认液流正常

在旧的芯片安装好之后，即可进行液流的检查。操作如下。

1）从下拉列表中选择第 5 号试剂（SB2）。

2）输入下列数值。

Volume（体积）：100

Aspiration Rate（吸取速率）：250

Dispense Rate（释放速率）：2000

3）勾选"Pump"。目测检查通过芯片泳道的液流，确认每条 lane 中均有液流通过。

D. 试剂启动

按照以下操作准备试剂启动的废液收集管。

1）在废液收集管里找出与测序芯片对应的细管，共有 8 条，每条分别插入一个 15 ml 管中。

2）选择"Next"继续，选择"Start Prime"，试剂启动开始，大约持续 15 min。

3）过程结束后，目测每个废液收集管中的液体体积应为 1.75 ml。如果超过 10%的偏差，则应停止操作，找出原因。

4）点击"Next"继续，下一步可以安装测序芯片。

（4）安装测序芯片开始测序

A. 卸载用过的芯片

1）打开芯片仓门，慢慢地将芯片真空控制手柄拨到"OFF"位置，这时抽真空停止。

2）取出用过的芯片，如果有必要，取出槽两端黑色的垫片，丢弃。

B. 擦净芯片槽

1）换新手套，以无尘纸蘸乙醇或异丙醇，小心擦拭芯片槽，确保其表面洁净，试剂孔没有灰尘或其他杂物。

2）等待一段时间使其晾干，然后更换两端的黑色垫片。

建议：无需每次测序都更换垫片，一般来说测序运行 3～4 次后更换更好。

C. 清洗芯片

1）用装有去离子水的洗瓶冲洗芯片，去掉芯片上的缓冲液。

2）用手指抓住芯片的边沿，有试剂进出孔的一面朝上，用无尘纸轻轻向一个方向擦拭，直到芯片完全洁净，如有必要可以用洗耳球吹掉芯片表面无法完全去除的浮尘。

注意：不要把芯片放在桌面上擦拭，容易折断芯片！

D. 装载测序芯片

1）扫描测序芯片管壁的条形码，将芯片装入芯片槽，有试剂进出孔的一面朝下，条形码在右侧。芯片左侧的箭头应该指向仪器的方向。

2）轻轻地将芯片推向顶端和右侧，使其靠紧金属导向柱。

3）放开芯片，将真空控制手柄慢慢拨到位置 1，真空泵开始工作，手柄会变为黄色，然后变为闪烁的绿色。这时真空泵已经正常工作，可以将杠杆拨到位置 2。如果杠杆仍然是黄色，说明真空泵工作不正常，需要重新清洗芯片槽及装载芯片。

4）等待约 5 s，把手柄拨到位置 2。当杠杆变为绿色且不再闪烁时，说明系统工作正常。如果再变回黄色，说明真空泵工作不正常，需要重新清洗芯片槽及重新装载芯片。

5）选择"Vacuum Engaged"，继续下面的操作。

E. 确认液流正常

1）在下拉试剂列表中选择 6 号试剂（SB2），输入以下参数。

Volume（体积）：100

Aspiration Rate（吸取速率）：250

Dispense Rate（释放速率）：2000

2）选择"Pump"，目测检查液流是否正常。

如果液流正常，点击"Next"继续。系统会提示关闭芯片仓门。在确认真空手柄是绿色之后，关闭仓门。

选择"Vacuum Engaged"和"Door Closed"，然后点击"Next"。

点击"Start"开始测序过程。

（5）监视测序运行

测序控制软件显示运行的各种参数，操作人可以通过屏幕监测测序过程、仪器状态、液流和成像过程是否正常。

如果操作者在测序参数选择时选择了"Confirm First Base"，则测序运行到第一个循环结束时会产生一个"First Base Report"。检查报告中的参数是否正常，如果结果正常，选择"Continue"继续测序；如果结果不正常，可以选择"Abort"退出测序。

3. 测序运行后仪器的清洗

仪器的清洗包括三步：第一步用去离子水冲洗系统；第二步用 1 mol/L NaOH 溶液清洗，第三步用去离子水再次冲洗两遍，以彻底洗掉 NaOH。

注意：在清洗之前，如果用于清洗仪器的瓶子中的水是用过的，应换新的去离子水。

（1）第一次水洗

1）在 HiSeq 控制软件屏幕上选择"Wash|Maintenance"。如果需要清洗 Paired-end 的试剂管，选择"Yes"，反之选"No"。

2）更换试剂架上的 8 个 250 ml 清洗管，在管内注入 5 ml 以上去离子水，如果需要清洗 Paired-end 试管架上的进样管，也需要更换上面的 15 ml 管，向其中注入 5 ml 以上的去离子水。

3）确认在芯片槽内有用过的芯片，如果没有，需要安装一张。

4）（可选项）如果要检查液流是否正常，可以把 8 条废液管从废液桶中取出，插入一个 250 ml 的管中，清洗完毕后检查液体体积。

5）选择"Next"进行第一步水洗。

废液产出量：

清洗位置	废液体积（ml）
8 个 SBS 位置	32
8 个 SBS 位置和 10 个 Paired-end 位置	72

（2）NaOH 碱洗

1）第一次水洗完毕后，倒掉 250 ml 和 15 ml 管中剩余的水，在其中注入 5 ml 1mol/L NaOH 溶液，选择"Next"进行清洗。

2）（可选项）如果要检查液流是否正常，可以将 8 条废液管从废液桶中取出，插入一个 250 ml 的管中，清洗完毕后检查液体体积。

废液产出量：

清洗位置	废液体积（ml）
8 个 SBS 位置	16
8 个 SBS 位置和 10 个 Paired-end 位置	36

注意：碱洗之后，更换新管进行第二次水洗。

（3）第二次水洗

1）在 250 ml 和 15 ml 管中注入 5 ml 以上去离子水，选择"Next"进行清洗。

2）（可选项）如果要检查液流是否正常，可以把 8 条废液管从废液桶中取出，插入一个 250 ml 的管中，清洗完毕后检查液体体积。

3）（推荐项）重复一遍上述水洗过程，以彻底洗掉 NaOH。

废液产出量：

清洗位置	废液体积（ml）
8 个 SBS 位置	32
8 个 SBS 位置和 10 个 Paired-end 位置	72

（齐洺　李珍　陈浩峰）

第三节　测序仪 MiSeq 操作流程

一、测序准备

1. 目的

MiSeq 测序仪的测序原理与 HiSeq 相同，也是采用 SBS 技术和 3′端可逆屏蔽终结子技术。与高通量测序仪 HiSeq 不同的是，MiSeq 簇生成过程直接在 MiSeq 测序仪上进行。MiSeq 测序芯片（flow cell）只有 1 个泳道（lane），根据数据产出和图像采集 tile 数不同，分为不同的类型，最多可产生约 15 Gb 数据。

2. 试剂

MiSeq reagent kit；Illumina PhiX Control；Stock 1.0 mol/L NaOH；Tris-HCl 10 mmol/L，pH 8.5 含 0.1% Tween 20。

3. 设备

Illumina MiSeq 测序仪，台式离心机（Eppendorf 5424），涡旋振荡器（Genie 2），加样器和枪头，250 ml、50 ml、15 ml 加样管。

4. 上机文库的质量检验

仪器：实时荧光定量 PCR 仪，Agilent 2100 Bioanalyzer。

质检内容：检验文库浓度与插入片段的大小

质检标准：文库终浓度应不小于 2 nmol/L，体积不小于 10 μl。文库插入 DNA 片段大小为预期大小，且没有接头和引物二聚体。

二、准备测序文库模板

Illumina 测序文库模板的准备分两步进行：文库变性和变性文库的稀释。

Illumina 建议测序文库储存浓度为 20 pmol/L 或 10 pmol/L，实验人员可根据实际需要进行选择。当测序文库储存浓度分别选择 20 pmol/L 和 10 pmol/L 时，对应的变性前文库的浓度分别为 4 nmol/L 和 2 nmol/L。变性前文库浓度过高时，可用缓冲液（Tris-HCl 10 mmol/L，pH 8.5，含 0.1% Tween 20）将其稀释至 4 nmol/L 或 2 nmol/L。

缓冲液的制备方法：取 500 μl 1 mol/L Tris-HCl（pH 8.5，Emerald BioSystems，货号：EBS-1TRIS85-250，或同级产品），加入超纯水至总体积 50 ml。然后加入 50 μl 分子生物学级别的 Tween20（VWR，货号 BDH4210-500 ml，或同级产品），保存于 4℃冰箱。

1. 4 nmol/L 模板 DNA 文库的变性和稀释

配制 0.2 mol/L NaOH：在 1.5 ml 离心管中加入以下试剂，涡旋混匀。

成分	体积（μl）
超纯水	800
NaOH（0.1 mol/L）	200

注意：0.2 mol/L NaOH 需要现用现配，保存时间不超过 12 h；配制精确浓度的 NaOH 非常关键，NaOH 浓度偏高，会抑制文库片段与测序芯片的杂交，浓度偏低，会导致文库模板变性不完全。

（1）4 nmol/L 模板 DNA 文库的变性

1）在 1.5 ml 离心管中加入以下试剂，涡旋混匀。

成分	体积（μl）
DNA 文库（4 nmol/L）	5
0.2 mol/L NaOH	5

2）用小型台式离心机，以 280 g 离心 1 min。

3）室温静置 5 min，使文库解离为单链。

4）转移 10 μl 变性模板至 990 μl 预冷的 HT1 缓冲液（Hybridization Buffer，在试剂盒的 MiSeq reagent kit 中）中，混匀，此时溶液中文库 DNA 浓度为 20 pmol/L，NaOH 浓度为 1 mmol/L。

5）变性后的模板放置于冰上，待用。

（2）稀释变性后的文库模板

1）将装有 HT1 缓冲液的离心管室温水浴解冻。

2）参照下表选择合适的浓度稀释模板文库。

模板终浓度（pmol/L）	6	8	10	12	15	20
20 pmol/L 变性模板体积（μl）	180	240	300	360	450	600
预冷 HT1 缓冲液体积（μl）	420	360	300	240	150	0

建议：不同的测序仪上机浓度有差异，应通过上机实践来修正。MiSeq 芯片簇密度为 800～1500 K/mm^2，建议最佳簇密度为 1200 K/mm^2。

3）颠倒离心管数次混匀溶液，短暂离心。

4）将稀释好的模板置于冰上待用。

2. 2 nmol/L 模板 DNA 文库的变性及稀释

（1）2 nmol/L 模板 DNA 文库的变性

1）在 1.5 ml 离心管中加入以下试剂，涡旋混匀。

成分	体积（μl）
DNA 文库（2 nmol/L）	5
0.2 mol/L NaOH	5

2）用小型台式离心机以 280 g 离心 1 min。

3）室温静置 5 min，使文库解离为单链。

4）转移 10 μl 变性模板至 990 μl 预冷的 HT1 缓冲液（Hybridization Buffer，在试剂盒的 MiSeq reagent kit 中）中，混匀，此时溶液中文库 DNA 浓度为 10 pmol/L，NaOH 浓度为 1 mmol/L。

5）变性后的模板放置于冰上，待用。

（2）稀释变性后的文库模板

1）将装有 HT1 缓冲液的离心管室温水浴解冻。

2）参照下表选择合适的浓度稀释模板文库。

模板终浓度（pmol/L）	6	8	10
10 pmol/L 变性模板体积（μl）	360	480	600
预冷 HT1 缓冲液体积（μl）	240	120	0

建议：不同的测序仪上机浓度有差异，应通过上机实践来修正。MiSeq 芯片簇密度为 800～1500 K/mm^2，建议最佳簇密度为 1200 K/mm^2。

3）颠倒离心管数次混匀溶液，短暂离心。

4）变性后的模板放置于冰上，待用。

3. 标准样品 PhiX 的稀释和变性

Illumina 选用 PhiX 病毒的基因组作为测序对照。PhiX 病毒具有基因组小（能够快速组装并估算错误率）、碱基平衡性好（约 45% GC 和 55% AT）及 DNA 参考序列完整等优点。因此，利用 PhiX 病毒构建的碱基平衡性极好的对照文库，有利于更好地完成碱基不平衡和序列多样性差的文库测序。Illumina PhiX 对照是已经构建好的浓度为 10 nmol/L 的 DNA 文库。将 10 nmol/L PhiX DNA 文库变性稀释至 12.5 pmol/L 上机，芯片上的簇密度可以达到 1000～1200 K/mm² （参照 illumina.com 资料）。

1）稀释 PhiX 标样为 4 nmol/L，混匀，离心。

成分	体积（μl）
PhiX 文库（10 nmol/L）	2
Tris-HCl（10 mmol/L，pH 8.5，含 0.1% Tween 20）	3

2）4 nmol/L PhiX 文库的变性。

a）4 nmol/L PhiX 文库中加入 NaOH 变性，使模板浓度变为 2 nmol/L。

成分	体积（μl）
PhiX 文库（4 nmol/L）	5
0.2 mol/L NaOH	5

b）涡旋混匀，以 280 g 离心 1 min。

c）室温静置 5 min，使 PhiX 标样模板解离为单链。

d）转移 10 μl 变性模板至 990 μl 预冷的 HT1 缓冲液（Hybridization Buffer，在试剂盒的 MiSeq reagent kit 中）中，这时模板的浓度为 20 pmol/L。20 pmol/L 的模板可以在–25～–15℃保存 3 周，超过 3 周，会导致簇密度降低。

3）PhiX 对照稀释。

a）将 20 pmol/L PhiX 文库稀释至 12.5 pmol/L。

成分	体积（μl）
PhiX 文库（20 pmol/L）	375
预冷的 HT1 缓冲液	225

b）涡旋混匀，以 280 g 离心 1 min。

c）将变性后的 PhiX 标样置于冰上待用。

4. 测序模板中加入标准样品 PhiX

Illumina 建议普通文库 PhiX 对照上样量为 1%，多态性低的文库 PhiX 对照上样量为 5%以上。根据实际需要按下表所示比例混合变性后的 DNA 模板和 PhiX 标样，后将离心管置于冰上待用，并在测序实验记录单上记录样品的位置和浓度。

PhiX 标样所占比例（%）	1	5
变性后的 DNA 模板体积（μl）	594	570
需要加的 PhiX 标样体积（μl）	6	30

三、MiSeq 测序操作

MiSeq 上机测序前，需按要求准备好测序试剂和测序芯片，样品及试剂装载操作按照系统界面提示进行。MiSeq 簇生成和测序都在测序仪上进行，测序完毕，需要进行仪器清洗。

1. 准备测序试剂

（1）MiSeq 测序试剂组成

MiSeq 测序试剂盒包括 2 个独立包装，分别保存于–25～–15℃和 2～8℃条件下。具体如下。

测序试剂 1：保存于–25～–15℃

数量	成分	详细描述
1	Reagent Cartridge	Single-use pre-filled cartridge
1	HT1	5 ml 管，Hybridization Buffer

测序试剂 2：保存于 2～8℃

数量	成分	详细描述
1	PR2 Bottle	500 ml bottle，Incorporation Buffer
1	MiSeq Flow Cell	Single-use PE flow cell

Reagent Cartridge 板上有标记 1/2/4～22 的试剂孔，其中 17 号为文库模板的上样孔。各孔试剂信息如下。

试剂位置	试剂简称	试剂全称
1	IMS	Incorporation Mix
2	SRE	Scan Mix
4	CMS	Cleavage Mix
5	AMS1	Amplification Mix，Read 1
6	AMS2	Amplification Mix，Read 2
7	LPM	Linearization Premix
8	LDR	Formamide
9	LMX1	Linearization Mix
10	LMX2	Read 2 Linearization Mix

续表

试剂位置	试剂简称	试剂全称
11	RMF	Resynthesis Mix
12	HP10	Read 1 Primer Mix
13	HP12	Index Primer Mix
14	HP11	Read 2 Primer Mix
15	PW1	Laboratory-grade water
16	PW1	Laboratory-grade water
17	Empty	Load Samples（Reserved for sample libraries）
18	Empty	Optional use for custom Read 1 primer
19	Empty	Optional use for custom Index Read primer
20	Empty	Optional use for custom Read 2 primer
21	PW1	Laboratory-grade water
22	Empty	Empty

（2）测序试剂的准备

1）HT1 解冻：使用前将 HT1 从–20℃冰箱取出，室温条件下解冻，使用前可暂时存放于 4℃冰箱。

2）Reagent Cartridge 解冻：提前 1 h 将试剂从–20℃冰箱取出，将 Reagent Cartridge 于室温水浴解冻，水浴液面不能超过 Reagent Cartridge 基座上线，解冻完毕，将 Reagent Cartridge 取出，擦干基座。

3）Reagent Cartridge 检查：Reagent Cartridge 颠倒混匀 10 次，检查试剂是否完全解冻、是否混匀和有无沉淀。轻拍基座上的 Cartridge，减少试剂中的气泡。解冻后混匀的 Reagent Cartridge 放置于冰上或 4℃冰箱备用。

2. 文库模板装载至 Reagent Cartridge

1）取 1 ml 新移液枪吸头，刺穿标记"Load Sample"样品管。操作时避免吸头刺穿其他试剂孔表面。

2）吸取 600 μl 变性稀释好的上机文库，加入标记"Load Sample"样品孔，操作时避免触碰其他试剂孔表面。

3. 运行参数的设置

在测序之前，确保电脑 D 盘剩余足够的存储空间（应不低于 100Gb），以免影响测序数据的输出，如果磁盘剩余空间小，可先删除数据。在测序运行前将电脑重新启动一次。

1）打开 MiSeq Control Software（MCS），显示 Welcome to Illumina MiSeq 控制界面。

2）选择"RUN OPTIONS"，进入 Run Options 界面；选择"Fold Settings"，

进入 Fold Setting 界面。

3）点击"Sample Sheet Folder"后的"Browse"，点击选择"Sample Sheet"文件，"Sample Sheet Fold"后的窗口将显示其对应的"Sample Sheet"路径。

4）点击"Output Folder"后的"Browse"，选择一个输出数据的路径，并输入数据文件夹的名称，"Output Folder"后的窗口将显示其数据输出路径。

5）点击"Save and Return"，返回 Welcome to Illumina MiSeq 控制界面，点击"Sequence"。

6）进入 BaseSpace Options Screen 界面，本操作不上传至 BaseSpace，可不选择任何信息，直接点击"Next"，进入 Load Flow Cell 界面。

4. 装载测序芯片（load flow cell）

打开测序芯片仓门，按右下角开关，打开测序芯片夹。

（1）擦净芯片槽

1）换新手套，以无尘纸蘸乙醇或异丙醇，小心擦拭芯片槽，确保其表面洁净，试剂孔没有灰尘或其他杂物。

2）等待一段时间使其晾干。

（2）清洗芯片

1）用手指握住芯片的边沿，用装有去离子水的洗瓶冲洗芯片，去掉芯片上的缓冲液。

2）用手指握住芯片的边沿，有试剂进出孔的一面朝上，用无尘纸轻轻向相同方向擦拭，直到芯片完全洁净，如有必要可以用洗耳球吹掉芯片表面无法完全去除的浮尘。

注意：不要把芯片放在桌面上擦拭，容易折断芯片！

（3）芯片装载

1）用手指握住芯片的边沿，有试剂进出孔的一面朝下，条形码在右侧。确保芯片标签向上，将测序芯片放置于芯片槽上。

2）轻轻按下测序芯片上方的夹子，安装正确时，会听见"咔嗒"声。

3）检查屏幕左下角芯片的条形码（RFID）是否被成功读入，如果系统无法识别条形码（RFID），可以点击"Retry"，如果仍无法识别条形码，可选择"Get Code"。具体操作如下（可选项）。

  a）进入 https: //my.illumina.com 登陆 illumina 账户。

  b）在 MyIllumina 页面点击"Account"，在 Resources 栏，点击"MiSeq SelfService"，输入 MiSeq serial number。

  c）从"Type of Override Code"下拉菜单列表，选择"RFID Override"，点击"Get Code"获取密码。

d）返回 MCS 界面，点击"Enter Code"，输入密码，点击"Next"。

e）输入芯片、PR2 或反应试剂的条形码。

f）输入"Reagent Cartridge"密码时，先输入试剂盒版本号（Version 1 或 Version 2），选择"Enter Reagent Kit Barcode"手动输入 Reagent Cartridge 条形码和试剂盒版本号。如果 Reagent Cartridge 条形码和试剂盒版本号输入错误，测序数据质量会受到影响。选择"Enter"。

g）点击"Next"，进入 Load Reagents 界面。

5. 装载试剂

试剂装载分为两步：装载 PR2 试剂、装载 Reagent Cartridge。

（1）装载 PR2 试剂

1）从冰箱取出 PR2 试剂，轻轻颠倒混匀，取下瓶盖。

2）打开试剂仓门，抬起试剂吸管架，移动到位后放手，将 PR2 试剂放入试剂仓右侧。

3）检查确保试剂仓右侧废液瓶倒空。

4）轻轻向下拉试剂吸管架，移动到位后放手，确保吸管插入 PR2 试剂和废液瓶。

5）检查屏幕左下角 PR2 的条形码（RFID），确保条形码成功读取。

6）点击 Load Reagents 界面的"Next"，进入 Load Reagents Cartridge 界面。

（2）装载 Reagent Cartridge

1）手持 Reagent Cartridge 有 Illumina 标记的一端，使 Reagent Cartridge 滑入试剂仓。

2）关闭试剂仓门。

3）检查界面左下角，确保 Reagent Cartridge 的条形码（RFID）成功读取。

4）点击 Load Reagents 界面的"Next"，进入 Review 界面。

6. 检查参数设置

1）检查 Review 界面 Experiment Name、Analysis Workflow 和 Read length 选项，这些参数信息包含在样品清单（sample sheet）中。

2）检查屏幕左下方文件路径，如对文件路径进行修改，可点击"Change Folds"。修改完毕，点击"Save"。选择"Next"，进入 Pre-Run Check 界面。

7. Pre-Run Check

在 Pre-Run Check 界面下，系统自动检测测序参数、磁盘空间和网络连接，如果 Pre-Run Check 通过，可选择 Start Run。

注意：MiSeq 测序仪对环境变化敏感，运行过程中尽量避免触碰仪器、打开试剂仓门或芯片仓门，以免影响测序数据质量。

8. 监视测序运行

测序控制软件显示运行的各种参数。操作人员可以通过屏幕监测测序过程、仪器状态、液流和成像过程是否正常。

9. 测序运行后仪器的清洗

测序后对仪器清洗一次（post-run wash），以洗掉残留的反应试剂，清洗过程大约需要 20 min。

1）用 Tween 20（Sigma-Aldrich，catalog #P7949）和超纯水配制新鲜的 wash solution。

　　a）取 5 ml 100% Tween 20 加入到 45 ml 超纯水中，混匀，配制 10% Tween 20。

　　b）取 25 ml 10% Tween 20 加入到 475 ml 超纯水中，混匀，配制 0.5% Tween 20。

2）每孔加入 6 ml wash solution 清洗托盘（wash tray）。

3）取 350 ml wash solution 加入至 wash bottle 中。

4）测序完毕后，点击"Start Wash"，系统自动将试剂吸管升起。

5）打开试剂仓，取出 Reagent Cartridge。将清洗托盘轻轻安装滑入试剂仓。

6）轻轻抬起 PR2 和废液瓶中间的吸管架，移动到位后放手。

7）取出 PR2 试剂瓶（测序完毕可直接丢弃），装入 wash bottle。

8）取出废液瓶，倒空废液，放回原处。

9）缓慢下拉吸管架，移动到位后放手。

10）关闭试剂仓门。

11）点击"Next"，开始进行清洗。清洗完毕后，测序芯片、清洗托盘和废液瓶放置于 MiSeq 测序仪原位，吸管保持下拉状态，以防止吸管变干和气泡进入吸管。

（王　静　李　珍　陈浩峰）

第四节　测序仪 NextSeq500 操作流程

一、测序准备

1. 目的

NextSeq500 测序仪的测序原理与 HiSeq 系列测序仪相同，也是采用 SBS 技术和 3′端可逆屏蔽终结子技术。与 HiSeq 不同的是，NextSeq500 的簇生成过程直接在 NextSeq500 测序仪上进行。每个 NextSeq500 测序芯片有 4 个 lane，测序反应进行时，lane 1 和 lane3 同时进行图像获取，随后 lane 2 和 lane4 同时进行图像获取。NextSeq500 运行时间短（11～29 h），通量灵活，有中等通量和高通量两种流动槽模式，一次运行分别可产生 16～39 Gb 或 25～120 Gb 的数据。

2. 试剂

HT1（Hybridization Buffer）：Next Seq500 Kit

1 mol/L NaOH，General lab supplier

200 mmol/L Tris-HCl，pH7.0，General lab supplier

PhiX，10 nmol/L，Illumina，catalog#FC-110-3002

RSB（Resuspension Buffer）Illumina，catalog#FC-110-3002

Ethanol，70%，General lab supplier

NaOCl，5%（sodium hypochlorite），Sigma-Aldrich，catalog#239305

Tween 20 Sigma-Aldrich，catalog#P7949

3. 设备

NextSeq500 测序仪、台式离心机（Eppendorf 5424）、涡旋振荡器（Genie 2）、加样器和枪头。

4. 上机文库的质量检验

仪器：实时荧光定量 PCR 仪，Agilent Bioanalyzer。

质检内容：检验文库浓度与插入片段的大小。

质检标准：文库终浓度应不小于 2 nmol/L，体积不小于 10 μl。文库插入 DNA 片段长度为预期大小，且没有接头和引物二聚体。

二、准备测序文库模板

Illumina 测序文库模板的准备分两步进行：文库变性和变性文库稀释。NextSeq500 变性前文库起始浓度可以分别选择 4 nmol/L、2 nmol/L、1 nmol/L 或 0.5 nmol/L，实验人员可根据实际需要进行选择。

1. 0.2 mol/L NaOH 的配制

成分	体积（μl）
超纯水	800
NaOH（0.1 mol/L）	200

注意：0.2 mol/L NaOH 需现用现配，保存时间不超过 12 h；配制精确浓度的 NaOH 非常关键，NaOH 浓度偏高，会抑制文库片段与芯片的杂交，浓度偏低，会导致文库模板变性不完全。

2. 模板 DNA 文库变性

1）根据所选择的变性前文库起始浓度，按下表加入相应体积的文库模板和 0.2 mol/L NaOH，对模板 DNA 文库进行变性。

起始文库浓度（nmol/L）	文库模板体积（μl）	0.2 mol/L NaOH 体积（μl）
4	5	5
2	10	10
1	20	20
0.5	40	40

建议：如 12 h 内不进行 PhiX 变性实验，剩余 0.2 mol/L NaOH 可以丢弃。

2）涡旋混匀，用小型台式离心机以 280 g 离心 1 min。

3）室温静置 5 min，以使文库解离为单链。

4）根据所选择的变性前文库起始浓度，按下表加入相应体积的 200 mmol/L Tris-HCl（pH 7.0）。

起始文库浓度（nmol/L）	200 mmol/L Tris-HCl（pH 7.0）体积（μl）
4	5
2	10
1	20
0.5	40

注：变性文库加 HT1 稀释完毕后，一般建议溶液 NaOH 浓度不高于 1 mmol/L。但由于加入 200 mmol/L Tris-HCl 缓冲液，即使溶液中 NaOH 高于 1 mmol/L，也不会对后续模板杂交产生影响

5）涡旋混匀，用小型台式离心机以 280 g 离心 1 min。

3. 变性文库稀释至 20 pmol/L

1）根据所选择的变性前文库起始浓度，按下表吸取相应体积预冷的 HT1 加入变性文库中。

起始文库浓度（nmol/L）	预冷 HT1 体积（μl）
4	985
2	970
1	940
0.5	880

建议：HT1 用前从 –20℃ 冰箱取出，室温解冻完全，放置于 4℃ 冰箱备用。

2）涡旋混匀，用小型台式离心机以 280 g 离心 1 min，此时文库终浓度为 20 pmol/L。

3）将 20 pmol/L 文库放置于冰上备用。

4. 20 pmol/L 文库稀释至上机浓度

不同的 NextSeq 安装的操作系统 NCS（NextSeq Control Software）版本上机文库体积和浓度有差别，具体如下。

NCS 版本	文库体积（ml）	文库浓度（pmol/L）
NCS v1.3 及更高版本	1.3	1.8
NCS v1.2 及更低版本	3	3

（1）NCS v1.3 及更高版本文库稀释

1）在 2 ml 离心管中加入以下试剂。

成分	体积（μl）
变性的模板 DNA 文库（20 pmol/L）	117
预冷的 HT1	1183

2）涡旋混匀，用小型台式离心机以 280 g 离心 1 min。

3）此时文库浓度为 1.8 pmol/L，总体积 1.3 ml，放置于冰上备用。

（2）NCS v1.2 及更低版本文库稀释

1）在 5 ml 离心管中加入以下试剂。

成分	体积（μl）
变性的模板 DNA 文库（20 pmol/L）	450
预冷的 HT1	2550

2）涡旋混匀，用小型台式离心机以 280 g 离心 1 min。

3）此时文库浓度为 3 pmol/L，总体积 3 ml，放置于冰上备用。

5. PhiX 的变性和稀释

（1）PhiX 稀释至 4 nmol/L

1）取一管 10 nmol/L 的 PhiX（10 μl/管）。

2）取 1.5 ml 离心管，加入如下试剂。

成分	体积（μl）
PhiX（10 nmol/L）	10
RSB*	15

＊RSB 用前从–20℃冰箱取出，室温解冻完全，放置于 4℃冰箱备用

3）涡旋混匀，用小型台式离心机以 280 g 离心 1 min。

4）此时文库浓度为 4 nmol/L，总体积 25 μl，放置于冰上备用。4 nmol/L PhiX

文库可在–20℃条件下保存 3 个月。

（2）4 nmol/L PhiX 的变性和稀释

1）取 1.5 ml 离心管，加入以下试剂。

成分	体积（μl）
PhiX 文库（4 nmol/L）	5
0.2 mol/L NaOH（新鲜配制）	5

2）涡旋混匀，短暂离心。

3）室温静置 5 min，以使文库解离为单链。丢弃剩余的 0.2 mol/L NaOH。

4）涡旋混匀，用小型台式离心机以 280 g 离心 1 min。

5）加入 5 μl 200 mmol/L Tris-HCl（pH 7.0）。

6）涡旋混匀，用小型台式离心机以 280 g 离心 1 min。

7）加入 985 μl 预冷的 HT1，此时溶液浓度为 20 pmol/L，总体积为 1 ml。此时文库可以在–20℃条件下保存 2 周。

8）涡旋混匀，用小型台式离心机以 280 g 离心 1 min，变性的 Phix 文库放置于冰上备用。

6. 测序模板中加入标准样品 PhiX

Illumina 建议普通文库 PhiX 对照上样量为 1%，根据 NCS 版本，根据实际需要按下表所示比例混合变性后的 DNA 模板和 PhiX 标样，将样品管置于冰上待用，并在测序实验记录单上记录样品的位置和浓度。

NCS 版本	变性后的 DNA 模板浓度（pmol/L）	变性后的 DNA 模板体积（μl）	PhiX 标样所占比例（%）	需要加的 20 pmol/L PhiX 标样体积（μl）
v1.3 及更高版本	1.8	1299	1	1.2
v1.2 及更低版本	3	2995	1	5

三、NextSeq500 测序操作

NextSeq500 上机测序前，需按要求准备好测序试剂和测序芯片，样品及试剂装载操作按照系统界面提示进行。NextSeq500 簇生成和测序反应都在测序仪上进行，测序完毕，系统自动利用装载的试剂进行仪器清洗。

1. 准备测序试剂

（1）NextSeq500 测序试剂组成

NextSeq500 测序试剂分高通量和中等通量两种类型，主要由测序芯片、Reagent Cartridge 和 Buffer Cartridge 组成。

（2）试剂准备

1）从–20℃冰箱取出 Reagent Cartridge，放置于 4℃冰箱解冻，解冻时间至少需要 18 h。颠倒混匀试剂，观察确认 29、30、31、32 号试剂完全融化，轻敲试剂，以减少试剂产生的气泡。

2）从 4℃冰箱取出测序芯片包装盒，室温放置 30 min（如果真空包装完好，测序芯片可在室温条件下放置 12 h，避免将测序芯片放置于冷热交替的环境中）。打开真空包装，取出测序芯片包装盒，取出测序芯片，用 70%乙醇湿润的无尘纸将测序芯片擦拭干净。检查测序芯片试剂孔是否干净、密封垫（port gasket）是否安装正确、4 个白色固定夹是否压紧黑色芯片装载板（black carrier plate）边缘和 4 个金属夹是否平压于黑色芯片装载板。

2. 测序操作

（1）装载样品

用无尘纸将 Reagent Cartridge 10 号孔封口膜擦干净，取 1 ml 干净吸头刺穿封口膜，将变性稀释完毕的文库模板加入 10 号孔，上样过程中避免样品触碰污染其他试剂孔封口膜。

（2）测序运行参数的设置

起始界面点击"Sequence"，进入 BaseSpace 界面。如不使用 BaseSpace，可直接点击"Next"，进入 Load Flow Cell 界面。

（3）芯片装载

1）移去旧芯片，放入新芯片，向右下方轻轻移动芯片，用芯片台右侧和下方的 3 个定位针矫正芯片的位置。

2）点击"Load"，芯片仓门自动关闭，芯片条形码自动出现于界面下方，传感器进行检测。

3）点击"Next"。

（4）倒空废液收集装置

1）右手轻轻拉出废液收集装置，同时左手托住废液收集装置底部，以防倾斜，倒空装置内废液。

2）将倒空的废液收集装置放回原位，装载到位后会听见"咔嗒"声。

（5）装载 Buffer Cartridge

1）右手轻轻拉出 Buffer Cartridge，同时左手托住 Buffer Cartridge 底部，从上层试剂仓中取出用过的 Buffer Cartridge。

2）装入新的 Buffer Cartridge，装载到位后会听见"咔嗒"声。界面会显示 Buffer Cartridge 条形码编号，传感器进行检测。

3）关闭试剂仓门，点击"Next"。

（6）装载 Reagent Cartridge

1）从试剂仓取出用过的 Reagent Cartridge，取下 6 号试剂模块，6 号试剂和剩余 Reagent Cartridge 试剂孔中含有毒试剂，需按照实验室的规定正确处理。

2）将新的 Reagent Cartridge 装入试剂仓，关闭试剂仓门。

3）点击 "Load"，系统自动将 Reagent Cartridge 移动至适当的位置（此过程大约需要 30 s），界面将显示 Reagent Cartridge 条形码编号，传感器自动检测。

4）点击 "Next"，进入运行参数设置界面。

（7）运行参数的设置

1）输入实验名称。

2）从 Recipe 下拉菜单中，选择测序试剂对应的测序模式：NextSeq High（高通量）或 NextSeq Mid（中等通量）。

3）选择测序 read 的类型，有 Single Read 和 Paired End 两个选项。

4）选择测序循环（cycle）数。

　　a）Read 1：输入最高循环数为 151。

　　b）Read 2：输入最高循环数为 151。

　　c）Index 1：输入 Index 1（i7）引物的测序循环数。

　　d）Index 2：输入 Index 2（i5）引物的测序循环数。

5）系统会自动对输入的参数进行检查，检查标准如下。

　　a）总的循环数不能超过试剂允许的最大循环数。

　　b）Read 1 的循环数比文库模板簇生成 5 个循环数高。

　　c）读取 Index 的循环数不能高于 Read 1 和 Read 2 的循环数。

6）通过点击 "Edit" 可修改设置的运行参数，如点击 Output folder location 后的 "Browse"，可选择输出文件的保存路径。点击 "Use run monitoring for this run"，选择或取消 BaseSpace 检测。参数修改完毕后点击 "Save" 保存。点击 "Next"。

（8）系统自动检查

1）参数设置完毕后，系统会自动检查，显示绿色 "√"，表示检查通过；显示红色 "√"，表示检查未通过。检查过程中，暂停检查，可点击右下角 "⊗" 标记；继续检查，可点击 "↻" 标记；分类显示每项的检查结果，可点击 "⌄"。

2）检查通过后，可点击 "Start"，开始进行测序。

（9）测序运行过程的监控

测序控制软件显示测序运行的各项参数，操作人员可以通过屏幕界面监测测序过程、仪器状态、液流和成像过程是否正常。

（10）测序运行后仪器的清洗

测序完毕后，系统会自动进行仪器清洗（post-run wash），仪器清洗试剂为 Buffer Cartridge 中的 wash solution 和 Reagent Cartridge 中的 NaClO，不需要配制

其他试剂。自动清洗过程大约需要 90 min，清洗完毕后，Buffer Cartridge 和 Reagent Cartridge 应放在原位，使吸管浸于试剂中，以避免空气进入。

（王 静 陈浩峰）

参 考 文 献

Illumina. cBot-system-guide-15006165-01.
Illumina. HiSeq-2500-user-guide-15035786-c.
Illumina. MiSeqSystem_UserGuide_15027617_F.
Illumina. NextSeq® 500 System Guide. Part#15046563. 2015.
Illumina. NextSeq® System Denature and Dilute Libraries Guide. Part #15048776. 2015.

第四章　Illumina 测序数据分析方法简介

第一节　下机数据的初步处理

一、CASAVA 的运行和参数设置

在 Illumina 数据下机后的输出文件中，并不直接存在后续分析所需的 Fastq 文件，需要通过 bcl2fastq Conversion Software（v1.8.4; http://support.illumina.com/downloads/bcl2fastq_con version _software_184.html）（该软件原名为 CASAVA，后更名为 bcl2fastq）来实现。

（一）样品清单

以处理 Hiseq2500 测序仪下机数据为例，在运行 bcl2fastq 时，需要提供所有样本名称与对应 Index 表格，称为样品清单（sample sheet），具体格式如图 4.1 所示；其中 FCID 为 flow cell 的编号；Lane 列为样本所在 Lane 编号；Sample ID 列为样本名称；Index 列为样本对应的 Index 序列，同一条 Lane 的样本不能使用相同 Index；如果在同一条 Lane 中混合不同的测序样本，建议尽量使每个样本的 Index 与其他样本之间至少有 2 个碱基的差异；如果在 HiSeq2500 测序中引入了双 Index 标记，在样品清单中可以使用 "-" 连接两组 Index；Sample Project 列为样本所属的研究项目名称（project）。

	A	B	C	D	E	F	G	H	I	J	K
1	FCID	Lane	SampleID	SampleRef	Index	Description	Control	Recipe	Operator	SampleProject	Type
2	H5LJMBBXX	1	A	hg18	ATCACG	Example	N	PE_indexing	FZ	A	DNA
3	H5LJMBBXX	1	B	hg19	CGATGT	Example	N	PE_indexing	FZ	A	DNA
4	H5LJMBBXX	1	C	hg20	TTAGGC	Example	N	PE_indexing	FZ	B	DNA

图 4.1　Hiseq 2500 样品清单

（二）bcl2fastq

bcl2fastq 根据样品清单表格中 Sample Project 构建一级目录，同一 Project 下所有样品放在下一级目录。根据同一 Project 下样本的 Index 不同，R1 和 R2 端 fastq 文件分别输出为压缩格式，放在 /Sample Project/Sample ID/目录下。如果 Index 无法匹配则输出到 /Undetermined_ indice /Sample_lane/ 录下。

以处理 Hiseq2500 测序仪下机数据为例，bcl2fastq 该命令的使用如下，包括两步命令运行：

perl/bcl2fastq-1.8.3/bin/configureBclToFastq.pl--input-dir $inputdir--output-dir $outputdir--sample-sheet $samplecsv--force--ignore-missing- bcl--use-bases-mask y257n，I6n，Y257n --mismatches 1

make –j 10

参数中$input 指向下机数据目录；$ outputdir 为输出目录；$samplecsv 指向 samplesheet；--mismatch 1 参数为允许样本 Index 有一个错配。

（三）其他测序仪的文件转换

2015 年下半年，Illumina 公司新推出了 Hiseq3000/4000 及 Next500 系列测序仪，由于测序原理上的改进，bcl2fastq Conversion Software2（v2.17）整体版本也进行了相应升级；样品清单表格格式改为与 Miseq 系列的表格相似，具体情况和命令变化见图 4.2。

[Header]							
IEMFileVersion		4					
Investigator Name	Isabelle						
Experiment Name	HiSeq X ten run						
Date		3/14/2014					
Workflow	GenerateFASTQ						
Application	HISeq FASTQ Only						
Assay	TruSeq HT						
Description	none						
Chemistry	Default						
[Reads]							
151							
151							
[Settings]							
ReverseComplement		0					
Adapter	AGATCGGAAGAGCACACGTCTGAACTCCAGTCA						
AdapterRead2	AGATCGGAAGAGCGTCGTGTAGGGAAAGAGTGT						
[Data]							
Lane	Sample_ID		Sample_Name	Sample_Plate	Sample_Well	I7_Index_ID	index	Sample_Proje
1	sample_ID1		test1			D701	ATTACTCG	HXten
2	sample_ID2		test2			D712	AGCGATAG	Hxten
3	sample_ID3		test3			D710	TCCGCGAA	Hxten
4	sample_ID4		test4			D708	TAATGCGC	HXten

图 4.2　Hiseq 3000/4000 样品清单

相应的运行命令更改为：

/bcl2fastq2-2.17/bin/bcl2fastq -i $inputdir --output-dir $outputdir --sample-sheet $samplecsv

--ignore-missing-bcl --use-bases-mask y150n，I6n，Y150n --ignore-missing-filter --ignore-missing-controls --ignore-missing-positions

（四）文件转化前后的目录结构

图4.3中所展示的为下机数据原始目录结构和通过bcl2fastq处理后的文件目录。

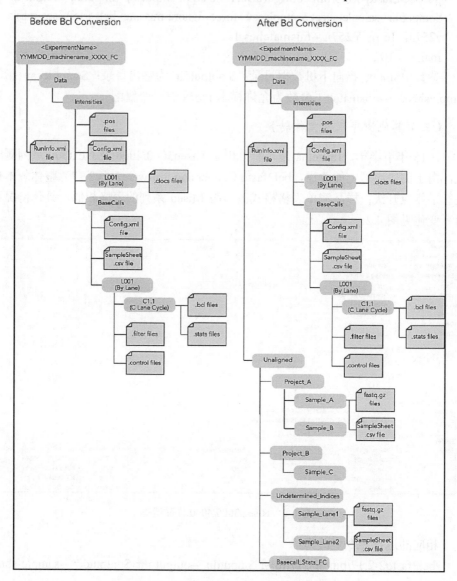

图4.3 原始数据和处理后数据结构对比

（五）查看下机数据产量和质量

（1）通过bcl2fastq生成的文件查看

在完成 bcl2fastq 后可以通过生成目录下文件/Basecall_Stats_[FCID]/Demultiplex_ Stats.htm 文件查看本次数据的整体产量和质量，如下表。

Flowcell:

Barcode lane statistics

Lane	Sample ID	Sample Ref	Index	Description	Control	Project	Yield (Mbases)	% PF	# Reads	% of raw clusters per lane	% Perfect Index Reads	% One Mismatch Reads (Index)	% of >= Q30 Bases (PF)	Mean Quality Score (PF)
1	R_h_2_mRNA	no	ATGTCA	Example	N	sichuan1	3,153	100.00	12,270,308	3.33	98.58	1.42	89.13	35.41
1	R_h_2_ribozero	no	CTTGTA	Example	N	sichuan1	3,786	100.00	14,732,898	3.99	99.14	0.86	91.35	36.16
1	lane1	unknown	Undetermined	Clusters with unmatched barcodes for lane 1	N	Undetermined_indices	1,371	100.00	5,336,538	1.45	0.00	0.00	70.95	28.88
1	xiaoyan_54_PCRFREE_lib5	no	ACAGTG	Example	N	NQI1	46,175	100.00	179,668,804	48.72	99.22	0.78	81.04	32.77
1	xiaoyan_54_PCRFREE_lib6	no	GCCAAT	Example	N	NQI1	40,295	100.00	156,790,010	42.51	98.88	1.12	80.91	32.72
2	R_h_2_mRNA	no	ATGTCA	Example	N	sichuan2	3,253	100.00	12,656,484	3.36	98.45	1.55	88.81	35.31
2	R_h_2_ribozero	no	CTTGTA	Example	N	sichuan2	3,907	100.00	15,202,644	4.03	99.02	0.98	91.08	36.08
2	lane2	unknown	Undetermined	Clusters with unmatched barcodes for lane 2	N	Undetermined_indices	1,396	100.00	5,432,442	1.44	0.00	0.00	70.66	28.90
2	xiaoyan_54_PCRFREE_lib5	no	ACAGTG	Example	N	NQI2	47,165	100.00	183,520,406	48.65	99.10	0.90	80.83	32.72
2	xiaoyan_54_PCRFREE_lib6	no	GCCAAT	Example	N	NQI2	41,224	100.00	160,406,458	42.52	98.76	1.24	80.69	32.67

（2）通过 SAV 查看器查看

在运行 bcl2fastq 之前，同样可以获得本次数据的产量与质量，通过 Illumina Sequencing Analysis Viewer（SAV，http://support.illumina.com/sequencing/sequ- encing_software/sequencing _analysis_viewer_sav.html）获得；通过 SAV 查看器打开含有 InterOp、RunInfo.xml、runParame ters.xml 3 个文件的文件夹（这 3 个文件位于原始下机目录中），如图 4.4、图 4.5 所示。

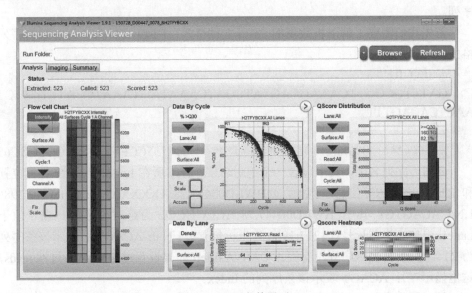

图 4.4　SAV 文件展示 1

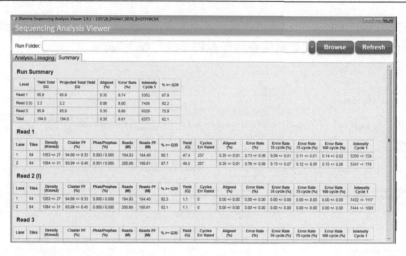

图 4.5　SAV 文件展示 2

二、下机数据的质控处理

（一）Fastq 文件格式

由于实验操作和测序仪器等原因，会导致测序数据中部分短序列（reads）尾部质量下降或接头（adapter）自连，这些序列会对后期的数据分析造成困扰，所以在拿到原始的 Fastq 文件后我们需要对数据进行质量控制，去掉一些低质量的序列。

首先我们需要了解下机数据的 Fastq 文件格式；Fastq 文件为 4 行一组的序列格式。

```
@SEQ_ID
GATTTGGGGTTCAAAGCAGTATCGATCAAATAGTAAATCCATTTGTTC
AACTCACAGTTT
+
!"*((((***+))%%%++)(%%%%).1***-+*"))**55CCF>>>>>>CCCCCCC65
```

@列为序列名字，其中包含一个绝对名字、样本所在 Lane、Cluster 坐标位置和 R1/R2 端标志等信息。例如，@HWI-D00447:78:XXXXXXX:1:1101:1217:1986 1:N:0:ACAGTG；其中 HWI-D00447:78: XXXXXXX 为绝对名字；1 表示位于 Lane1；1101 为芯片号；1217:1986 为坐标位置；1:N:0: ACAGTG 表示该条序列为 R1 端序列，N 表示序列没有经过 CASVA filter（如果设置过 CASAVA 过滤 reads，这里显示 Y）；ACAGT 表示该条序列的 Index。

第二行为具体序列信息。

第三行为"+"。

第四行为该条序列每个碱基的质量值（计算公式如下），表示为该碱基的错误率：将转换后的值通过 ASCII 转换为字符后显示；这种方式被称为 Phred；现在 HiSeq 测序仪使用 phred+64 的计算方式，数据质量从 0 到 40；分别对应!"#$%&'（）*+, -./0123456789:;<=>?@ABCDEFGHI；质量值为 10 时说明，该碱基的错误率为 10%；20 时表示错误率为 1%；40 时表示错误率为 0.01%。

$$Q_{phred} = -10\log_{10}e$$

（二）通过 Trimmomatic 进行原始数据质控

根据每条序列中带有的质量信息，我们可以通过一定的过滤条件去掉一些质量过低的序列和碱基；如使用 Trimmomatic （Bolger et al.，2014）（http://www.usadellab.org/cms/?page=trimmomatic）、fastx （Gordon and Hannon，2010）（http://hannonlab.cshl.edu/fastx_toolkit/）等软件实现。

Trimmomatic 可以非常方便地实现一次运行多个参数的过滤条件，运行参数如下：

```
java -jar trimmomatic-0.30.jar PE -phred33 input_forward.fq.gz
input_reverse.fq.gz
output_forward_paired.fq.gz output_forward_unpaired.fq.gz
output_reverse_paired.fq.gz
output_reverse_unpaired.fq.gz
ILLUMINACLIP:TruSeq3-PE.fa:2:30:10 LEADING:3 TRAILING:3 SLIDING-
WINDOW:4:15 MINLEN:36
```

命令中通过给定双端测序的原始 fastq.gz 文件 input_forward.fq.gz 和 input_reverse.fq.gz，指定输出文件为 4 个文件，分别为 R1 配对和未配对序列文件，R2 端配对和未配对序列文件；同时设定接头（adapter）序列文件 TruSeq3-PE.fa（软件自带，该文件为 Illumina 连接序列用的固定序列）；并制定了以下数据过滤原则：如序列头部和尾部质量值都低于 3 的碱基去掉，以 4 个碱基为窗口滑动，将平均质量低于 15 的窗口以后的碱基丢掉，最后设定保留最小长度为 36 bp。

（三）Fastx

Fastx 软件更加灵活，可以通过 15 个子程序分别实现序列的切割和转换，根据低质量比例去除 reads；如去除质量值低于 20 的碱基占序列总长度 50% 的序列。

```
fastq_quality_filter -q 20 -p 50 –i R1.fastq -o R1_filter.fastq
```

（四）对比原始序列和过滤后序列情况

图 4.6 为对比原始序列和过滤后序列情况，可以通过 Fastqc（http://www.bioin--

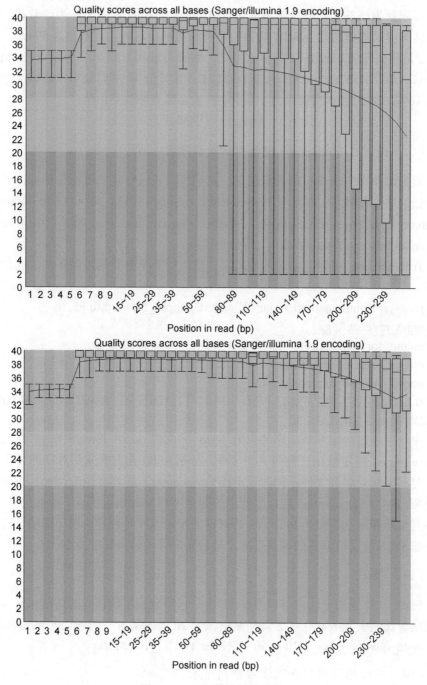

图 4.6　fastqc 碱基质量展示

formatics. babraham.ac.uk/projects/fastqc/）软件对比序列质量。图中横坐标表示碱基位置，纵坐标表示每个位置上碱基质量的情况，左图表示质控前，右图表示质控后。

（高 强）

第二节 DNA 测序数据分析简介

一、基因组从头测序数据分析

基因组从头（*de novo*）测序是指在没有参考基因组的情况下，对物种的基因组进行测序、拼接和组装，进而获得物种的基因组序列图谱。物种基因组序列图谱的完成，是进一步研究该物种的遗传信息与进化的基础。

2010 年熊猫基因组（Li et al.，2010）的完成，标志着二代从头测序技术在国内的开始，采用全基因组鸟枪法（whole genome shotgun，WGS）与二代测序相结合的技术，构建了 BAC 文库和插入片段长度分别为 500 bp、2 kb、5 kb、10 kb 的二代测序文库，获得平均读长 52 bp 的序列，可用碱基约 176 GB（测序深度约为 73×），最终组装出了大熊猫的 21 条染色体，约 2.4 Gb 的基因组序列。contig N50 长约 40 kb，同时注释了 2 万多个基因。通过同源基因的分析发现大熊猫不喜欢吃肉的主要原因是 *T1R1* 基因失活，无法感觉到肉的鲜味。类似的，2013 年发表的藏猪基因组同样也是利用二代测序技术完成了基因组从头测序。相对而言，某些植物和昆虫的基因组庞大、复杂度高、重复序列多，从头测序难度更大，但是随着二代测序技术的提升，如序列读长的增加，测序时间的降低，一些基因组复杂的多倍体物种，如二倍体小麦 A 基因组（Ling et al.，2013）和 D 基因组草图（Jia et al.，2013）已经完成。伴随着读长更长的新一代测序技术的发展，相信未来会有越来越多的物种基因组得到解析，进而让我们更加深入地了解物种进化的历史。

（一）分析流程

基因组从头测序序列的组装是项复杂的工作，在计算过程中涉及大量的数据和计算资源消耗，在此我们仅列出一个基本的分析流程（图 4.7）和简要的分析参数。在测序数据方面，不同复杂度的基因组数据测序深度需 100X～200X。

（二）分析参数

要进行基因组从头（*de novo*）测序，研究者首先要对物种进行基因组调查

（survey），了解基因组的大小和杂合度等情况。基因组大小可以通过查询相关数据库获得，如 http://www.genomesize.com/；或者通过实验获得，如流式细胞仪（Yoshida et al.，2010）测定，福尔根染色，定量 PCR 和 k-mer 估计等。

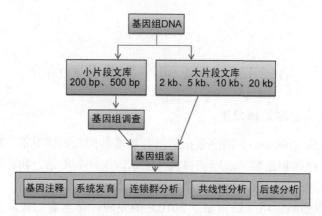

图 4.7　从头测序分析流程

估算 k-mer 值不仅可以估算基因组大小，同时也能检测基因组的杂合度，杂合度越高的物种基因组组装难度越大。

做 k-mer 估计时常用软件有 Jellyfish （Lynam et al.，2006）（http://www. cbcb. umd.edu/ software /jellyfish/）和 KmerGenie （Chikhi and Medvedev, 2013），通过分析获得 k-mer 的统计频数，如图 4.8 所示。

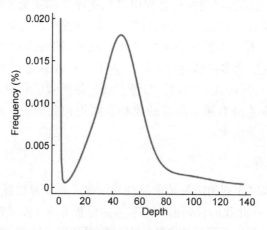

图 4.8　k-mer 估计

图 4.9 为牡蛎基因组（Zhang et al.，2012）在 17-mer 中调查发现的情况。双峰的情况说明基因组杂合度很大，超过 35.49%的 17-mer 测序深度超过 255×，说

明基因组序列中存在大量的重复序列。

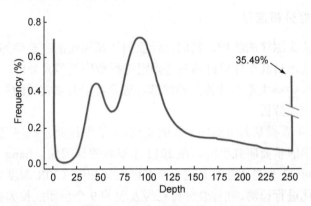

图 4.9　基因组杂合度可以通过 k-mer 的峰值情况

（三）SOAPdenovo

目前有很多基因组组装软件工具可供选择，如 DNA 序列组装常用的 SOAPdenovo（Xie et al.，2014a）（http://soap.genomics.org.cn/soapdenovo.html）、 MaSuRCA（Zimin et al.，2013）（http://www.gen ome .umd.edu /masurca.html）等 软件。SOAPdenovo 的优点是组装速度非常快，对于内存和磁盘空间消耗较小， 但缺点是所得的组装序列较短。MaSuRCA 是 2013 年发表的一种功能强大的软件 工具，软件自身带有碱基质量等处理过程，得到的 contig 序列长，但是组装耗费 时间长，组装过程对磁盘空间消耗也大。如果我们用上述两种软件分别对 10 G 水 稻数据进行组装，SOAPdenovo 在 15～30 min 内即可结束，得到的 contig N50 长 度约 400 bp；而 MaSuRCA 耗时约为 24 h，contig N50 约为 4 kb。

SOAPdenovo 组装运行命令：

SOAPdenovo all -p 8 -s config.file -K 31 -R -o Sample 1 > ./Sample.log 2> Sample.err

Config.file 中包含参数意义如下：

avg_ins=280：表示平均插入片段

reverse_seq=0

asm_flags=1：组装步骤 1 表示 contig；2 表示 scaffold

rank=1

q1=R1.fastq

q2=R2.fastq

我们一般通过 N50/N90 等指标来评价组装结果，具体可以通过 abyss （Simpson et al.，2009b）带的一个 abyss_fac.pl 脚本进行，具体命令如下。

perl abyss_fac.pl Sample.ctg.fasta >> Sample.ctg.result

二、重测序数据分析流程

对于完成从头测序的物种，我们已经获得了基因组的完整序列信息，利用全基因组重测序技术对其个体或群体的基因组进行测序及差异分析，可获得 SNP、InDel、SV、CNV 等大量的遗传变异信息，进而可以对该物种的基因功能挖掘和群体进化进行深入分析。

随着 2002 年人类基因组测序工作的完成，人类基因组重测序已经成为人类遗传学和转化医学的重要研究手段。在 2012 年发表的自闭症（Jiang et al.，2013）研究中，通过对 32 个自闭症家系进行全基因组重测序（30X 深度），对单碱基突变和拷贝数变化进行检测，在综合分析已经发现的 9 个自闭症相关基因的基础上，进一步发现了 4 个新的自闭症基因和 8 个候选自闭症风险基因。近两年随着测序成本的下降，重测序技术已经深入到人们的日常生活中，如对于胎儿的 21 三体综合征、自闭症等孕期筛查和通过 marker 对癌症进行早期筛查。

在科研领域，对重要的农作物进行重测序，对于发觉其基因功能也是至关重要的。2014 年发表的水稻（Chen et al.，2014a）研究中，选取 529 份水稻材料进行全基因组重测序，对两个亚群水稻代谢性状进行全基因组关联分析（GWAS），鉴定出 2947 个与 634 个基因相关的主导 SNP 位点。随后，在 210 个籼稻的自交群体中进行验证，定位出 36 个候选基因与代谢相关。对 36 个候选基因进行实验验证，最终确定了 5 个候选基因。2015 年发表的 302 份代表性大豆材料（Zhou et al.，2015）的全基因组重测序工作表明：大豆在驯化过程中受到了强烈的选择瓶颈效应，鉴定出 121 个强选择信号；同时对大豆的种子大小、种皮颜色、生长习性、油含量等性状做了全基因组关联分析，找出了一系列显著关联位点；把选择信号、GWAS 信号及前人研究的油含量 QTL 相整合，发现很多选择信号和油相关性状有关，说明大豆产油性状受人工选择较多，形成了复杂的网络系统，共同调控油的代谢，从而引起不同种油质相关性状的变异。研究还定位了一些重要农艺性状的调控位点，并且明确了一些基因在区域化选择中的作用，如控制花周期的 *E1*、控制生长习性的 *Dt1*、控制绒毛颜色的 *T* 等。这为大豆重要农艺性状调控网络的研究奠定了重要基础。

除了利用全基因组鸟枪法（WGS）对基因组进行随机打断测序，获得全基因组的序列信息外，近年来还出现了成本更加低廉的重测序方法，如 GBS、RAD 等简化基因组方法，通过对特定酶酶切后的基因组 DNA 片段进行高通量测序，可以保证在更低数据量的情况下获得全基因组的 SNP 信息。例如，2013 年发表的针对于高粱株高（Morris et al.，2013）的研究中，通过对 971 份高粱材料进行 GBS

高通量测序，产生了 21 G 的测序数据，获得 265 487 个 SNP；对其中 336 株高粱个体进行全基因组关联分析，发现多个与株高相关的已知基因，并定位到多个与花序结构相关的候选基因。

（一）重测序分析流程

基因组重测序分析的一般流程如图 4.10 所示。

图 4.10　重测序分析流程

（二）mapping

群体分析的第一步是将测序得到的短序列比对（mapping）回基因组，常用的 DNA 比对软件有 BWA（Li and Durbin，2009b）。

1）BWA 比对之前需要对参考基因组构建索引（index）。

bwa inde reference.fasta 表示对参考基因组构建索引。

bwa mem –t 8 ref.fa reads.fq > aln-se.sam 表示单端（single end，SE）测序数据，通过 8 个核运行。

bwa mem –t 8 –M ref.fa read1.fq read2.fq > aln-pe.sam 表示双端（pair end，PE）测序数据，通过 8 个核运行，对短序列进行处理。

2）文件格式转换和变异检测：比对生成的文件为 sam 文件，可以通过 Samtools（Li et al.，2009）进行进一步处理和查看，其中包含了每条序列的比对位置、比对的具体情况；sam 格式一般较大，通过转换一般存储为二进制压缩的 bam 格式；并且比对后的序列，根据比对位置进行排序后，可以进行可视化查看和变异检测。具体可以通过如下命令进行。

smatools view -@ 8 –bS aln-pe.sam >> aln-pe.bam 表示 sam 压缩为 bam；-@ 为多核参数。

samtools sort -@ aln-pe.bam aln-pe.sorted.bam 表示 bam 文件排序。

（三）重测序的数据质量评估

完成比对得到 bam 文件后，通过分析 bam 文件我们可以对重测序的数据质量进行评估，常见的评估指标包括：①比对短序列比例（mapping ratio），即比对上的短序列占总测序序列的比例；②深度（depth），即基因组上被覆盖的碱基平均被多少条短序列（reads）覆盖；③覆盖度（coverage），即基因组多少碱基被 reads 覆盖；④插入片段长度（insert size），即指建库时打断片段长度，通过 R1 和 R2 端序列比对在参考基因组上的间距，构建频数分布图，一般检测峰值长度和是否是单峰。

1）运行 samtools flagstat aln-pe.sorted.bam 命令，屏幕输出短序列比例，结果示例如下。

```
43005966 + 0 in total (QC-passed reads + QC-failed reads)
0 + 0 duplicates
41274018 + 0 mapped (95.97%:-nan%)
43005966 + 0 paired in sequencing
21501759 + 0 read1
21504207 + 0 read2
40423962 + 0 properly paired (94.00%:-nan%)
41154877 + 0 with itself and mate mapped
119141 + 0 singletons (0.28%:-nan%)
578988 + 0 with mate mapped to a different chr
302090 + 0 with mate mapped to a different chr (mapQ>=5)
```

2）运行 soap.coverage -cvg -sam -p 5 -i pe.sam -refsingle ref.fasta –o pe.coveage 命令，屏幕输出覆盖度和测序深度，结果示例如下。

```
Chr4: 34850274/35502694 Percentage:98.1623      Depth:18
Chr5: 29808217/29958434 Percentage:99   Depth:15
Chr2: 35486954/35937250 Percentage:99   Depth:16
Chr3: 36204821/36413819 Percentage:99   Depth:15
Chr1: 42791803/43270923 Percentage:99   Depth:16
Chr12: 26281312/27531856      Percentage:95   Depth:17
Chr11: 27542864/29021106      Percentage:95   Depth:14
Chr10: 22984002/23207287      Percentage:99   Depth:22
Chr8: 28085818/28443022 Percentage:99   Depth:16
Chr9: 22878603/23012720 Percentage:99   Depth:17
Chr6: 30062604/31248787 Percentage:96   Depth:15
Chr7: 28938224/29697621 Percentage:97   Depth:15

Overall:
Total:373245519
Covered:365915496
Percentage:98
```

3 ）运 行 java-jar picard/CollectInsertSizeMetrics.jar INPUT=aln-pe.sort.bam DEVIATIONS=10 HISTOGRAM_FILE= pe.hist.DV10.pdf OUTPUT= pe.DV10.txt 命令，输出文库不同插入片段长度频数分布图，示例结果如图 4.11 所示。

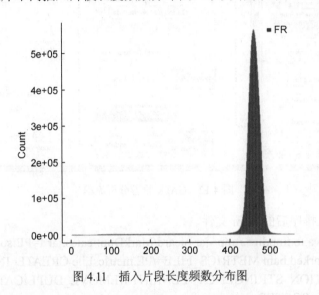

图 4.11　插入片段长度频数分布图

同时，我们也可以通过 IGV 等可视化软件，查看短序列在参考基因组的比对情况。

（四）变异检测

对于变异检测常见的是寻找个体间的单核苷酸多态性（SNP）和一些短的插入缺失突变（InDel）；常用的软件包括 GATK （McKenna et al.，2010a）、Samtools （Li et al.，2009）和 SOAPsnp （Li et al.，2008）。

1. GATK

（1）GATK 分析流程

基因组分析工具包 GATK （genome analysis toolkit, http://www. broadinstitute. org/gatk/)是由 BROAD 中心开发的一套专门针对高通量测序数据进行变异检测的工具，该软件在人和动物群体中应用相当广泛，该软件提供了详细的操作规范和使用流程信息（https://www.broadinstitute.org/gatk/guide/best-practices?bpm=DNAseq# data-processing -ovw），具体分析流程如图 4.12 所示。

（2）GATK 运行命令

GATK 软件推荐使用 Bwa mem 进行短序列比对，通过 Picard （http://broadin-stitute.github.io/picard/）进行重复序列的标记，然后根据流程调用 GATK 工具的不同方法进行操作，具体流程可参考以下脚本。

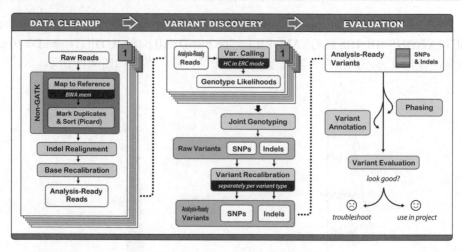

图 4.12　GATK 推荐分析流程

1）#输入排序后的 Bam 文件。

java -Djava.io.tmpdir=./tmp -jar picard/MarkDuplicates.jar I=PE.sorted.bam
O=/PE.marked.bam METRICS_FILE=/PE.metricsFile CREATE_INDEX=true
VALIDATION_STRINGENCY=LENIENT REMOVE_DUPLICATES=true
ASSUME_SORTED=true

java -Djava.io.tmpdir=./tmp -jar GenomeAnalysisTK.jar -nt 4 -T Realigner-
TargetCreator

-R reference.fasta -o ./PE.intervals.list -I ./PE.marked.bam

java -Djava.io.tmpdir=./tmp -jar GenomeAnalysisTK.jar -T IndelRealigner –R

reference.fasta -I ./PE.marked.bam --targetIntervals ./PE.intervals.list -o ./PE.rea-
ligned.bam

java -Xmx20g -Djava.io.tmpdir=./tmp -jar GenomeAnalysisTK.jar -nct 4 –T
BaseRecalibrator -l INFO -R reference.fasta -I ./PE.realigned.bam –cov
ReadGroupCovariate -cov QualityScoreCovariate -cov CycleCovariate -o ./PE.b.recalFile
--run_without_dbsnp_potentially_ruining_quality

2）#单个个体的变异检测。

java -Djava.io.tmpdir=./tmp -jar GenomeAnalysisTK.jar -nct 4 -T PrintReads –R

reference.fasta -I ./PE.realigned.bam -o ./PE.recalibrated.bam -BQSR ./PE.b.
recalFile

java -Xmx15g -Djava.io.tmpdir=./tmp -jar GenomeAnalysisTK.jar -T Haplotype-
Caller –R

reference.fasta -I PE.recalibrated.bam -o ./raw.vcf --genotyping_mode DISCOVERY

3）对于单个个体的变异检测可以根据一步直接获得；而对于群体数据需要先

分别对个体样本进行以上脚本。

a）#对 Sample1 获得 GVCF 文件。

java -Djava.io.tmpdir=./tmp0 -jar GenomeAnalysisTK.jar -T HaplotypeCaller -R reference.fasta -I Sample1.recalibrated.bam -o ./Sample1.gvcf --genotyping_mode DISCOVERY --emitRefConfidence GVCF

b）#对 Sample2 获得 GVCF 文件。

java -Djava.io.tmpdir=./tmp0 -jar GenomeAnalysisTK.jar -T HaplotypeCaller -R reference.fasta -I Sample2.recalibrated.bam -o ./Sample2.gvcf --genotyping_mode DISCOVERY --emitRefConfidence GVCF

c）#合并 GVCF 文件得到群体变异数据。

java -Djava.io.tmpdir=./tmp -jar GenomeAnalysisTK.jar -T GenotypeGVCFs -R reference.fasta -V Sample1.gvcf -V Sample2.gvcf -o ./combine.vcf -nt 8

对于目前通用的变异文件输出文件，大部分软件都兼容 VCF 格式，目前已经更新到 4.2 版本（http://samtools.github.io/hts-specs/VCFv4.2.pdf）；具体格式如下。

```
##fileformat=VCFv4.2
##fileDate=20090805
##source=myImputationProgramV3.1
##reference=file:///seq/references/1000GenomesPilot-NCBI36.fasta
##contig=<ID=20,length=62435964,assembly=B36,md5=f126cdf8a6e0c7f379d618ff66beb2da,species="Homo sapiens",taxonomy=x>
##phasing=partial
##INFO=<ID=NS,Number=1,Type=Integer,Description="Number of Samples With Data">
##INFO=<ID=DP,Number=1,Type=Integer,Description="Total Depth">
##INFO=<ID=AF,Number=A,Type=Float,Description="Allele Frequency">
##INFO=<ID=AA,Number=1,Type=String,Description="Ancestral Allele">
##INFO=<ID=DB,Number=0,Type=Flag,Description="dbSNP membership, build 129">
##INFO=<ID=H2,Number=0,Type=Flag,Description="HapMap2 membership">
##FILTER=<ID=q10,Description="Quality below 10">
##FILTER=<ID=s50,Description="Less than 50% of samples have data">
##FORMAT=<ID=GT,Number=1,Type=String,Description="Genotype">
##FORMAT=<ID=GQ,Number=1,Type=Integer,Description="Genotype Quality">
##FORMAT=<ID=DP,Number=1,Type=Integer,Description="Read Depth">
##FORMAT=<ID=HQ,Number=2,Type=Integer,Description="Haplotype Quality">
#CHROM POS      ID         REF  ALT    QUAL FILTER INFO                          FORMAT      NA00001        NA00002        NA00003
20     14370    rs6054257  G    A      29   PASS   NS=3;DP=14;AF=0.5;DB;H2       GT:GQ:DP:HQ 0|0:48:1:51,51 1|0:48:8:51,51 1/1:43:5:.,.
20     17330    .          T    A      3    q10    NS=3;DP=11;AF=0.017           GT:GQ:DP:HQ 0|0:49:3:58,50 0|1:3:5:65,3   0/0:41:3
20     1110696  rs6040355  A    G,T    67   PASS   NS=2;DP=10;AF=0.333,0.667;AA=T;DB GT:GQ:DP:HQ 1|2:21:6:23,27 2|1:2:0:18,2  2/2:35:4
20     1230237  .          T    .      47   PASS   NS=3;DP=13;AA=T               GT:GQ:DP    0|0:54:7:56,60 0|0:48:4:51,51 0/0:61:2
20     1234567  microsat1  GTC  G,GTCT 50   PASS   NS=3;DP=9;AA=G                GT:GQ:DP    0/1:35:4       0/2:17:2       1/1:40:3
```

VCF 文件主要包括头部"#"开始的注释文件信息，包括格式版本号、使用的参考基因组地址和参考基因组染色体长度等；从"#Chrom"开始，为 VCF 文件正文，文件前 9 列为固定格式，分别为如下信息：检测到变异的染色体、位置、ID、参考基因组碱基信息、观察到个体的碱基信息、质量值、过滤标签、信息列（包括总深度，观察到的样本等该位点的具体信息）和样本标签格式；从第十列开始为每个样本的具体情况。

2. Samtools

Samtools 同样也能快速地检测变异，并且使用方便，同时生成兼容的 VCF 格式。基本操作如下。

#通过 Samtools 调用 mpileup 的方法，对 Sample1 和 Sample2 进行群体变异检测，同时通过 bcftools 转换为 vcf 格式

samtools1.2 mpileup -t DP，DP4 -ugf　reference.fasta Sample1.sorted.bam Sample2.sorted.bam |bcftools1.2 call -vmO z -o samtools.vcf.gz

三、群体测序的关联分析过程

（一）群体分析流程

在群体分析中，通过高通量测序获得群体基因组变异数据后，我们可以与表型数据结合进行基因定位工作，也可以通过野生品种与现有品种比较进行驯化与进化分析。在获得群体变异数据后一般可以进行以下分析（图 4.13）。

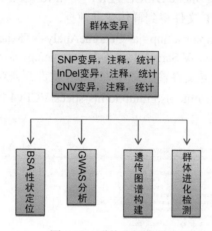

图 4.13　群体分析流程

（二）SNP 注释

在获得群体基因组变异情况后，可以通过 ANOVA、SNPEFF 等软件对 VCF 文件进行注释，分析变异是否发生在基因区域，深入分析是同义突变还是非同义突变。在植物研究中，通过辐射手段进行诱变育种，可以快速获得不同性状个体。例如，对水稻种质资源 *Oryza sativa* L. ssp. *indica*（9311）（Belfield et al.，2012）辐射诱变突变体 Red-1 进行 20 倍高通量测序，发现 9.19%的基因组序列发生了突变，其中包含 381 403 个 SNP、50 116 个长度 1～5 bp 的 InDel 和 1279 个拷贝数变异，共涉及 14 493 个基因。在获得群体或者个体变异信息后，我们可以通过以下命令获得变异的注释信息：

java -Xmx4g -jar snpEff.jar eff -c snpEff.config -v rice_database filter.vcf > anno.vcf

（三）基因型与表型关联分析

在获得群体基因组变异数据后，可以结合个体表型数据（如身高、体重、患病、株高、粒重等）进行连锁不平衡关系分析，获得与表型性状相关的候选基因区域，这种方法称为全基因组关联分析（GWAS）。利用 GWAS 技术，2005 年首次进行了人类年龄相关性（Klein et al.，2005）黄斑变性的研究。后续通过这种方法在人类疾病方面发现了很多致病基因，如自闭症基因、囊性纤维化基因、亨廷顿病基因等。在植物方面，GWAS 方法也定位了很多与植物重要性状（如产量、株高等）相关的候选基因，在很大程度上加速了育种的进程。在分析方面，很多软件可以实现表型与基因型联合分析，如人类基因组方面常用的 plink（Purcell et al.，2007）（http://pngu.mgh.harvard.edu/～purcell/plink/），植物中常用的 Tassel（http://sourceforge. net/projects/tassel/）和 EMMAX（Zhou and Stephens，2012）（http://genetics.cs.ucla.edu/emmax/）等软件。

（1）格式转换

在分析中，首先要进行文件格式的转化，大部分的变异检测结果都以 VCF 文件格式存在，首先通过 VCFtools（Danecek et al.，2011）将 VCF 文件转换为 ped 格式或者 TPED 格式，具体命令如下。

vcftools --vcf all_last.vcf –plink　#转换为 plink PED 格式

vcftools --vcf all_last.vcf --tped-plink　#转换为 plink TPED 格式

（2）SNP 过滤

对于转换后的文件一般进行 SNP 过滤，基本过滤条件为：MAF（最小等位频率）>0.05，Gene>0.05（对于单个位点检测到的样本数目大于 95%），mind>0.05（个体基因型数据缺失不超过 5%）。

plink --file out --noweb --maf 0.01 --geno 0.05 --mind 0.05 --out gwas #过滤后以 ped 格式输出

（3）关联分析

再与表型数据联合分析得到每个 SNP 位点与基因型的关联程度，操作命令如下：

plink --file gwas --1 --pheno pheno.txt --all-pheno --assoc –adjust

结果文件通过 p 值（显著值）表示该位点与该表型的相关程度，一般我们通过绘制 Manhattan plot（曼哈顿图）来展示结果（图 4.14）；图中横坐标为 12 条染色体，纵坐标为 $-\log_{10}$（p）。

（四）QTL 定位

在目标性状定位中，2012 年发表的 MutMap（Abe et al.，2012）方法，以野生型亲本为参考，通过全基因组比对，计算 SNP 频率，筛选 SNP-index=1 的位点，找到与表型变化相关的 SNP 区域。通过野生型亲本和子代 DNA 池 SNP 频率差异

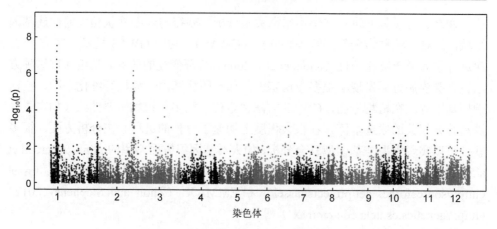

图 4.14 GWAS 结果曼哈顿图展示（彩图请扫封底二维码）

定位分析，找到叶片浅绿突变、茎长、叶长、花序数目、花序长度等相关的突变位点。2013 年发表了一篇通过混池分组分析法（bulk segregant analysis，BSA）定位极端性状（Takagi et al.，2013）的方法，将 20～50 株通过 EMS 诱变产生的极端性状子代个体分别混合成 2 个 DNA 池，对其及亲本分别建库，利用 Illumina 平台进行基因组重测序，通过检测全基因组的变异，分析频率差异，成功定位了 SNP-index 差异群体重要农业性状的 QTL。目前这种方法在植物 RILs 群体和 Fx 群体中得到了广泛使用。该软件作者也发表了相关软件和操作流程，可参考 QTL-seq_framework1.4.4 和 MutMap_framework1.4.4（http://genome-e.ibrc.or.jp/home/bioinformatics-team/mutmap/）。QTL-seq 的结果如图 4.15 所示。

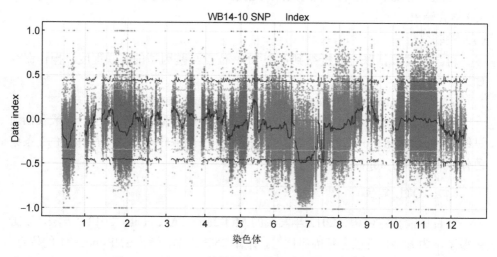

图 4.15 QTL-seq 结果展示（彩图请扫封底二维码）

　　图 4.14 为 QTL-seq 的展示结果，图中点表示高池与低池的 SNP 频率差异，频率差异大的地方可能为极端表型的控制区域，通过滑动窗口的方法平均获取一定区域的差异值，通过红线表示出来，可以看到红线在 7 号染色体中部表现出极端情况，所以预测该区域与表型相关。

　　高通量测序同样也适用于传统的 QTL 定位。2013 年，Huang 等通过 BinMap（Huang et al.，2009）方法构建了高密度遗传图谱进行 QTL 定位：通过对 150 个水稻 RIL 群体进行全基因组重测序，得到 150 万个 SNP，利用滑动窗口来确定染色体各个区段的归属，通过群体的交换位点，构建出高密度遗传图谱进行 QTL 定位（图 4.16）。这种方法大大提高了定位的精度和准确度，大大缩短了育种周期。此外，BinMap 方法也成功应用于 710 份玉米 F_2 群体（Chen et al.，2014b）GBS 测序研究中，利用检测到的 1155158 个 SNP，构建了一个含有 6533 个 bin-maker

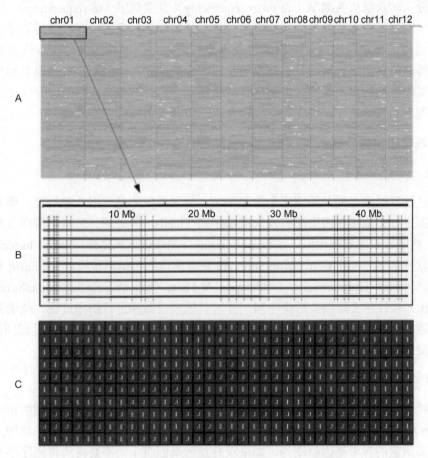

图 4.16　BinMap 结果展示（彩图请扫封底二维码）

的遗传图谱，遗传图距长度为 1396 cM。通过对 2 个已知基因的准确定位，验证了该图谱的高质量和高准确性。对控制群体雄穗分枝数、穗行数及雌穗长度的区域进行定位，得到 10 个 QTL，其中 7 个与前人报道的 QTL 相重叠，有 3 个 MADS-box 蛋白和一个 BTB/POZ 蛋白编码基因位于 qTBN5 和 qTBN7（分别长 800 kb 与 1.6 Mb）之中，可能参与了雄穗结构的形成。

（高　强）

第三节　转录组测序标准信息分析

转录组测序（RNA-seq）分析根据其是否依赖参考基因组信息，主要分为两大部分：转录组从头测序（*de novo* sequencing）及重测序（re-sequencing）。转录组从头测序是在不依赖物种基因组序列信息的前提下，用新一代高通量测序技术对某物种的特定组织或者细胞的转录本进行测序并获取相应的转录本信息的过程。转录组重测序针对的是具有参考基因组序列的物种，用新一代高通量测序技术对某物种的特定组织或者细胞进行转录组测序，并与参考基因组进行比较，从中得到基因表达差异、可变剪接、融合基因等转录调控信息的过程。

一、转录组数据分析

（一）数据质控

在进行转录组的从头测序和重测序时，首先要做的是数据质控处理，即对原始数据进行去除接头污染序列及低质量序列（reads）的处理。转录组测序数据与 DNA 测序数据的质控相似，在数据从 Illumina 测序仪下机之后，利用 Illumina 提供的软件包 bcl2fastq Conversion Software 进行图像数字信息转换，产出 Fastq 格式数据。再通过 Trimmomatic、CutAdapter 及 Fastx（http://hannonlab.cshl.edu/fastx_toolkit/）软件包去除接头污染序列，并对其低质量碱基进行扫描过滤，从而得到有效数据（clean data）。这一部分序列处理与 DNA 测序数据处理过程是相同的，具体处理过程请详见本章第一节"下机数据的初步处理"。

（二）转录组序列组装及比对

经过质控之后，RNA-seq 数据分析的第一步就是要把那些测序得到的短序列（reads）比对到该物种参考基因组或者转录组序列上。这取决于被测序物种是否具有高质量的参考基因组序列。如果没有参考基因组，则需要将所得测序序列组装成转录本序列后，再与之进行比对。

转录组测序可用于未知基因组物种。通过软件组装可以获得相应的转录本序列信息，用于研究基因结构、基因功能、可变剪接和新基因预测等。值得注意的是，转录组测序数据针对的是基因组中特定的基因区域，因此对于等量的测序数据来说，转录组测序数据的基因组覆盖率要远高于 DNA 测序数据。目前对于测序数据量，许多测序服务商都给出了各自的推荐标准。一般来说，更多的测序数据可以更好地保证拼接组装的完整性。

RNA-seq 数据的组装类似于基因组数据的组装。短读长的基因组装配工具，如 Velvet（Zerbino，2010）、ABySS（Simpson et al.，2009a）和 ALLPATHS（Butler et al.，2008），不能直接应用于转录组组装。原因如下：①在基因组测序中，DNA 测序深度的预计值是基本一致的，而转录本的测序深度却常常相差几个数量级；②由于可变剪接是比基因组组装中的线性问题更复杂的一个转录组组装问题，通常需要作图来表示每个位点的多个可变转录本。这些特点使得转录组装配比基因组组装的计算问题更加复杂多变。

用于组装转录本序列的软件有很多，包括 SOAPdenovo-Trans（Xie et al.，2014b）、Trinity（Haas et al.，2013）、Trans-ABySS（Robertson et al.，2010）等。这些软件各具特点，逐一简介如下。

1. SOAPdenovo-Trans

SOAPdenovo-Trans 由华大基因开发，用于组装转录组数据，最新的版本下载地址为：http://sourceforge.net/projects/soapdenovotrans/files/SOAPdenovo-Trans/，版本为 1.03，下载包中包括两个 k-mer 版本的程序，即"SOAPdenovo-Trans-31mer"和"SOAPdenovo-Trans-127mer"。k-mer 是序列组装软件中一个非常重要的参数，定义两个 reads 之间重叠的长度，用于衡量两个 reads 是否是连续的序列。k-mer 值越大，就表示高表达的转录本能够更完整地组装出来（Surget-Groba and Montoya-Burgos，2010），与此相反，低表达的基因有可能在较小的 k-mer 值条件下组装得更加准确。因此，k-mer 值的选取取决于转录组拼接的具体需求：如果要得到更多样化的转录本，应该适当降低 k-mer 值；如果要得到更长的转录本，就需要提高 k-mer 值进行组装。一般来说，选取一个中间的 k-mer 值可以用来平衡两个极端的组装效果。

使用 SOAPdenovo-Trans 软件进行组装的命令通常如下。

$SOAP_HOME/SOAPdenovo-Trans-127mer all -s $config_file -o prefix_name -K 51 -p 40 -d 2 -e 5 -M 1 -L 200 -t 5 -G 5

表明使用 SOAPdenovo-Trans-127mer 在 k-mer 长度为 51 的条件下，使用 40 个 CPU 进行组装，"-d"命令通过 k-mer 的频率去除错误 reads，而"-e"、"-M"命令均为构建 de Bruijin 图中的参数。"-L"、"-t"及"-G"命令用于组装后的 contig 和 scaffold 的长度、数目及 gap 长度的过滤。Config_file 中主要包含了组装参数及数据路径等信息，如图 4.17 所示。

```
APPENDIX A: example.config
#maximal read length
max_rd_len=50
[LIB]
#maximal read length in this lib
rd_len_cutof=45
#average insert size
avg_ins=200
#if sequence needs to be reversed
reverse_seq=0
#in which part(s) the reads are used
asm_flags=3
#minimum aligned length to contigs for a reliable read location (at least 32 for short insert size)
map_len=32
#fastq file for read 1
q1=/path/**LIBNAMEA**/fastq_read_1.fq
#fastq file for read 2 always follows fastq file for read 1
q2=/path/**LIBNAMEA**/fastq_read_2.fq
#fasta file for read 1
f1=/path/**LIBNAMEA**/fasta_read_1.fa
#fastq file for read 2 always follows fastq file for read 1
f2=/path/**LIBNAMEA**/fasta_read_2.fa
#fastq file for single reads
q=/path/**LIBNAMEA**/fastq_read_single.fq
#fasta file for single reads
f=/path/**LIBNAMEA**/fasta_read_single.fa
#a single fasta file for paired reads
p=/path/**LIBNAMEA**/pairs_in_one_file.fa
```

图 4.17　SOAPdenovo-Trans 的参数配置文件

SOAPdenovo-Trans 软件的优点是速度快，内存消耗较小。

2. Trinity

Trinity 是专门为转录组的组装设计的一种工具（Haas et al.，2013）。它首先将单个 RNA-seq 读长扩展至更长的 contig，然后用这些 contig 构建许多 de Bruijn 图，然后在每幅图中得到所有的剪接异构体代表路径。命令非常简单，即：

$TRINITY_HOME/Trinity.pl --seqType fq --single single.fq --JM 20G
$TRINITY_HOME/Trinity.pl --seqType fq --left left.fq --right right.fq --JM 20G

对于链特异性的 RNA-seq 数据来讲，需要加上额外的参数 "--SS_lib_type" 用来区分不同的建库方法，如图 4.18 所示。

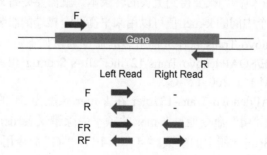

图 4.18　Trinity 对于不同建库方法的参数选择（彩图请扫封底二维码）

　　组装后得到的转录本序列可以通过 Trinity 自带软件 TrinityStats.pl 进行信息统计，命令如下。

$TRINITY_HOME/util/TrinityStats.pl trinity_out_dir/Trinity.fasta

　　运行后可以得到转录本及基因的数目、N50、contig 的平均长度等信息。N50 是评价基因组组装质量的一个常见指标，即组装序列按长度从大到小进行排序后，取覆盖总长度 50%时的 contig 长度。这个值越大，表明组装的序列整体长度越长，组装的效果越好。而在转录组组装过程中，N50 不太适用。评价转录组组装质量时，可以确定一套已知参考基因序列集合（同一物种或相近物种），将组装序列与其进行比较，估计组装序列在参考基因集合中的覆盖率，以及覆盖全长参考基因集合的数目。这样得到的统计数值更有意义。

　　Surget-Groba 和 Montoya-Burgos（2010）提出了 scaffolding using translation mapping（STM）的组装方法，通过翻译 contig 序列并与参考蛋白质序列进行比对，将比对到相同参考蛋白质序列的 contig 进行汇总并进一步组装，提高组装的正确性，从而提高组装质量。

　　对于组装完成的序列，可以进一步通过长度、氨基酸读码框进行筛选。筛选得到的具有较长可读框（ORF）的序列称为 Unigene 集合，可以用于进一步的分析。

（三）基因表达分析及差异表达基因的筛选

　　转录组分析中最基础和最常规的工作是基因差异表达分析。分析时，首先要确定基因的表达量，再进行样品间或基因间的表达量差异分析。

　　获取基因的表达量，首先要将基因比对到参考基因组序列上。如果被测序物种已经具有较高质量的参考基因组序列，就可以将 reads 比对到参考基因组序列上。与 DNA 测序数据不同，转录组测序数据比对到参考基因组上时，需要考虑参考基因组中内含子（intron）区域对比对过程的影响。因为转录组中不含有内含子，所以比对软件需要能够处理大片段的缺失（gap），用以跨过参考基因组中的内含子区域。目前常用的转录组比对软件有 Tophat（Trapnell et al.，2009）、Star（Dobin et al.，2013）、Hisat（Kim et al.，2015）等。对于未知基因组的物种来说，可以把组装后的转录本序列作为参考序列来进行比对，比对软件除了同样采用 Hisat 等软件之外，由于组装的转录本序列不含有内含子，因此，也可以采用 DNA 序列比对软件，如 BWA（Li and Durbin，2009a）等。

　　Hisat 在运行时要构建大量的片段索引，不仅可以减少内存消耗，而且其比对速度要远快于 Tophat，因此作者推荐采用 Hisat 进行序列比对。

　　Hisat 对参考基因组建立索引的命令为：

$HISAT_HOME/hisat-build reference_genome db_name

利用 Hisat 进行比对的命令为：

$HISAT_HOME/hisat –p 4 –x db_name -1 left.fq -2 right.fq –S output.sam

如果构建的是单端 reads 的库，则比对命令为：

$HISAT_HOME/hisat –p 4 –x db_name –U single.fq –S output.sam

输出的比对格式为 SAM 格式，转换为 BAM 格式命令为：

$SAMTOOLS_HOME/samtools view -@ 8 –bS output.sam > output.bam

得到 BAM 文件格式的比对结果后，就可以进行转录本的表达量分析。评价基因的表达量时，一种是计算转录本的 FPKM（fragments per kilobase of transcript per million fragments）值；另一种是计算转录本比对上的 reads 的数目，通常情况下选取比对到最好的且唯一位置的 reads。两种方式的代表软件分别有 Cufflinks（Trapnell et al., 2012）、stringTie（Pertea et al., 2015）和 Htseq（Anders et al., 2015）。相对于 Cufflinks，stringTie 的组装速度更快，内存消耗也更小。

stringTie 的命令如下：

$STRINGTIE_HOME/stringtie bamfile –G guide_gff -e –o out_gtf

Htseq 的命令如下：

$HTSEQ_HOME/htseq-count -s no -i ID -t gene -q samfile gffFile > output.txt

最后根据泊松分布或负二项分布模型，判断基因表达是否在统计学水平上有差异，根据设定的差异基因筛选标准，筛选出满足条件的差异基因列表。这一过程可以利用 Cuffdiff（Trapnell et al., 2012）、Ballgown（Frazee et al., 2015）、DEseq（Anders and Huber, 2010）等软件进行差异表达基因的统计。

以 Cuffdiff 为例，命令如下：

$CUFFLINKS_HOME/cuffdiff –p 1 –u merged.gtf –b genome.fa –L S1，S2 –o S1_S2.diff S1.bam S2.bam

转录组统计筛选差异基因时，通常采取差异比值大于 2 倍，校正后显著性 P 值小于等于 0.001。

（四）可变剪切分析

RNA-seq 测序不仅可以分析已知转录本的表达量，还可以用于发现新的转录本，检测不同的可变剪切模式。进行 Hisat、Star 等序列比对软件得到的 BAM 文件，可以通过 Cufflink、stringTie 等软件进行局部 reads 组装，发现新的转录本信息。在这一过程中，如果已经具有已知的基因注释集合，那么可以加到数据分析中去，用来优化基因的结构。

在转录组组装时，常常会涉及多种样品的组装，如在不同时间点、不同组织中取样的样品，或者用不同条件处理的样品等，所以需要对初步的组装结果进行合并。我们可以选择 Cufflink 软件包中的 cuffmerge 进行合并操作。

cuffmerge 的命令如下：

$CUFFLINKS_HOME/cuffmerge –g Guide.gtf –s genome.fa –o merge.gtf
assembl_gtf_list.txt

关于转录本的描述文件 GTF 通常包含上万条记录，我们需要应用软件工具对它进行解析。Asprofile（Florea et al.，2013）可以对不同时间点、不同组织或不同处理条件的样品的 RNA-seq 数据进行可变剪切事件的提取和比较，并做转录本的定量分析。对于组装的转录本可以通过 IGV（Robinson et al.，2011）等基因组浏览器进行图形化展示。

（五）SNP 分析

转录组数据可以用来开发分子标记。SNP（single nucleotide ploymorphism）即单核苷酸多态性，由于其覆盖率极高足以用于区分两个生物样本和定位相应的基因，是非常热门的一类标记，经常被用来描述基因组上 DNA 的变异。在转录组测序中，由于测序区域大多位于基因区域，转录组的 SNP 分析更多的是用来区分测序样品在功能基因区域的差异，这些位于基因区域的差异更有可能与人们感兴趣的一些表型性状相关。

利用 GATK（McKenna et al.，2010b）进行转录组的 SNP 分析流程如下。

通过 Hisat 与参考基因组进行比对：

$HISAT_HOME/hisat –p 4 –x db_name -1 left.fq -2 right.fq –S output.sam

添加 reads 测序相关信息，排序，去除重复 reads：

java -jar AddOrReplaceReadGroups I=star_output.sam O=rg_added_sorted.bam
SO=coordinate RGID=id RGLB=library RGPL=platform RGPU=machine RGSM= sample

java -jar MarkDuplicates I=rg_added_sorted.bam O=dedupped.bam CREATE_
INDEX=true VALIDATION_STRINGENCY=SILENT M=output.metrics

截除 intron 区域 reads 片段如图 4.19，可以看出经过截除后，reads 比对结果准确性得到提高。

java-jar GenomeAnalysisTK.jar -T SplitNCigarReads -R ref.fasta -I dedupped.
bam -o split.bam -rf ReassignOneMappingQuality -RMQF 255 -RMQT 60 -U ALL-
OW_N_CIGAR_READS

这一步可以提高 SNP 的准确率，去除假阳性 SNP。

SNP 的检索及过滤命令如下。

java -jar GenomeAnalysisTK.jar -T HaplotypeCaller -R ref.fasta -I input.bam
-dontUseSoftClippedBases -stand_call_conf 20.0 -stand_emit_conf 20.0 -o output.vcf

java -jar GenomeAnalysisTK.jar -T VariantFiltration -R ref.fasta -V input.vcf
-window 35 -cluster 3 -filterName FS -filter "FS > 30.0" -filterName QD -filter "QD <
2.0" -o output.vcf

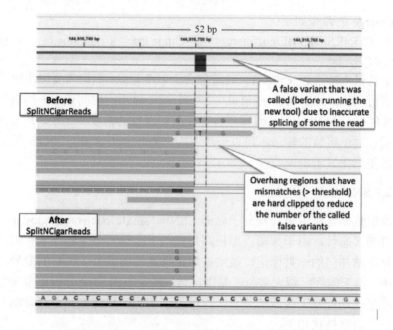

图 4.19　GATK 截除 intron 区域 reads 的前后比对结果

二、转录组数据的功能注释

（一）InterPro 简介

为了能够进一步了解组装后的转录本序列及其可能行使的功能，我们需要对这些组装序列进行功能注释。进行功能注释的方法有很多种，基本上都是利用了"序列相近、功能相近"的原则，即利用序列比对软件进行同源比对。

进行功能注释的方法有很多，可以直接利用现有的一些功能注释较好的数据库，如用 Uniprot 人工校正过的 Swissprot 数据库或者模式生物已注释的数据库，直接进行 blast 比对，设定阈值，从而得到相近的功能信息。另外，也可以使用软件及数据库进行功能注释，如 PFAM、SAMRT、SUPERFAMILY、InterPro（Mitchell et al., 2015）等。

InterPro（http://www.ebi.ac.uk/interpro/）是一个综合性数据库，主要用于蛋白质及基因组的分类与自动注释。InterPro 将序列按照超家族、家族、子家族等不同水平，将蛋白质序列进行分类，预测序列的功能保守域、重复序列、关键位点等。其相应的软件为 InterProScan（Jones et al., 2014）。下载 InterProScan 后需要下载相应的各种数据库及相应软件进行配置。InterProScan 不仅可以进行序列的功能注释，还可以进行 GO、Pathway 等相应的高级功能分析，因此它是一个综合功能比较强大的、可用于批量化注释的软件包。

（二）COG 分析

Orthologs 是指来自于不同物种的由垂直家系（物种形成）进化而来的蛋白质，并且典型地保留着与原始蛋白质相同的功能。Paralogs 是那些在一定物种中来源于基因复制的蛋白质，可能会进化出与原来功能有关的新功能。"COG"是 cluster of orthologous groups of proteins（直系同源蛋白相邻类的聚簇）的缩写（Tatusov et al.，1997）。由于 Orthologs 一般保留相同的功能，因此，利用 NCBI 的 COG 数据库，基于同源序列比对的信息，可以推断未知序列的功能，以及是否参与特定的代谢途径。COG 用不同的大写字母进行功能及代谢途径的分类。图 4.20 是基于 COG 分析后得到的功能分类图。

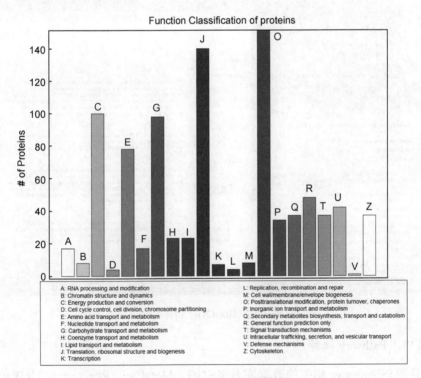

图 4.20　COG 功能分类样图

（三）GO 注释

"GO"是 gene ontology（基因本体论）的缩写。它给出了 3 种不同的定义，包括分子功能（molecular function）、生物学途径（biological process）、细胞组分（cellular component）。这 3 种不同特征的定义可以对基因产物进行全方位的描述。

对于一些已知物种，如果 GO 官网（http://geneontology.org/）已经完成了该物种的蛋白质分类，可以直接检索使用。如果从该网站检索不到目的蛋白，可以通过序列比对，找到含有功能注释的同源蛋白。通过 Blast2GO（Conesa et al.，2005）或者 InterProScan 软件可以实现这一过程。Blast2GO 是一个图形化界面的软件，通过分步操作，可以实现从序列比对到最终功能注释等许多分析，同时，还可以对注释结果进行分类汇总。由于 Blast2GO 简便易学，因此推荐读者使用 Blast2GO 软件进行功能分析。图 4.21 为该软件序列比对的界面图（https://www.blast2go.com/blast2go-pro），可以选择不同数据库进行比对。

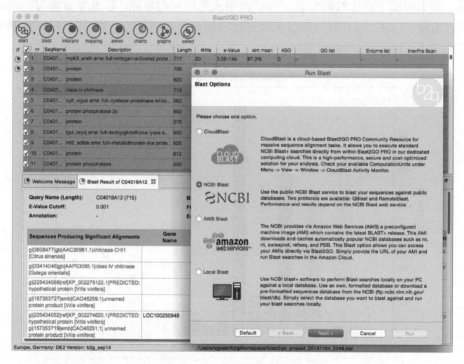

图 4.21　Blast2GO 软件界面

（四）Pathway 注释

目前与 Pathway 相关的数据库有 KEGG、MetaCyc、Reactome、UniPathway等。与 GO 注释相似，Pathway 的注释也需要通过序列比对进行预测。能够完成这一过程的软件有 KOBAS2.0（Xie et al.，2011）、InterProScan，Blast2GO 也有相应的模块进行 Pathway 的分析。

KOBAS2.0 既有在线的服务器，也可以下载后构建本地数据库进行分析。KOBAS2.0 是使用 Python 编写的软件，分为两部分。第一部分是 annotate 过程，即将序列与 KEGG 等数据库中的蛋白质序列进行比对，从而得到对应关系，这一过程可以帮助我们得到 Unigene 集合相对应的 Pathway 的信息。第二部分是 identify 过程，即功能富集分析，在本节"二、（五）"中介绍。

KOBAS2.0 命令行如下。

python annotate.py -i query.tab -s db -t blastout:tab -o annotate.out -e 1e-20 -n 1

KEGG 有相应的 API 程序（http://www.kegg.jp/kegg/rest/keggapi.html），可以对 KOBAS2.0 的结果进行丰富注解，如图 4.22 所示，通过其 API 的接口可以清楚地显示出不同类型的蛋白质信息。

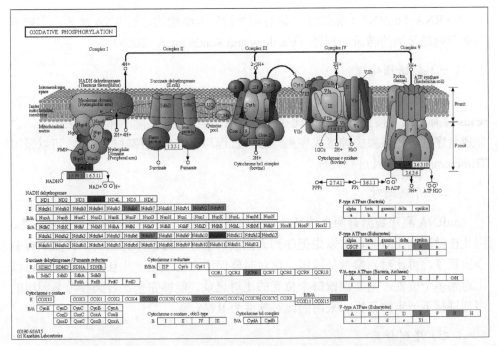

图 4.22　KEGG 中氧化磷酸化途径展示图（彩图请扫封底二维码）

（五）功能富集分析

GO 注释及 Pathway 注释均可以进行功能富集分析。功能富集分析采用的是一种概率算法，称为超几何分布（hypergeometric distribution）。通过 Fisher 精确检验（Fisher exact test），用于描述两个集合中是否符合同一分布的概率。在转录组数据分析中，参考数据的集合，即背景数据，通常以所有的表达基因作为背景。而某些特定的基因，则被认为是前景数据，通常组织或者处理间所鉴定的差异基因作为前景。通过计算前景数据与背景数据在某个 GO 或者 Pathway 分类中的超几何分布关系，可以返回该前景数据在这个分类上的显著差异值，即 P 值，再经过多重校正（multiple testing），可以得到校正后的 P 值。一般功能富集的筛选标准为校正后 P 值小于 0.05。校正后的 P 值越小，前景数据与背景数据的差异就越显著，表明所关注的前景基因可能与该功能分类密切相关。Blast2GO 及 KOBAS2.0 均可以进行功能富集分析。这个过程也是很简单的。在 KOBAS2.0 中命令行具体如下。

python identify.py -f foreground.out -b background.out -o annotate.identify

三、小 RNA 数据分析

小 RNA（miRNA）来源于一段有折叠的发卡结构的单链 RNA 序列，主要参与调节内源基因的转录和翻译（Carthew and Sontheimer，2009）。

（一）数据预处理

因为小 RNA 序列长度是 18～30 nt，小于高通量测序得到的 reads 长度，所以 reads 会有一段 3′接头序列。因此在处理小 RNA 序列时，除了常规的去污染、去低质量序列，还需要去掉接头序列。这一过程与 DNA 质控软件相同，可以采用 Trimmomatic 等工具进行处理。

（二）序列比对

miRNA 测序数据有两个特征，一是序列读长短，二是相同的序列重复率高。因此在做序列比对时，可以先把序列去冗余，统计出每条序列在一个样品中有多少次重复，再比对到参考基因组。比对时要保证完全匹配，并且如果 reads 可以比对到多个位置，则要保留每个位置的比对记录。能够完全比对到参考基因组的序列进行下一步的分析。采用的比对软件为 BWA 等。

（三）序列分类

将比对到基因组上的 reads 与已知类型序列比对，可以对这些 reads 进行分类。与已有的基因组注释比对，可以区分编码和非编码 RNA；与 miRBase（Griffiths-Jones et al., 2006）数据库比对，可以得到已知 miRNA；与 Rfam（Nawrocki et al., 2015）数据库及 GenBank 数据库比对，可得到 rRNA、tRNA、snRNA 等降解片段；与 Repbase（Bao et al., 2015）数据库比对，可以找出重复序列和转座子相关序列。在剩下的序列中筛选出 18～30 nt 的序列进行进一步的 miRNA 预测。

（四）新 miRNA 预测

通过序列分类，筛选出可能的新 miRNA 序列。miRNA 前体的标志性发夹结构能够用来预测新的 miRNA。根据序列比对结果，截取附近区域的一段序列，作为 miRNA 的前体序列，利用 miRNA 预测软件，可从计算角度判断该序列是否是 miRNA，进一步的判断还需要实验验证。相应的软件有 miRPlant（An et al.，2014）、mirtools（Wu et al.，2013）等。

　　miRPlant 是一个界面友好，且不依赖第三方软件的预测植物 miRNA 的软件（图 4.23）。从拿到原始测序 reads 到预测出 miRNA，都可通过 miRPlant 独立完成。miRPlant 软件包含以下几个步骤。

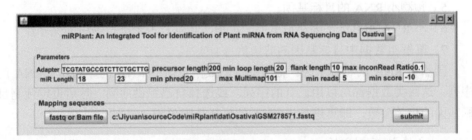

图 4.23　miRPlant 软件界面（引自 miRPlant: an integrated tool for identification of plant miRNA from RNA sequencing data. BMC Bioinformatics. 2014, 15:275）

　　1）过滤掉长度在 10～23 bp 之外的 reads，或质量值低于设定阈值的 reads。

　　2）序列一样的 reads 合并为一条 reads。

　　3）以完全匹配的方式把 reads 比对到参考基因组。

　　4）通过 RNA 二级结构算法确定 RNA-seq reads 在参考基因组的临近区域能否形成发卡结构。

　　5）通过 miRDeep model 给预测的 miRNA 打分，分数越高，预测的 miRNA 的准确性越高。

　　软件需要输入 adapter 序列和测序 reads 或者 bam 文件，其他参数可以根据情况自行调整。adapter 序列：由于 miRNA 本身序列比测序 reads 短，在测序过程中会测到接头序列，miRPlant 提供了去接头序列的功能。adapter 序列可根据实际情况选择对应的接头序列。软件可以接受 fq、fa 和 bam 文件，如果提供的是 fq 和 fa，会首先进行序列比对，再执行 miRNA 识别程序，如果是 bam 文件，会直接执行 miRNA 识别程序。

　　（五）miRNA 的靶基因预测

　　通过已有的数据库，可以获得已知 miRNA 的靶基因，新的 miRNA 需要通过靶基因预测软件进行预测。通过 miRNA 和靶基因的对应关系，我们可以对基因的调控关系进行研究。这一过程中的预测软件有 psRobot（Wu et al.，2012）、 miRBase、miRNAMap（Hsu et al.，2008）和 TargetScanS（Lewis et al.，2005）等。

psRobot 提供在线和本地两种版本（参考 http://omicslab.genetics.ac.cn/psRobot/help_stem_loop.php），功能如下。

1）把小 RNA 比对到参考基因组，确定其在基因组上的位置。

2）分析小 RNA 是否为重复序列及重复序列的类型。

3）小 RNA 在小 RNA 合成相关蛋白复合物中的表达情况。

4）小 RNA 前体序列的二级结构。

5）预测小 RNA 的目标基因。

6）小 RNA 和目标基因在拟南芥、水稻、高粱、玉米等植物中的保守性。

7）降解组数据中目标基因的剪切信息。

预测小 RNA 的目标基因：需要提供的数据包括小 RNA 的序列和 mRNA 的序列，这两类数据都可以用已有的序列，或选择自己提供序列。然后设定预测目标基因的相关参数，即可进行小 RNA 的目标基因预测。

（六）表达模式分析

通过统计样品中 miRNA 的数目，可以获得 count-base 类型的表达量。可以对样品进行聚类分析、差异表达分析、通路及功能的富集分析，具体分析参考转录组分析流程。

（曹英豪　李妍）

第四节　建造中等高性能计算机群系统

一、高性能计算技术简介

高性能计算（HPC）是一个计算机集群系统，它通过各种互联技术将多个计算机系统连接在一起，利用被连接的系统的综合计算能力来处理大型数据与计算问题，通常又被称为高性能计算集群。

高性能计算方法的基本原理就是将问题分为若干部分，集群中的每台计算机（称为节点）均可同时参与问题的解决，从而显著缩短了计算时间。

解决大型计算问题需要功能强大的计算机系统。随着高性能计算系统的出现，这一类应用从昂贵的大型外部计算机系统演变为采用商用服务器产品和软件的高性能计算机集群。因此，高性能计算系统已经成为解决大型问题的计算机系统的发展方向。那么，什么样的大型问题最适合使用高性能计算系统呢？

一般来说，高性能计算系统是为了满足以下需要的计算系统：①能够突破性能极限的计算；②单个高端计算机系统不能满足其需求的计算；③需要通过专门的程序优化最大限度提高系统的 I/O、计算和数据传送性能的计算。

二、如何有效地构建高性能计算集群

一套成熟的、高效的高性能计算集群，应由以下几部分构成：节点、存储系统、作业调度系统、高效计算网络、加速卡等。下面我们对这五项分别进行阐述。

（一）节点

高性能计算是由多个节点组成的，每个节点是一个独立的管理或计算单元，能够独立参与任务的计算，节点数量及节点性能是反映一个高性能计算集群计算能力的基本指标。

（二）存储系统

高性能计算中的存储系统有其独特性。由于高性能计算集群具有节点众多、需要各节点协同完成同一任务等特性，因此要求接入高性能计算的存储系统应具有高并发、高 I/O、高处理效率、统一命名空间等特性。

（三）作业调度系统

由众多计算、管理、存储等节点共同参与的高性能计算集群系统，必须有一套高效快捷的系统把这些资源管理起来，它就是作业调度系统，这套系统是高性能计算集群的重中之重。

作业调度系统的主要功能是根据作业控制块中的信息，审查系统能否满足用户作业的资源需求，以及按照一定的算法，从外存的后备队列中选取某些作业调入内存，并为它们创建进程、分配必要的资源。然后再将新创建的进程插入就绪队列，准备执行。因此，有时也把作业调度称为接纳调度。

（四）高效计算网络

高性能计算集群中一大类任务是 mpi 类计算任务，该任务需要多个节点共同协作来完成。一个复杂的作业由作业调度系统拆解成若干个计算单元，再将这些计算单元分配到不同节点的不同计算核心中进行并行计算。由于并行计算是具有结果依赖性的，因此在每一步或每几步计算之后，所有节点的计算核心要进行数据交互。这就需要我们的计算网络具有高带宽、低延迟特性。

假设我们的并行颗粒度相对较大，尽管单位任务被拆解得非常小，但由于一次计算可能要经历数百万次的数据交互，每次数据交互如果有 0.1 s 的延迟，那么数百万次的数据交互所产生的等待时间是让人无法忍受的，甚至会超过任务拆解前所需要的计算时间。

所以高效的计算网络，是保证并行计算有效运行的基本前提。

（五）加速卡

高性能计算集群中的主要计算资源是 CPU，但一些特殊的场景或一些特殊的算法可以通过 GPU 或 MIC 来进行加速，从而达到提高计算效率的目的。

三、建造中等测序中心所需高性能计算集群的硬件配置

随着测序技术的飞速发展，单位时间内的数据产出量呈几何倍数增长，从而推进了测序中心中高性能计算集群技术的发展。下面我们根据目前中等测序中心的数据产出及处理能力，给出一个相对的高性能计算集群的基本配置需求。

（一）系统架构

整套集群采用高性能计算系统架构。配有作业调度系统，各节点采用 Linux CentOS6 操作系统，两个管理节点配置 High Available，4 个登录节点配置 Load Balance，从而达到整个集群系统高度可用且可负载均衡。

（二）计算能力

总计算能力不低于 15 Tflops/s，其中应按照 1∶4 的计算核心比例来配置胖节点与普通计算节点。

胖节点的总内存数应不低于 1 TB，CPU 核心数应大于 80 核。

计算节点总内存数应不低于 196 GB，CPU 核心数应大于 24 核。

（三）存储需求

应采用并行存储系统，I/O 节点数目不少于 10 个，MDS 节点应配置 HA。裸容量不低于 1PB，总带宽不小于 4 GB/S，可负载不小于 3 W 的 IOPS。

该存储支持并行文件系统，且在集群中以统一命名空间访问。

（四）计算网络

计算网络应采用 56 Gb/s 的无限带宽技术（infiniband）高速计算网络，保证整套系统的高带宽及低延时。

四、高性能计算集群的工作环境要求

服务器存储设备需要放置在专用的中心机房中使用。为了保证高性能计算集群的高效运行，高性能计算集群所依赖的中心机房尤为重要。下面简单介绍高性

能计算中心机房的建设标准及工作环境要求。

机房建设是建筑智能化系统的一个重要部分。机房建设涵盖了建筑装修、供电、照明、防雷、接地、UPS 不间断电源、精密空调、环境监测、火灾报警及灭火、门禁、防盗、闭路监视、综合布线和系统集成等技术。

（一）高性能计算中心机房建设思想

整体机房建设：将机房设备、监控设备、强弱电系统、数据/非数据设备等作为一个完整的系统考虑，尽量发挥各子系统的联动、互动作用。

可管理、可扩展：现代机房建设已不仅仅是功能上的要求，而且要具有良好的可管理性，为用户提供友善的管理界面，同时要保证容量、性能的可扩展性，以保护用户投资。

高质量项目管理：机房建设是一项专业化的综合性工程。要求对装修、配电、空调、新排风、监控、门禁、消防、防雷、防过压、接地、综合布线和网络等各个子系统的建设规划、方案设计、施工安装等过程进行严密的统筹管理，以保证工程的质量和周期。

（二）机房建设标准

机房建设应遵循如下标准。

国家标准《电子计算机机房设计规范》（GB50174-93）

国家标准《计算站场地技术条件》（GB2887-89）

国家标准《电子计算机机房施工及验收规范》（SJ/T30003-93）

国家标准《计算机机房活动地板的技术要求》（GB6650-86）

国家标准《计算站场地安全技术》（GB9361-88）

国家标准《电气装置安装工程接地装置施工及验收规范》（GB50169-92）

公共安全行业标准《安全防范工程程序与要求》（GA/T75-94）

《中华人民共和国计算机信息系统安全保护条例》

《工业企业照明设计标准》（GB50034-92）

《室内装饰工程质量规范》（QB 1838-93）

（三）机房建设方案

机房建设方案的设计应根据用户提出的技术要求，对机房建设的建筑物进行实地勘查，依据国家有关标准和规范，结合所建各种系统运行特点进行总体设计。总体机房建设方案以业务完善技术规范，安全可靠为主，确保系统安全可靠地运行。在选材投资方面根据功能及设备要求区别对待，并满足用户的特殊要求，做到投资有重点，保证机房场地工作人员的身心健康，延长系统的使用寿命。机房建设的工作就是围绕这个根本任务，通过采用优质产品和先进工艺把上述设计思想有机地结合起来，为机房里的设备和工作人员创造一个安全、可靠、美观、舒适的工作场地。

一个全面的机房建设应包括以下几个方面：①机房装修；②供电系统；③空调系统；④门禁系统；⑤监控系统；⑥消防报警系统；⑦防雷接地系统。

1. 机房装修

机房建设中的机房装修主要包括吊顶，隔断墙，门、窗、墙壁装修，地面、活动地板的施工验收及其他室内作业。机房装修是整个机房建设的基础，是机房环境建设的重要环节。机房必须具备防尘、防潮、抗静电、阻燃、绝缘、隔热、降噪声的物理环境，机房功能区域分隔要清晰明了、便于识别和维护。

机房装修作业应符合《装饰工程施工及验收规范》、《地面与楼面工程施工及验收规范》、《木结构工程施工及验收规范》及《钢结构工程施工质量验收规范》的有关规定。

在机房建设过程中应保证现场、材料和设备的清洁。隐蔽工程（如地板下、吊顶上、假墙、夹层内）在封口前必须先除尘、清洁处理，暗处表层应能保持长期不起尘、不起皮和不龟裂。

机房所有管线穿墙处的裁口必须做防尘处理，必须对缝隙采用密封材料填堵。在裱糊、粘接贴面及进行其他涂复施工时，其环境条件应符合材料说明书的规定。

机房装修材料应尽量选择无毒、无刺激性、难燃、阻燃的材料，否则应尽可能涂防火涂料。

2. 供电系统

1）保证机房核心设备（服务器、网络设备及辅助设备）安全稳定运行。核心设备供电系统必须达到一类供电标准，即必须建立不间断供电系统。市电停电时，不间断电源系统主机电源实际输出功率宜大于后端负载 1.5 倍，满负荷运转时间不得少于 120 min。

2）信息系统设备供电系统必须与动力、照明系统分开。供电系统要求：频率，50 Hz；电压，380 V/220 V；相数，三相五线或三相四线制/单相三线制；稳态电压偏移范围 220 V（–10%～+10%）；稳态频率偏移范围，50Hz（–0.5%～+0.5%）。

3）电力布线要求：机房 UPS 电源要采用独立双回路供电，输入电流应符合 UPS 输入端电流要求；静电地板下的供电线路置于管内，分支到各用电区域，向各个用电插座分配电力，防止外界电磁干扰系统设备；线路上要有标签说明去向及功能。

3. 空调系统

1）通过机房空调系统保持机房内相对稳定的温度和湿度，使机房内的各类设备保持良好的运行环境，确保系统可靠、稳定运行。机房系统要求：全年温度，18～25℃；相对湿度，35%～65%；温度变化率，<10℃/h；并不得结露。

2）机房要有防水害措施，确保机房安全运行（机房一般都配备恒温湿装置，所以在一般情况下禁止使用冷、暖气系统，如已使用则必须对系统给排水管道采取严格的防漏及补救措施）。

3）根据《计算站场地技术条件》（GB2887-89）机房技术要求，按 A 级设计，温度 T=（23±2）℃，相对湿度=55%±5%，夏季取上限，冬季取下限。气流组织采用下送风、上回风，即抗静电活动地板静压箱送风，吊顶天花微孔板回风。新风量设计取总风量的 10%，中低度过滤，新风与回风混合后，进入空调设备处理，提高控制精度，节省投资，方便管理。

4. 门禁系统

机房建设中的门禁管理系统的主要目的是保证重要区域设备和资料的安全，便于人员的合理流动，对进入这些重要区域的人员实行各种方式的门禁管理，以便限制人员随意进出；卡片最好采用现在流行的感应式卡片；卡出入系统首先应具有权限设置的功能，即每张卡可进出的时间、可进出哪道门，不同的卡片持有者应有不同的权限；每次有效的进入都应存档或统计；应有完善的密码系统，即对系统的更改，不同的操作者应有不同的权限；电锁应采用安全可靠的产品，有电闭锁或无电闭锁根据用户要求可调；紧急情况下或电锁出现故障的情况下应有应急钥匙可将门打开；门禁系统最好采用计算机控制系统；全套系统最好有备用电源。

5. 监控系统

机房中有大量的服务器及机柜、机架。由于这些机柜及机架一般比较高，监控的死角比较多，因此在电视监控布点时主要考虑各个出入口，每一排机柜之间安装摄像机。如果在各出入口的空间比较大，可考虑采用带变焦的摄像机，在每一排的机柜之间，根据监视距离，配定焦摄像机即可。如果机房有多个房间的话，可考虑在 UPS 房和控制机房内安装摄像机。

机房监控图像信号应保持 24 h 录像，录像方式可采用硬盘录像，也可采用传统的录像系统。闭路电视控制系统最好有视频动态报警功能。同时如果具有视频远程传输功能，即通过互联网、ISDN、局域网或电话线将监视信号传输到远程客户指定的地方，在使用时将会更加方便。

6. 消防报警系统

机房内有许多重要设备，其价值较高，分布密集，且需要 24 h 不间断运行，对消防要求较高，一旦机房出现火灾，为保证设备安全，需要消防系统在第一时间内自动启动进行灭火，通知远程管理人员减少损失。

机房的物理环境：机房的结构、材料、配置设施必须满足保温、隔热、防火等要求。

机房应有温感、烟感、报警器等装置和消防设备设施，必须采用气体灭火剂。

7. 防雷接地系统

为防止机房设备的损坏和数据的丢失，机房建设中机房的防雷接地尤其重要。按国家建筑物防雷设计规范，本机房建设方案对机房电气电子设备的外壳、金属件等实行等电位连接，并在低压配电电源电缆进线输入端加装电源防雷器。机房防雷接地系统注意以下两点。

1）机房的接地系统必须安装室外的独立接地体；直流地、防静电地采用独立接地；交流工作地、安全保护地采用电力系统接地；不得共用接地线缆，所有机柜必须接地。

2）机房防雷系统的外部防护主要由建筑物自身防雷系统来承担；由室外直接接入机房金属信息线缆，必须作防浪涌处理；所有弱电线缆不裸露于外部环境；弱电桥架使用扁铜软线带跨接，进行可靠接地；机房电源系统至少进行二极防浪涌处理；重要负载末端防浪涌处理。

机房建设除了上述系统外，还有穿插于整个机房建设的综合布线系统，机房综合布线系统应满足主干线路有冗余，机房布线系统中所有的电缆、光缆、信息模块、接插件、配线架、机柜等在其被安装的场所均要容易被识别，线缆布设整齐，布线中的每根电缆、光缆、信息模块、配线架和端点要指定统一的标志符，电缆在两端要有标注，保证维修方便、操作灵活。

五、下机数据的自动化传输

以 HiSeq2500 为例，测序仪所配置主机的存储空间及存储效率有限，且最终数据要放到高性能计算集群中进行分析。所以我们有必要对下机数据进行自动化传输配置，保证测序下机数据自动传输到高性能计算集群中，方便后续的数据处理。

针对类似于 HiSeq 系列的测序仪，控制器操作系统为 Windows 系统，我们可以采用 CIFS 或 ISCSI 的方式将存储系统挂载到测序仪上。将测序数据的生成目录更改为此动态存储，即可完成下机数据的自动传输。

针对类似于 Ion Torrent 系列的测序仪，控制器操作系统为类 Linux 系统，我们可以采用 NFS 或 ISCSI 的方式将存储系统挂载到测序仪上。将测序数据的生成目录更改为此动态存储，即可完成下机数据的自动传输。

在数据处理段，应将该共享卷设置为只读。下机数据的预处理不需要对原始下机数据进行任何写操作，从而保证数据的读一致性。

（杨 鑫）

参 考 文 献

Abe A, Kosugi S, Yoshida K, et al. 2012. Genome sequencing reveals agronomically important loci in rice using MutMap. Nature Biotechnology, 30(2): 174-178.

An J, Lai J, Sajjanhar A, et al. 2014. miRPlant: an integrated tool for identification of plant miRNA from RNA sequencing data. BMC Bioinformatics, 15: 275.

Anders S, Huber W. 2010. Differential expression analysis for sequence count data. Genome Biol, 11(10): R106.

Anders S, Pyl P T, Huber W. 2015. HTSeq--a Python framework to work with high-throughput sequencing data. Bioinformatics, 31(2): 166-169.

Bao W, Kojima K K, Kohany O. 2015. Repbase Update, a database of repetitive elements in eukaryotic genomes. Mob DNA, 6: 11.

Belfield E J, Gan X, Mithani A, et al. 2012. Genome-wide analysis of mutations in mutant lineages selected following fast-neutron irradiation mutagenesis of *Arabidopsis thaliana*. Genome Research, 22(7): 1306-1315.

Bolger A M, Lohse M, Usadel B. 2014. Trimmomatic: a flexible trimmer for Illumina sequence data. Bioinformatics: btu170.

Butler J, MacCallum I, Kleber M, et al. 2008. ALLPATHS: de novo assembly of whole-genome shotgun microreads. Genome Res, 18(5): 810-820.

Carthew R W, Sontheimer E J. 2009. Origins and Mechanisms of miRNAs and siRNAs. Cell, 136(4): 642-655.

Chen W, Gao Y, Xie W, et al. 2014a. Genome-wide association analyses provide genetic and biochemical insights into natural variation in rice metabolism. Nature Genetics, 46(7): 714-721.

Chen Z, Wang B, Dong X, et al. 2014b. An ultra-high density bin-map for rapid QTL mapping for tassel and ear architecture in a large F2 maize population. BMC Genomics, 15(1): 433.

Chikhi R, Medvedev P. 2013. Informed and automated k-mer size selection for genome assembly. Bioinformatics: btt310.

Conesa A, Gotz S, Garcia-Gomez J M, et al. 2005. Blast2GO: a universal tool for annotation, visualization and analysis in functional genomics research. Bioinformatics, 21(18): 3674-3676.

Danecek P, Auton A, Abecasis G, et al. 2011. The variant call format and VCFtools. Bioinformatics, 27(15): 2156-2158.

Dobin A, Davis C A, Schlesinger F, et al. 2013. STAR: ultrafast universal RNA-seq aligner. Bioinformatics, 29(1): 15-21.

Florea L, Song L, Salzberg S L. 2013. Thousands of exon skipping events differentiate among splicing patterns in sixteen human tissues. F1000Res, 2: 188.

Frazee A C, Pertea G, Jaffe A E, et al. 2015. Ballgown bridges the gap between transcriptome assembly and expression analysis. Nat Biotechnol, 33(3): 243-246.

Gordon A, Hannon G. 2010. Fastx-toolkit. FASTQ/A short-reads preprocessing tools. unpublished)http: //hannonlab. cshl. edu/fastx_toolkit [2015-8-12].

Griffiths-Jones S, Grocock R J, van Dongen S, et al. 2006. miRBase: microRNA sequences, targets and gene nomenclature. Nucleic Acids Res, 34(Database issue): D140-144.

Haas B J, Papanicolaou A, Yassour M, et al. 2013. De novo transcript sequence reconstruction from RNA-seq using the Trinity platform for reference generation and analysis. Nat Protoc, 8(8): 1494-1512.

Hsu S D, Chu C H, Tsou A P, et al. 2008. miRNAMap 2.0: genomic maps of microRNAs in metazoan genomes. Nucleic Acids Res, 36(Database issue): D165-169.

Huang X, Feng Q, Qian Q, et al. 2009. High-throughput genotyping by whole-genome resequencing. Genome Research, 19(6): 1068-1076.

Jia J, Zhao S, Kong X, et al. 2013. Aegilops tauschii draft genome sequence reveals a gene repertoire for wheat adaptation. Nature, 496(7443): 91-95.

Jiang Y H, Yuen R K, Jin X, et al. 2013. Detection of clinically relevant genetic variants in autism spectrum disorder by whole-genome sequencing. The American Journal of Human Genetics, 93(2): 249-263.

Jones P, Binns D, Chang H Y, et al. 2014. InterProScan 5: genome-scale protein function classification. Bioinformatics, 30(9): 1236-1240.

Kim D, Langmead B, Salzberg S L. 2015. HISAT: a fast spliced aligner with low memory requirements. Nat Methods, 12(4): 357-360.

Klein R J, Zeiss C, Chew E Y, et al. 2005. Complement factor H polymorphism in age-related macular degeneration. Science, 308(5720): 385-389.

Lewis B P, Burge C B, Bartel D P. 2005. Conserved seed pairing, often flanked by adenosines, indicates that thousands of human genes are microRNA targets. Cell, 120(1): 15-20.

Li H, Durbin R. 2009. Fast and accurate short read alignment with Burrows-Wheeler transform. Bioinformatics, 25(14): 1754-1760.

Li H, Handsaker B, Wysoker A, et al. 2009. The sequence alignment/map format and SAMtools. Bioinformatics, 25(16): 2078-2079.

Li R, Fan W, Tian G, et al. 2010. The sequence and de novo assembly of the giant panda genome. Nature, 463(7279): 311-317.

Li R, Li Y, Kristiansen K, et al. 2008. SOAP: short oligonucleotide alignment program. Bioinformatics, 24(5): 713-714.

Ling H Q, Zhao S, Liu D, et al. 2013. Draft genome of the wheat A-genome progenitor *Triticum urartu*. Nature, 496(7443): 87-90.

Lynam C P, Gibbons M J, Axelsen B E, et al. 2006. Jellyfish overtake fish in a heavily fished ecosystem. Current Biology, 16(13): R492-R493.

McKenna A, Hanna M, Banks E, et al. 2010. The Genome Analysis Toolkit: a MapReduce framework for analyzing next-generation DNA sequencing data. Genome research, 20(9): 1297-1303.

Mitchell A, Chang H Y, Daugherty L, et al. 2015. The InterPro protein families database: the classification resource after 15 years. Nucleic Acids Res, 43(Database issue): D213-221.

Morris G P, Ramu P, Deshpande S P, et al. 2013. Population genomic and genome-wide association studies of agroclimatic traits in sorghum. Proceedings of the National Academy of Sciences, 110(2): 453-458.

Nawrocki E P, Burge S W, Bateman A, et al. 2015. Rfam 12.0: updates to the RNA families database. Nucleic Acids Res, 43(Database issue): D130-137.

Pertea M, Pertea G M, Antonescu C M, et al. 2015. StringTie enables improved reconstruction of a transcriptome from RNA-seq reads. Nat Biotechnol, 33(3): 290-295.

Purcell S, Neale B K, Todd-Brown, et al. 2007. PLINK: a tool set for whole-genome association and population-based linkage analyses. The American Journal of Human Genetics, 81(3): 559-575.

Robertson G, Schein J, Chiu R, et al. 2010. De novo assembly and analysis of RNA-seq data. Nat Methods, 7(11): 909-912.

Robinson J T, Thorvaldsdottir H, Winckler W, et al. 2011. Integrative genomics viewer. Nat Biotechnol, 29(1): 24-26.

Simpson J T, Wong K, Jackman S D, et al. 2009. ABySS: a parallel assembler for short read sequence data. Genome Res, 19(6): 1117-1123.

Surget-Groba Y, Montoya-Burgos J I. 2010. Optimization of de novo transcriptome assembly from next-generation sequencing data. Genome Res, 20(10): 1432-1440.

Takagi H, Abe A, Yoshida K, et al. 2013. QTL-seq: rapid mapping of quantitative trait loci in rice by whole genome resequencing of DNA from two bulked populations. The Plant Journal, 74(1): 174-183.

Tatusov R L, Koonin E V, Lipman D J. 1997. A genomic perspective on protein families. Science, 278(5338): 631-637.

Trapnell C, Pachter L, Salzberg S L. 2009. TopHat: discovering splice junctions with RNA-Seq. Bioinformatics, 25(9): 1105-1111.

Trapnell C, Roberts A, Goff L, et al. 2012. Differential gene and transcript expression analysis of RNA-seq experiments with TopHat and Cufflinks. Nat Protoc, 7(3): 562-578.

Wu H J, Ma Y K, Chen T, et al. 2012. PsRobot: a web-based plant small RNA meta-analysis toolbox. Nucleic Acids Res, 40(Web Server issue): W22-28.

Wu J, Liu Q, Wang X, et al. 2013. mirTools 2.0 for non-coding RNA discovery, profiling, and functional annotation based on high-throughput sequencing. RNA Biol, 10(7): 1087-1092.

Xie C, Mao X, Huang J, et al. 2011. KOBAS 2.0: a web server for annotation and identification of enriched pathways and diseases. Nucleic Acids Res, 39(Web Server issue): W316-322.

Xie Y, Wu G, Tang J, et al. 2014. SOAPdenovo-Trans: de novo transcriptome assembly with short RNA-Seq reads. Bioinformatics, 30(12): 1660-1666.

Yoshida S, Ishida J K, Kamal N M, et al. 2010. A full-length enriched cDNA library and expressed sequence tag analysis of the parasitic weed, *Striga hermonthica*. BMC plant biology, 10(1): 55.

Zerbino D R. 2010. Using the Velvet de novo assembler for short-read sequencing technologies. Curr Protoc Bioinformatics Chapter, 11: Unit 11, 15.

Zhang G, Fang X, Guo X, et al. 2012. The oyster genome reveals stress adaptation and complexity of shell formation. Nature, 490(7418): 49-54.

Zhou X, Stephens M. 2012. Genome-wide efficient mixed-model analysis for association studies. Nature Genetics, 44(7): 821-824.

Zhou Z, Jiang Y, Wang Z, et al. 2015. Resequencing 302 wild and cultivated accessions identifies genes related to domestication and improvement in soybean. Nature Biotechnology, 33(4): 408-414.

Zimin A V, Marçais G, Puiu D, et al. 2013. The MaSuRCA genome assembler. Bioinformatics, 29(21): 2669-2677.

第五章　PacBio RS 测序技术

第一节　PacBio RS 测序原理

　　PacBio RS 是美国太平洋生物科学公司（Pacific Biosciences，http://www.pacb.com/）推出的单分子实时 DNA 测序技术（single molecular real time sequencing，SMRT），其主要特点是序列读长长，目前平均序列读长在 10 kb 以上，最长可达 40 kb。PacBio RS 采用单分子 DNA 合成测序技术，测序实验基本过程分为文库构建和上机两步。

　　文库构建是将长片段 DNA 分子与测序接头连接形成茎环结构（图 5.1），然后加上与接头互补的测序引物及 DNA 聚合酶分子；上机测序是将构建好的文库复合物放入 PacBio RS 测序仪上，并载入测序芯片 SMRT Cell 的纳米孔中，DNA 聚合酶分子通过共价结合固定在纳米孔底部，通常一个纳米孔固定一个 DNA 分子（图 5.2）。在 SMRT Cell 芯片孔中，加入 DNA 聚合反应所需底物 dNTP 及缓冲液，4 种 dNTP 带有四色荧光标记基团（图 5.3），根据模板链核苷酸顺序，相应的 dNTP 进入 DNA 模板链、引物和聚合酶复合物中发生链延伸反应，同时 dNTP 荧光信号通过零模波导（zero-mode waveguide，ZMW）检测（Levene et al., 2003），获得荧光信号图像，经计算分析得到 DNA 碱基顺序。

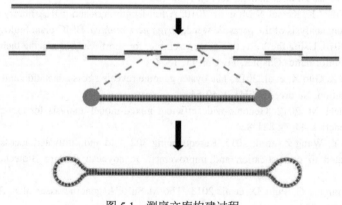

图 5.1　测序文库构建过程

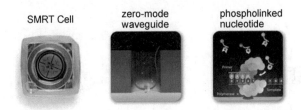

SMRT Cell   zero-mode waveguide   phospholinked nucleotide

图 5.2 PacBio RS SMRT Cell 芯片及测序原理示意图

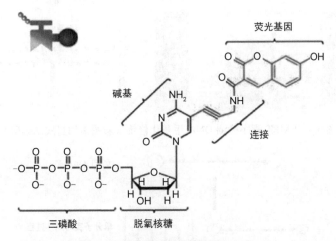

图 5.3 带有荧光信号基团的 dNTP

从测序通量上来说，一个 SMRT Cell 有 15 万个纳米孔，一般有 1/3～1/2 的纳米孔可以产生有效的 DNA 序列读取，即每个 SMRT Cell 可以得到 50 000～70 000 条有效的 DNA 序列。PacBio RS 原始测序 read 错误率约为 15%，主要是插入缺失错误，占总错误的 90%以上。测序产生的错误是随机的，可以通过测序高覆盖互相校正。PacBio RS 测序实验过程没有 PCR 扩增步骤，加之其独特的单分子合成测序原理，使得测序没有碱基组分偏好（Roberts et al., 2013）。这是它与 Illumina 等第二代测序技术一个大的区别。

PacBio RS 测序是单分子实时进行的，可以观测到 DNA 聚合酶促反应分子动力学过程，通过脉冲间隔时间比率（interpulse duration ratio，IPD ratio）差异检测 DNA 分子的修饰（图 5.4），如甲基化和羟甲基化修饰等（Eid et al., 2009）。PacBio RS 测序产生的原始序列分为 read 和 subread（图 5.5）：read 是 DNA 聚合酶在茎环结构的 DNA 分子上移动的有效核苷酸数，可能含有两端接头序列；subread 是将 read 在接头序列处打断后的子序列，不含接头。一条 read 在接头序列处打断后可以产生多条 subread，当 read 长度小于文库分子插入长度时，一条 read 只能产生一条 subread，且两者长度一致。

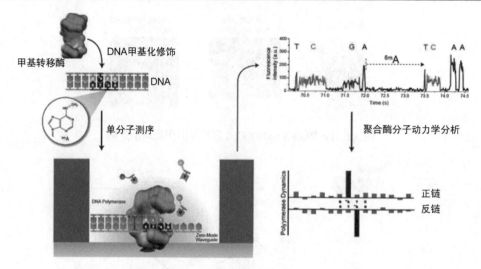

图 5.4　SMRT 测序检测 DNA 甲基化修饰（彩图请扫封底二维码）

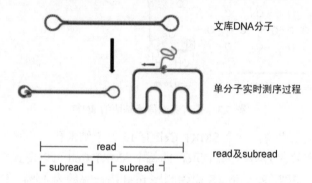

图 5.5　PacBio 测序过程和 read 及 subread 示意图（彩图请扫封底二维码）

第二节　PacBio RS 测序 DNA 样品准备及文库构建流程

一、DNA 样品准备

1%琼脂糖凝胶电泳，低电压 2 h，用 λ-*Hin*d Ⅲ marker，观察 DNA 样品电泳条带是否有降解。不合格的基因组 DNA 推荐用 MO BIO PowerClean DNA Clean-Up 试剂盒纯化，纯化后用 Qubit 荧光计定量，一般总量不低于 5 μg 可进行下一步实验。

二、文库构建流程

需要 PacBio 公司的 SMRT bell 模板制备试剂盒。

（一）DNA 打断浓缩

1）用 g-TUBE（Covaris）打断 DNA（大片段打断至少需要 50 μl 200 ng/μl 的 DNA）。

2）取 8 μg DNA 至新的 1.5 ml 离心管中，用 EB 将体积补至 150 μl。4300 g 离心 1 min，正向一次，反向一次。

3）加入 67.5 μl（即 150 μl 的 0.45×）清洗后的 AMPure XP beads，置于振荡器上 2000 r/min 振荡 10 min，充分混匀吸附。

4）轻离心，于磁力架上静置 5 min，弃上清后加 200 μl 70%乙醇清洗两次，不要吹打，清洗时液体不要直接对准磁珠。

5）晾干 30 s，加入≤37 μl EB（下一步修复 DNA 体系不能超过 37 μl），置于振荡器上 2000 r/min 振荡 1 min。

6）于磁力架上静置 5 min，回收上清。

（二）DNA 修复（此步骤 DNA 总量不小于 4 μg）

按下表混合各组分，混匀、离心，避免产生大气泡，置于 PCR 仪上 37℃，30 min；4℃，保持。

成分	体积（μl）
打断 DNA	5 μg 的量
DNA Damage Repair Buffer	5
NAD+	0.5
ATP High	5
dNTP	0.5
DNA Damage Repair Mix	2
H₂O	可调整
总体积	50

（三）DNA 末端补平并纯化

1）按下表体系混合各组分，混匀、离心，避免产生大气泡，置于 PCR 仪上，25℃，10 min；4℃，保持。

成分	体积（μl）
修复的 DNA	50
End Repair Mix	2.5
总体积	52.5

2）加入 23.625 μl 清洗后的 AMPure XP beads，置于振荡器上 2000 r/min 振荡 10 min。

3）轻离心，于磁力架上静置 5 min，弃上清后加 200 μl 70%乙醇清洗两次，不要吹打，清洗时液体不要直接对准磁珠。

4）晾干 30 s，加入≤32 μl EB，置于振荡器上 2000 r/min 振荡 1 min。

5）于磁力架上静置 5 min，回收上清。

6）建议：如后续进行 Blue Pippin 片段选择，则用 20 μl 溶解。

（四）接头连接

按下表体系依次加入各组分，此步骤每加一种试剂都需要振荡混匀，不能预先配制混合液，25℃过夜连接，65℃灭活 10 min，于 4℃保存。

成分	体积（μl）
末端补平的 DNA	29～30
Annealed Blunt Adapter	1
Template Prep Buffer	4
ATP Low	2
Ligase	1
H₂O	可调整
总体积	40

（五）消化失败的连接产物

按下表混合各组分，混匀、离心，避免产生大气泡，置于 PCR 仪上，37℃，90 min；4℃，保持。

成分	体积（μl）
连接接头的 DNA	40
ExoⅢ	1
ExoⅦ	1
总体积	42

（六）磁珠纯化

1）加入 18.9 μl 清洗后的 AMPure XP beads（即 42 μl 的 0.45×），置于振荡器上 2000 r/min 振荡 10 min。

2）轻离心后于磁力架上静置 5 min，弃上清后加 200 μl 70%乙醇清洗两次，不要吹打。

3）晾干 30 s，加入 50 μl EB，置于振荡器上 2000 r/min 振荡 1min，回收上清。

4）加入 22.5 μl 清洗后的 AMPure XP beads（即 50 μl 的 0.45×），置于振荡器

上 2000 r/min 振荡 10 min。

5）轻离心后于磁力架上静置 5 min，弃上清后加 200 μl 70%乙醇清洗两次，不要吹打。

6）晾干 30 s，加入 10 μl EB，置于振荡器上 2000 r/min 振荡 1 min，回收上清。

7）利用 Qubit 定量仪测定文库浓度，计算测序引物用量。

8）利用 Agilent BioAnalyzer 2100 检测文库片段大小，也可用 Blue Pippin 切胶回收所需片段。

三、上机测序准备

（一）测序引物结合

1）稀释测序引物。

成分	体积（μl）
Sequencing Primer v2	1
Elution Buffer	32.3
总体积	33.3

置于 PCR 仪上，80℃反应 2 min，之后冰上放置。

2）在 200 μl 低吸附管内混合文库与测序引物，此步骤需要通过软件 Calculator 计算，下载地址：https://github.com/PacificBiosciences/BindingCalculator，举例如下。

成分	体积（μl）
H$_2$O	0.99
10× Primer Buffer	0.89
文库	6
Diluted Sequencing Primer	0.98
总体积（产物-1）	8.86

3）置于 PCR 仪上，20℃反应 30 min。

（二）结合测序酶

1）首先对测序酶进行稀释，稀释后可在 4℃存储 3 天。

成分	体积（μl）
SA-DNA Polymerase P6（500 nmol/L）	1.5
Binding Buffer v2	13.5
总体积	15

2）取新的 1.5 ml 离心管，依次加入以下各试剂，混匀。

成分	体积（μl）
dNTP	1.5
DTT	1.5
Binding Buffer v2	1.5
产物-1	8.86
稀释后的酶*	1.5
补水至总体积（产物-2）	14.86

*稀释后的酶一定要最后加

置于 PCR 仪上，30℃，30 min；4℃，保持，无需热盖。

（三）MagBeads 纯化

1）取新的 1.5 ml 离心管，按下表所示加入各组分，混匀备用。

成分	体积（μl）
MagBead Binding Buffer	8.5
产物-2	0.5
总体积	9

2）取新的 1.5 ml 离心管加入 35 μl MagBeads，磁力架上静置 5 min，弃上清。

3）加入 35 μl MagBead Wash Buffer，振荡混匀，磁力架上静置 5 min，弃上清。

4）重复步骤 3）。

5）加入 9 μl 步骤 1）稀释的样品，4℃旋转混匀 20 min。

6）加入 18 μl MagBead Binding Buffer，振荡混匀，磁力架上静置 5 min，弃上清。

7）重复步骤 6）。

8）加入 45 μl MagBead Binding Buffer，磁力架上静置 5 min，转入上清至样品板，准备上机。

上机前添加 P6 intercontrol 到样品中，监测仪器 pipette 吸样是否正常，P6 intercontrol 加样方式是扩散。

（四）上机测序

1）上机前 30 min 从–20℃冰箱取出试剂板，在 4℃避光融化。

2）融化后 1000 r/min 离心 1 min。

3）撕膜加垫。

4）点击"open"，打开机器舱盖。

5）将试剂板、Mix 板、样品板、酶和油放入测序仪。

6）放置枪头和 SMRT Cell，点击"Close"，关闭机器舱盖。

7）点击"Scan"，仪器会自动检测放入的板子，识别后点击"Start"，机器开始运行。

第三节　SMRT Potal 二级分析软件的安装

一、安装前期准备

（一）硬件要求

1）服务器最低配置：CPU 8 核、2 G 内存及 250 G 剩余存储空间。

2）计算节点：最低配置 3 个计算节点，每个计算节点配置不低于 8 核、2 G 内存及 250 G 剩余存储空间，推荐使用 16 核 4 G 内存以上计算节点。

3）数据存储：主要用来保存测序数据及分析任务，推荐使用 10 T 以上数据存储。

4）数据传输协议：传输协议可以使用 rsync、samba，推荐使用 rsync。

（二）软件要求

1）Linux 64 位系统。

2）系统版本要求。Ubuntu：versions 12.04，10.04，8.04。RedHat/CentOS：versions 6.3，5.6，5.3。

3）SMRT View 运行要求。Microsoft Windows XP 或者更高版本；Mac OS X 10.6 或者更高版本。

4）浏览器：系统支持 Google Chrome、Safari、Internet Explorer 等浏览器。

5）Java 版本要求。Oracle Java：Linux，Windows，Mac OS X 需要 java 7 或者以上版本。Apple Java：Java OS X 2013-004 或者以上版本。

二、SMRT Potal 包含的 package

Apache Tomcat 7.0.23、Celera Assembler 8.1、Docutils 0.8.1、GMAP（2014-08-04）、HMMER 3.1b1（May 2013）、Jave SE Runtime Environment（build 1.7.0_02-b13）、Mono 3.0.7、MySQL 5.1.73、Perl v5.8.8、Python 2.7.3、SAMtools 0.1.17、Scala 2.9.0 RC3。

三、基本安装步骤（以 2.3.0 版本为例）

1）下载安装包，下载命令如下。

wget　https://s3.amazonaws.com/files.pacb.com/software/smrtanalysis/

2.3.0/smrtanalys_2.3.0.140936.run

wget　https://s3.amazonaws.com/files.pacb.com/software/smrtanalysis/
2.3.0/smrtanalys_ patch_2.3.0.140936.p4.run

2）Smrtanalysis 环境变量设置。

SMRT_ROOT=/opt/smrtanalysis/

SMRT_USER=smrtanalysis

SMRT_GROUP=smrtanalysis

3）建立安装路径与权限设置。

sudo mkdir $SMRT_ROOT

sudo chown $SMRT_USER:$SMRT_GROUP $SMRT_ROOT

4）安装分析软件。

su -l $SMRT_USER

bash smrtanalysis_2.3.0.140936.run –p

smrtanalysis-patch_2.3.0.140936.p3.

run - rootdir $SMRT_ROOT

5）启动服务。

$SMRT_ROOT/admin/bin/smrtportald-initd start

$SMRT_ROOT/admin/bin/kodosd start

6）运行 SMRT Portal。

浏览器访问：http://二级服务器 IP:端口号/smrtportal/，如服务器 IP 为 192.168.
118.62，端口号为 8080，smrtportal 访问 IP 为 http://192.168.118.62:8080/ smrtportal/。

四、安装的注意事项

1）Linux 系统是 64 位并且 libc 版本大于 2.5。

2）所有计算节点必须采用 NFS 服务，并且需要挂载 SMRT Potal 的安装路
径、输入路径及输出路径。

3）测序 SMRT Cell 数据 SMRT Potal 有读取权限。

第四节　SMRT Portal 数据分析流程

本章主要介绍 Pacific Biosciences RS II 三代单分子测序仪中 SMRT Portal 的使
用及结果基本解读。

一、SMRT Portal 界面介绍

访问 SMRT Portal 的域名（具体配置见 SMRT Portal 安装），如访问 http://192.
168.118.62:8080/smrtportal/，进入 SMRT Portal 主界面，其主界面包含 3 个部分（图 5.6）。

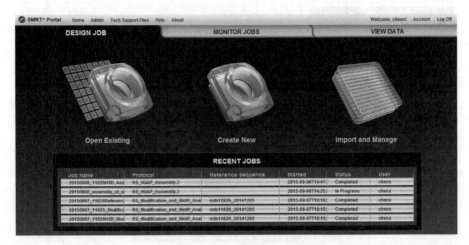

图 5.6　SMRT Portal 数据分析主界面

1）设计工作栏（DESIGN JOB），主要负责打开存在的项目（Open Existing）、创建新的项目（Create New）、导入和管理（Import and Manage）及查看最近运行的项目（Recent Jobs）。

　　a）打开存在的项目：可以查看之前运行的所有项目。

　　b）创建新的项目：可以创建新的项目，包括选择执行流程、参数、项目名称、参考序列及执行样本等参数。

　　c）导入和管理：可以在 SMRT Portal 流程中管理与创建自己的数据处理流程、管理与导入物种参考序列、导入原始 SMRT Cell 测序数据和导入 SMRT Portal 项目等。

2）监控工作栏（MONITOR JOBS），主要用于查看正在运行的项目。

3）查看数据栏（VIEW DATA），主要用于查看已经运行完毕的项目。

二、SMRT Portal 数据处理及演示

（一）基因组 *de novo* 组装

1. 组装流程及参数设置

1）进入 SMRT Portal 主界面。

2）点击创建新的项目，项目创建流程界面见图 5.7，具体流程及步骤如下。

① 设置项目名称。

② 选择流程：*de novo* 组装一般选择 RS_HGAP_Assembly.3（Version 2.3.0）组装流程。

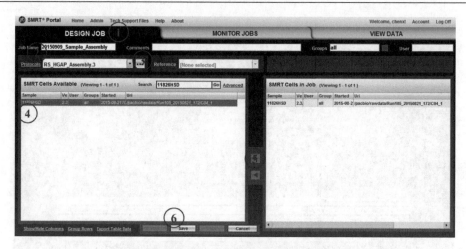

图 5.7　基因组 *de novo* 组装项目创建界面

③ 参数设置：点击 ▪▪▪ 按钮，弹出参数设置对话框，如果测序过程中加入 Control 序列，则 *de novo* 组装时在 Control Filtering 中选择"RemoveControl-Reads.1.xml"参数（图 5.8）；基因组大小设置，点击 Protocol 中的 Assembly 选项，参数界面跳到组装界面，该界面最关键的一个参数为基因组大小（genome size），根据项目的不同设置相应大小的基因组即可（SMRT Portal 仅支持 150 Mb 以下的基因组组装）（图 5.9）。该界面其他参数一般默认即可，如果组装效果不理想，

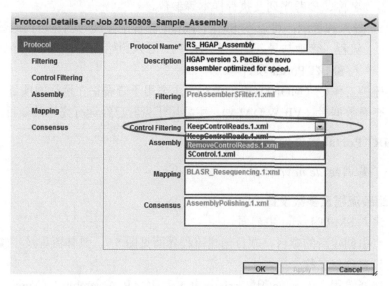

图 5.8　设置过滤 Control 序列参数界面

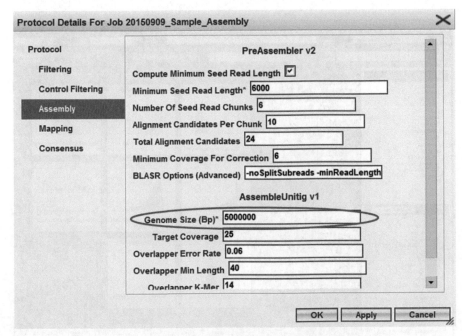

图 5.9　设置基因组大小参数界面

可适当增加或减小"Minimum Seed Read Length"参数。点击"OK",即完成参数设置。

④、⑤ 选择样本:点击 ▶ 按钮,导入样本。

⑥ 运行程序:点击保存(Save)按钮,然后点击开始执行(Start)按钮,*de novo* 组装流程操作完毕,程序开始运行。

2. 组装结果查看及说明

项目执行结束后,点击项目名称即可进入结果主界面(图 5.10),查看组装结果。结果主界面主要包括四大部分,即报告(REPORTS)、数据(DATA)、项目指标(Job Metric)和结果报告图。

① 报告,主要提供了组装流程的详细中间结果,点击相应的步骤,即可查看结果报表。点击"Filtering",可查看汇总的 PacBio RS II 原始测序数据及过滤后数据量、测序长度及测序质量等信息(表 5.1);点击"Pre-Assembly",可查看预组装(即自身矫正)的基本结果,如长度截取、预组装大小、预组装 reads 数、预组装 N50 等信息(表 5.2);点击"Polished Assembly",即可查看最终组装结果,结果列表中包括组装的 contig 数量、最大 contig 长度、N50 和基因组总长等信息。

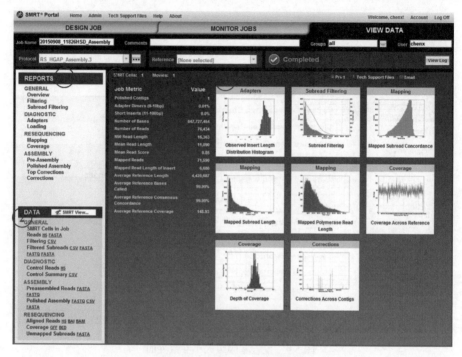

图 5.10　基因组组装结果界面

表 5.1　原始数据过滤汇总列表

指标	过滤前	过滤后
Polymerase Read Bases	942 927 102	847 727 454
Polymerase Reads	150 292	76 434
Polymerase Read N50	15 897	16 363
Polymerase Read Length	6 273	11 090
Polymerase Read Quality	0.493	0.851

表 5.2　预组装数据汇总列表

指标	数据	指标	数据
Polymerase Read Bases	837 027 097	Length Cutoff	16 444
Seed Bases	150 025 833	Pre-Assembled bases	105 934 585
Pre-Assembled Yield	0.706	Pre-Assembled Reads	9 857
Pre-Assembled Reads Length	10 747	Pre-Assembled N50	15 752

　　② 数据，结果中最重要的部分，数据可直接下载进行后续分析。其中，Filtered subreads 中提供了过滤后的测序数据，以 FASTA 和 FASTQ 格式保存，该结果可用于第三方组装软件进行组装，如 PBcR、FALCON 等；Preassembled reads 中提

供了矫正后的序列，以 FASTA 和 FASTQ 格式进行保存，该结果也可以用第三方软件直接进行组装（无需在自身校正）；Polished Assembly 中包含了最终的组装结果，结果以 FASTA 和 FASTQ 格式保存，该结果可直接用于后续基因预测等分析。

③ 项目指标，重要的中间结果列表，如 contig 的数量、接头二聚体含量、短片段含量、reads 数及数据量、reads N50 长度、reads 平均质量、组装及比对 reads 统计信息等。

④ 结果报告图，重要中间结果报告图，如 subreads 长度分布图、比对到组装 contig 上 subreads 的长度分布及 reads 质量分布图、组装基因组覆盖度图、基因组测序深度图和 contig 矫正图等。

⑤ 打印报告（Print），点击"Print"按钮，可直接将结果以报告形式打印，也可以直接保存为 PDF 进行查看。

（二）重测序分析

1. 重测序流程及参数设置

1）进入 SMRT Portal 主界面。

2）点击创建新的项目，项目创建流程界面见图 5.11，具体流程及步骤如下。

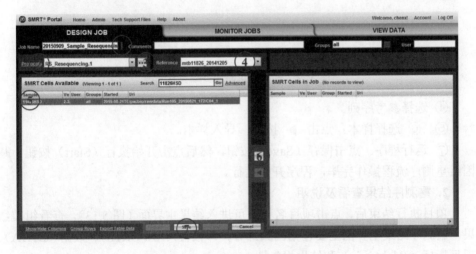

图 5.11　基因组重测序项目创建界面

① 设置项目名称。

② 选择流程：基因组重测序一般选择 RS_Resequencing.1（Version 2.3.0）组装流程。

③ 参数设置：点击 按钮，弹出参数设置对话框，点击"Consensus"按钮，

根据项目要求选择相应软件或输出文件格式即可。一般单倍体重测序项目，设置默认参数即可；但是，对于二倍体项目，需选中 Diploid Analysis 参数。点击"OK"，即完成参数设置（图 5.12）。

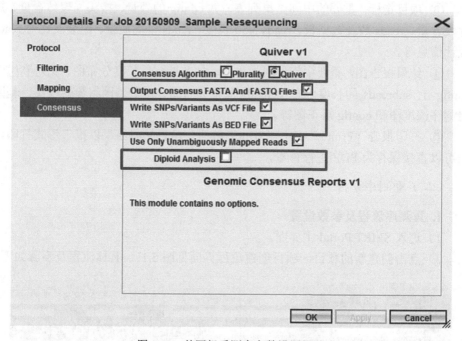

图 5.12　基因组重测序参数设置界面

④ 选择参考序列。

⑤、⑥ 选择样本：点击 ▶ 按钮，导入样本。

⑦ 运行程序：点击保存（Save）按钮，然后点击开始执行（Start）按钮，基因组重测序流程操作完毕，程序开始运行。

2. 重测序结果查看及说明

项目执行结束后，点击项目名称即可进入结果主界面（图 5.13），查看组装结果。重测序结果主界面主要包括四大部分，即报告（REPORTS）、数据（DATA）、项目指标（Job Metric）和结果报告图。

① 报告，主要提供了组装流程的详细中间结果，点击相应的步骤，即可查看结果报表。点击"Filtering"，可查看汇总的 PacBio RS II 原始测序数据及过滤后数据量、测序长度及测序质量等信息（表 5.1，结果格式与基因组组装一致）；点击"Spike-In Control"，可查看对照序列的基本结果，如对照序列的数量、测序质量、N50、平均测序 reads 长度等（表 5.3）；点击"Mapping"，即可查看 reads 的

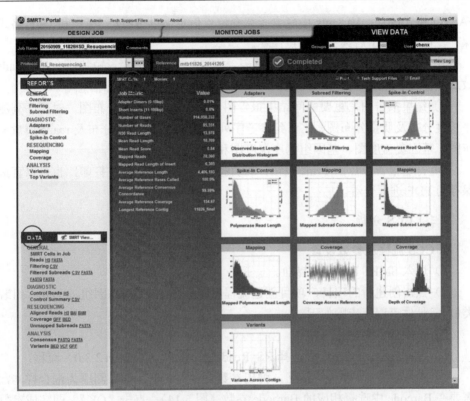

图 5.13 基因组重测序结果界面

比对效率；点击"Coverage"，即可查看基因组测序深度及覆盖度图；点击
"Variants"，即可查看突变统计信息及突变类型分布图；点击"Top Variants"，即
可查看突变位点信息。

表 5.3 对照序列数据汇总列表

指标	数值	指标	数值
Control Sequence	2kb_Control	Number of Control Reads	436
Fraction Control Reads	0.51%	Control Subread Accuracy	84.%
Control Polymerase Read Length N50	27 539	Control Polymerase Read Length 95%	38 388
Control Polymerase Read Length Mean	13 840		

② 数据，结果中最重要的部分，数据可直接下载进行后续分析。其中，Filtered
Subreads 中提供了过滤后的测序数据，以 FASTA 和 FASTQ 格式保存；Control
Summary 中包含了对照序列信息；Aligned Reads 中提供了比对后结果，以 H5 和
BAM 格式进行保存；Consensus 中包含了一致性组装结果，结果以 FASTA 和

FASTQ 格式保存；Variants 中包含了突变位点信息，以 BED、VCF 和 GFF 格式保存，可直接用于后续突变位点注释。

③ 项目指标，重要的中间结果列表，如接头二聚体含量、短片段含量、reads 数及数据量、reads N50 长度、reads 平均质量及比对 reads 统计信息等。

④ 结果报告图，重要中间结果报告图，如 subread 长度分布图、对照序列测序长度分布及质量分布图、比对到参考序列的 subread 的长度分布及 reads 质量分布图、基因覆盖度图、基因组测序深度图和突变位点分布图等。

⑤ 打印报告，点击 Print 按钮，可直接将结果以报告形式打印，也可以直接保存为 PDF 进行查看。

（三）CCS 分析

1. CCS 流程及参数设置

1）进入 SMRT Portal 主界面。

2）点击创建新的项目，项目创建流程界面见图 5.7（与基因组 *de novo* 组装类似），具体流程及步骤如下。

① 设置项目名称。

② 选择流程：CCS 流程选择 RS_ReadsOfInsert.1（Version 2.3.0）流程；

③ 参数设置：点击 ▪▪▪ 按钮，弹出参数设置对话框，如果测序为混合样本，需要在 Barcode 中选择相应的 Barcode 参数（图 5.14）。点击"OK"，即完成参数设置。

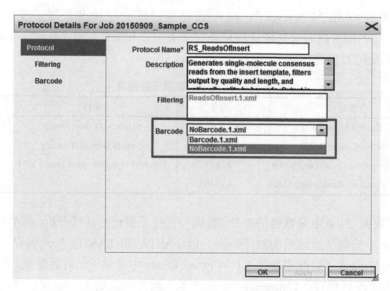

图 5.14　设置过滤 Control 序列参数界面

④ 选择样本：点击 ▶ 按钮，导入样本。

⑤ 运行程序：点击保存（Save）按钮，然后点击开始执行（Start）按钮，CCS 流程操作完毕，程序开始运行。

2. CCS 结果查看及说明

项目执行结束后，点击项目名称即可进入结果主界面（图 5.10），查看组装结果。CCS 结果主界面主要包括四大部分，即报告（REPORTS）、数据（DATA）、项目指标（Job Metric）和结果报告图。结果界面与基因组 *de novo* 组装类似，最终 CCS 序列文件可在数据中查询，序列文件以 FASTA 和 FASTQ 保存。

（四）甲基化分析

1. 甲基化流程及参数设置

1）进入 SMRT Portal 主界面。

2）点击创建新的项目，项目创建流程界面见图 5.15，具体流程及步骤如下。

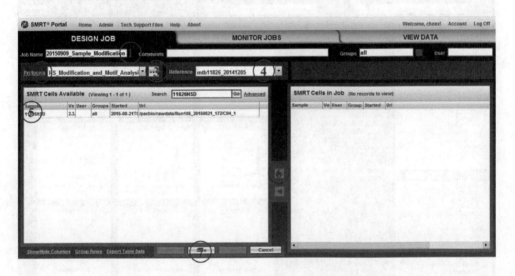

图 5.15　甲基化测序项目创建界面

① 设置项目名称。

② 选择流程：甲基化测序一般选择 RS_Modification_and_Motif_Analysis.1（Version 2.3.0）组装流程。

③ 参数设置：点击 ⋯ 按钮，弹出参数设置对话框，点击 Consensus 按钮，根据项目要求选择相应软件或输出文件格式即可（参数界面与重测序流程参数设置相同）。一般单倍体甲基化测序项目，设置默认参数即可；但是，对于二

倍体项目，需选中 Diploid Analysis 参数。点击"OK"，即完成参数设置（图5.12）。

④ 选择参考序列。

⑤、⑥ 选择样本：点击 ▶ 按钮，导入样本。

⑦ 运行程序：点击保存（Save）按钮，然后点击开始执行（Start）按钮，基因组重测序流程操作完毕，程序开始运行。

2.甲基化测序结果查看及说明

项目执行结束后，点击项目名称即可进入结果主界面（图 5.16），查看组装结果。甲基化测序结果主界面主要包括四大部分，即报告（REPORTS）、数据（DATA）、项目指标（Job Metric）和结果报告图。

图 5.16　甲基化测序结果界面

甲基化测序结果与基因组重测序结果报告基本一致，基本统计结果可参见基因组重测序结果说明。甲基化测序最核心的结果是可以得到碱基的甲基化（Modifications）及基序（Motifs），点击报告中的 Motifs，可以查看甲基化碱基的基元序列及甲基化率等信息，统计结果见表 5.4。

表 5.4　甲基化位点的基元序列汇总列表

Motifs	Modified Position	Type	% Motifs Detected	# of Motifs Detected	# of Motifs in Genome	Mean Modification QV	Mean Motif Coverage	Partner Motif
CACGCAG	6	m6A	99.76%	825	827	91.33	55.21	—
GATNNNNRTAC	2	m6A	97.8%	356	364	95.67	57.82	—
TACNNAGAT CNNNNNNC	2	m6A	89.29%	25	28	84.60	56.32	—

注：Motifs，甲基化基元序列；Modified Position，甲基化位点在基元序列中的位置；Type，甲基化类型；% Motifs Detected，甲基化检测率；# of Motifs Detected，甲基化检测个数；#of Motifs in Genome，基因组中基元序列数量；Mean Modification QV，甲基化平均质量值；Mean Motif Coverage，基元序列平均覆盖度；Partner Motif，配对基元序列

三、导入和管理

（一）导入与删除参考序列

SMRT Portal 中的参考序列需要客户自行上传，参考序列支持 FASTA 格式的基因组序列，具体操作步骤如下。

1）进入 SMRT Portal 主界面。

2）点击"导入和管理"（Import and Manage），然后点击管理参考序列中的"Reference Sequence"，即可查看与管理参考序列（图 5.17）。

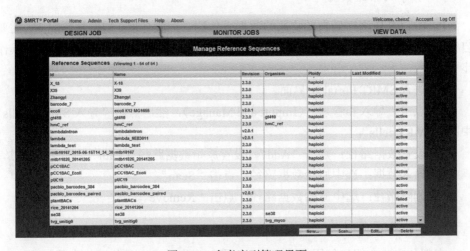

图 5.17　参考序列管理界面

3）导入参考序列（图 5.18）：点击"New"出现①序列名称、②参考序列物

种信息（可选）、③单倍体或二倍体、④浏览，点击"浏览"，上传 FASTA 格式的参考序列，点击"Upload"。

4）删除参考序列：在管理参考序列中选择要删除的序列，然后点击"Delete"。

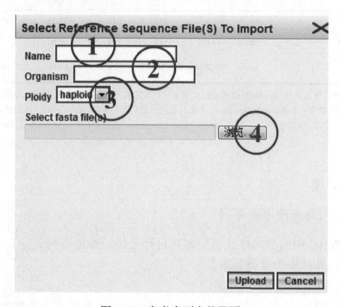

图 5.18　参考序列上传界面

（二）导入原始数据

PacBio RS II 测序后自动将原始数据上传到二级服务器，但特殊情况下，需要自行上传原始数据，本部分介绍如何在 SMRT Portal 中上传原始数据，具体操作步骤如下。

1）进入 SMRT Portal 主界面。

2）点击"导入和管理"（Import and Manage），然后点击"导入 SMRT Cells"中的"SMRT cells"。

3）设置数据路径：点击"Add"，设置原始数据路径（Path），点击"OK"。

4）导入数据：选中原始数据路径，点击"Scan"。

5）删除路径：选中原始数据路径，点击"Remove"。

（三）导入工作目录

本部分主要介绍如何用 SMRT Portal 导入工作目录，具体操作步骤如下。

1）进入 SMRT Portal 主界面。

2）点击"导入和管理"（Import and Manage），然后点击"导入 SMRT Pipe

Jobs"中的"SMRT Pipe jobs"。

　　3）导入项目：在项目框中选择目标 Job ，点击"Import"（图 5.19）。

　　4）导入数据：选中原始数据路径，点击"Scan"。

　　5）删除路径：选中原始数据路径，点击"Remove"。

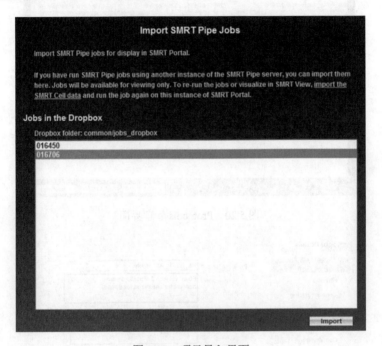

图 5.19　项目导入界面

（四）管理流程

　　SMRT Portal 中所有的计算流程都需要预先设定，常用的流程已经默认设定，但特殊情况下，客户可以设定自己的流程完成相应的生物信息分析，具体流程设计及删除步骤如下。

　　1）进入 SMRT Portal 主界面。

　　2）点击"导入和管理"（Import and Manage），然后点击"管理 Protocols"中的"Protocols"。

　　3）创建 Protocols：选中相近 Protocol（图 5.20）。点击"Copy"（图 5.21）。修改 Protocols 名字。编辑待修改参数或增加自己预设参数。点击"OK"。

　　4）编辑 Protocols：选中待编辑的 Protocol。点击"Edit"。

　　5）删除 Protocols：选中待删除的 Protocol。点击"Delete"。

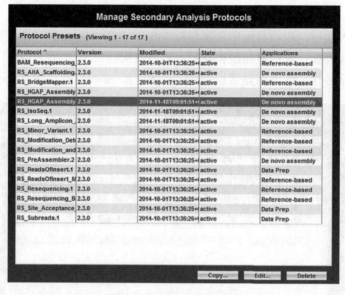

图 5.20　Protocols 管理界面

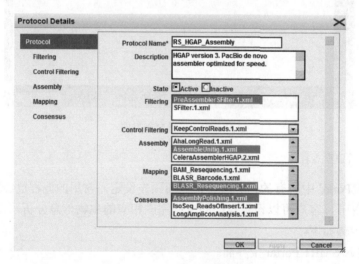

图 5.21　Protocols 编辑界面

第五节　PacBio RS 测序应用简介

一、基因组 *de novo* 测序

PacBio RS 目前使用 P6C4 版本试剂，一个 SMRT Cell 测序可产出 1 Gb 左右的原始数据，read 平均长度可达 14 kb 以上，N50 值可达 20 kb，subread 平均长度

10 kb 以上，N50 值可达 14 kb。测序 read 读长长对于基因组 *de novo* 测序组装极为关键，因此 PacBio 适合于基因组 *de novo* 测序组装。例如，一个 5 Mb 大小的细菌基因组，只需一个 SMRT Cell 测序即可完成组装。一般来说，*de novo* 基因组组装推荐 50× 以上的 PacBio 测序覆盖；二代高通量测序数据和 PacBio 测序数据混合组装，推荐 30× 以上的 PacBio 测序覆盖；如用于基因组 scaffold 构建，推荐 10× 以上的 PacBio 测序覆盖（English et al.，2012）。

二、全长转录本测序

传统获得转录本序列信息的手段包括一代测序的 EST 技术、全长 cDNA 技术及二代高通量测序的 RNA-seq 技术，受限于测序读长，较难获得真正的全长转录本序列，PacBio 测序产生的 read 长度远大于绝大部分 cDNA 长度，无需经过后续序列拼接组装，即可获得全长 cDNA 序列，进而分析基因转录后可变剪切信息（Au et al.，2013）。

三、碱基修饰检测

PacBio RS 测序另一个优势是可获得 DNA 聚合酶促反应的分子动力学数据。因为碱基基团修饰后的位阻作用，DNA 聚合酶在带有修饰碱基的核苷酸位置前后，表现出延滞效应，经计算分析得到 IPD ratio 差异，不同修饰的 IPD ratio 值不同，从而获取碱基修饰种类。目前测序比较准确的修饰种类是 m6A，另外，5mC、5hmC 及 4mC 等修饰信息也可得到，但需要一些特殊的样品处理或数据处理。

此外，PacBio RS 还可用于扩增子测序分析、极端组分 DNA 测序分析及 phasing 测序分析等。2015 年年底，PacBio 公司又推出了 RS II 的升级版本机器 Sequel，通量达到 7 Gb/Run。

第六节　PacBio 测序案例

对 12 个结核分支杆菌复合群菌株全基因组进行测序，绘制细菌基因组甲基化图谱（Zhu et al.，2016）

Zhu L, Zhong J, Jia X, et al., 2016. Precision methylome characterization of *Mycobacterium tuberculosis* complex（MTBC）using PacBio single-molecule real-time（SMRT）technology. Nucleic Acids Research, 44（2）:730-743.

发表单位：中国科学院北京基因组研究所

测序单位：中国科学院北京基因组研究所基因组平台

研究目的

运用单分子实时测序技术，识别结核分支杆菌全基因组甲基化位点及其修饰特点，期望揭示甲基转移酶的功能。

1. 方法流程

1）取样：12 个结核分支杆菌复合群菌株，提取基因组 DNA。

2）建库：采用 PacBio 公司的文库试剂盒构建 10 kb 插入长度文库。

3）测序：PacBio RS II 测序平台对基因组 DNA 进行单分子实时测序，使用 P4C2 试剂版本、180 min 的拍照，基因组平均测序覆盖 100×。

4）数据分析：全基因组组装和完成图绘制；甲基化分析，包括 m6A 和 m5C；基因组注释、甲基转移酶分析。

2. 研究结果

1）进化分析：获得 12 株结核分支杆菌全基因组完成图序列，非重复区域 SNP 构建的进化树分析可将 12 株菌分成不同的谱系。

2）基因组甲基化分析：12 株菌中识别了 3 种类型的 m6A 甲基化修饰位点，同时发现不同位点的甲基化修饰程度比例不同。

3）功能分析：注释了 3 种甲基化位点对应的甲基转移酶，对其功能进行了验证。

3. 研究结论

PacBio 实时测序技术能够精确注释基因组 m6A 甲基化修饰信息，预测修饰的保守基序，而且能够计算修饰程度，这为基因组甲基化功能研究奠定了参考依据。

（张兵　雷猛　陈旭　王剑峰）

参 考 文 献

Au KF, Sebastiano V, Afshar PT, et al. 2013. Characterization of the human ESC transcriptome by hybrid sequencing. Proc Natl Acad Sci U S A, 110(50): E4821-4830.

Eid J, Fehr A, Gray J, et al. 2009. Real-time DNA sequencing from single polymerase molecules. Science, 323(5910): 133-138.

English AC, Richards S, Han Y, et al. 2012. Mind the gap: upgrading genomes with Pacific Biosciences RS long-read sequencing technology. PLoS One, 7(11): e47768.

Levene MJ, Korlach J, Turner SW, et al. 2003. Zero-mode waveguides for single-molecule analysis at high concentrations. Science, 299(5607): 682-686.

Roberts RJ, Carneiro MO, Schatz MC 2013. The advantages of SMRT sequencing. Genome Biol, 14(7): 405.

Zhu L, Zhong J, Jia X, et al. 2016. Precision methylome characterization of *Mycobacterium tuberculosis* complex(MTBC)using PacBio single-molecule real-time(SMRT)technology. Nucleic Acids Res, 44(2): 730-743.

常用英文简写列表

缩写	全称
BC-SS DNA	bisulfite conversion single strand DNA
bp	base pair
BSA	bulk segregant analysis
CCD	charge coupled device
CG	complete genomics
ChIP	chromatin immunoprecipitation
ChIP-seq	chromatin immunoprecipitation-sequencing
cis-NAT	cis natural antisense transcript
CNV	copy number variation
COG	cluster of orthologous groups of protein
ddNTP	2′,3′-dideoxynucleoside triphosphate
DNA	deoxyribonucleic acid
dNTP	deoxy-ribonucleoside triphosphate
EB	elution buffer
emPCR	emulsion polymerase chain reaction
EMS	ethyl methyl sulfone
FFPE	formalin-fixed paraffin-embedded
FPKM	fragments per kilobase of transcript per million fragments
GBS	genotyping by sequencing
GO	gene ontology
GWAS	genome-wide association study
HGP	Human Genome Project
InDel	insertion and deletion
MCS	MiSeq Control Software
miRNA	micro-ribonucleic acid
MPS	massively parallel sequencing
nat-siRNA	natural-antisense small interfering RNA
NCS	NextSeq Control Software
NEB	New England Biolabs
NGS	next-generation sequencing

缩写	全称
NIH	National Institutes of Health
ORF	open reading frame
PacBio	Pacific Biosciences
PCR	polymerase chain reaction
PE	paired-end
PGM	personal genome machine
piRNA	piwi-interacting RNA
QTL	quantitative trait locus
RAD	restriction-site associated DNA
RIN	RNA integrity number
RNA	ribonucleic acid
rRNA	ribosome ribonucleic acid
RSB	resuspension buffer
RT	room temperature
SAV	sequencing analysis viewer
SBL	sequencing by ligation
SBS	sequencing by synthesis
siRNA	small interfering RNA
SMRT	single molecular real time sequencing
snoRNA	small nucleolar ribonucleic acid
SNP	single nucleotide polymorphism
snRNA	small nuclear ribonucleic acid
SOLiD	Supported Oligo Ligation Detection
SR	single read
STM	scaffolding using translation mapping
SV	structural variation
tRNA	transfer ribonucleic acid
WGS	whole genome shotgun
ZMW	zero-mode waveguide